THEORIE DER SUPRALEITUNG

VON

MAX VON LAUE

GÖTTINGEN

ZWEITE AUFLAGE

MIT 37 TEXTABBILDUNGEN

SPRINGER-VERLAG BERLIN
HEIDELBERG GMBH
1949

ISBN 978-3-540-01399-0 ISBN 978-3-642-88472-6 (eBook)
DOI 10.1007/978-3-642-88472-6

Inhaltsverzeichnis.

Einleitung.

Diese Schrift strebt die Klärung der Anschauungen über Supraleitung an, und zwar durch Ausdehnung der MAXWELLschen Elektrodynamik auf die Supraleiter nach Ideen, welche FRITZ LONDON und HEINZ LONDON 1935 und später angegeben haben. Sie soll genau soweit gehen, wie diese Erweiterung die Tatsachen deutet. Wie groß der von ihr umfaßte Bereich ist, wird der Leser sehen. Aber darüber hinaus gibt es eine gewisse Zahl abweichender, dem klaren Verständnis bisher verschlossener Tatsachen. Wenn wir sie ignorieren, so berufen wir uns dabei auf CLARK MAXWELL, welcher die seit NEWTON wohlbekannte Dispersion des Brechungsindex nicht in seine elektromagnetische Lichttheorie einbaute, auf HEINRICH HERTZ, der in seiner Elektrodynamik der bewegten Körper den FRESNELschen Mitführungskoeffizienten nicht berücksichtigte, und auf jene Väter der Thermodynamik und Gastheorie, welche von der einfachen Zustandsgleichung $pV = RT$ ausgingen, obwohl sie wußten, daß diese eigentlich für kein Gas gilt. Die Theorie sucht sich eben der Wirklichkeit mittels sukzessiver Approximation zu nähern. Zudem haben wir bei mancher unerklärlichen Tatsache den Verdacht einer gewissen Unvollkommenheit des Versuchsmaterials. Der ideale feste Körper ist ein Einkristall; die meisten Supraleitungsversuche aber sind mit polykristallinem Material angestellt. Und selbst der beste Einkristall, den je ein Mensch in der Hand hatte, ist, wenn er ein paar Zentimeter groß ist, ein „Mosaik-Kristall", ein Gefüge aus vielen kleinen Kristalliten, an deren Grenzen das Raumgitter sich nicht stetig fortsetzt. Für die fast immer auftretenden Hysterese-Erscheinungen beim Übergang vom Supra- zum Normalleiter und umgekehrt kommt hinzu, daß man auch sonst bei tiefen Temperaturen und insbesondere bei festen Körpern häufig Verzögerungen findet, welche das theoretische Gleichgewicht zweier Phasen unter Umständen völlig verdecken. Schließlich ist manche der nicht gedeuteten Beobachtungen nur selten, vielleicht nur einmal gemacht, so daß Nachprüfung unter variierten Bedingungen notwendig erscheint, bevor man darüber nachdenkt. Die Supraleitung wurde 1911 entdeckt; aber trotzdem ist ihre Erforschung vielleicht über das Anfangsstadium noch nicht hinaus, weil das Experimentieren bei so tiefen Temperaturen schwierig und nur an wenigen Stellen möglich ist. Bewährt sich die im folgenden vertretene Theorie, so leistet sie für den Supraleiter dasselbe, wie die ursprüngliche MAXWELLsche Theorie für den Normal- und den Nichtleiter. Mehr will sie nicht.

Die atomare Theorie der Supraleitung scheint uns noch in keiner ihrer mannigfachen Formen so weit geklärt zu sein, daß wir sie in dieses Buch aufnehmen möchten. Immerhin steht wohl fest, daß der im Prinzip „ewige" Dauerstrom, den wir in einem supraleitenden Ringe herzustellen vermögen, das makroskopische Analogon zu jenen atomaren Dauerströmen darstellt, welche das BOHRsche Atommodell seit jeher im Innern der meisten Atome und Moleküle annimmt. In beiden Fällen liegen typische Quanteneffekte vor, die der älteren Physik unverständlich bleiben. Gerade in diesem unbestreitbaren experimentellen Nachweis solcher Quantenströme scheint mir das Hauptinteresse der Physik an der Erforschung der Supraleitung zu liegen. Dieses Buch aber soll zeigen, wie sich diese Strömung in die MAXWELLsche Theorie einordnen läßt.

§1. Die grundlegenden Tatsachen.

a) Die Supraleitung entdeckte 1911 KAMERLINGH-ONNES[1]. Er hatte als erster Helium verflüssigt und so Temperaturen unter 10° abs. hergestellt; mit diesem neuen Hilfsmittel verfolgte er das allmähliche Sinken des elektrischen Widerstandes von Metallen mit abnehmender Temperatur und sah zu seinem Erstaunen, wie im Gegensatz zu anderen Metallen beim Quecksilber der Widerstand bei etwa 4,2° fast unstetig völlig verschwand (Abbildung 1). Heute kennt man die Supraleitung noch bei 18 anderen reinen Metallen (s. Tab. 1), während z. B. Gold oder Wismut selbst weit unter 1° normalleitend bleiben. Aber auch viele Legierungen und chemische Verbindungen sind der Supraleitung fähig, das vielbenutzte Niobium-Nitrid schon bei 20°. Nur sind bei diesen die in der Einleitung erwähnten Hysterese-Erscheinungen so viel stärker ausgeprägt, daß wir vorziehen, zur Prüfung der vorzutragenden Theorie lediglich die „guten" Supraleiter, d. h. die reinen Elemente, heranzuziehen. Wir nehmen dabei an, daß im idealen Fall der Widerstand am Sprungpunkt T_s völlig unstetig verschwindet. In der Tat wird die Abfallskurve immer steiler, je näher der Versuchskörper dem Einkristall kommt und je schwächer man den hindurchgesandten Gleichstrom wählt. Weil aber de facto der Abfall stets in einem noch meßbaren Temperaturbereich erfolgt, ist die experimentelle Definition der Sprungtemperatur T_s einigermaßen unsicher. Aus Gründen der Meßgenauigkeit geben die Experimentatoren in der Regel dafür die Temperatur an, bei der der Gleichstromwiderstand halb so groß ist, wie kurz vor dem Abfall. Eine in § 16f zu besprechende Hochfrequenzmessung deutet jedoch darauf hin, daß der Fußpunkt der Abfallskurve, an dem der Gleichstromwiderstand unmeßbar klein wird, den eigentlichen Sprungpunkt angibt. Wegen dieser Unsicherheit führt Tab. 1 die Sprungpunkte nur bis auf die Zehntelgrade an, während man meist noch die Hundertstel berücksichtigt findet.

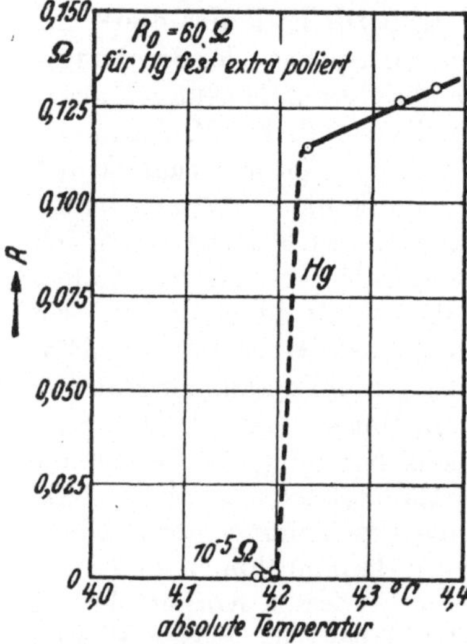

Abb. 1. Eintritt der Supraleitung bei Quecksilber nach H. K.-ONNES 1911. Ordinate ist der Widerstand R; R_0 bedeutet seinen Wert für 0° Celsius.

Um Kurven wie in Abb. 1 aufzunehmen, erschließt man den Widerstand aus dem Potentialabfall längs eines stromdurchflossenen Drahtes; zu diesem Zweck sind an dessen Enden außer den Stromzuführungen noch zwei „Potentialdrähte" angelötet, die zu einer hochempfindlichen Potentialmeßanordnung führen. Will man aber nur das völlige Verschwinden des Widerstandes unterhalb der Sprungtemperatur T_s dartun, so sind weit überzeugender und genauer die ebenfalls auf KAMERLINGH-ONNES zurückgehenden Dauerstromversuche[2].

---

[1] KAMERLINGH-ONNES, H.: Comm. Leiden 122b u. 124c. 1911.
[2] KAMERLINGH-ONNES, H.: Comm. Leiden 140b u. 141b. 1914.

Tab. 1. Supraleitende Elemente.

Name und Ordnungszahl		Sprungpunkt	Kristallsystem	Kristallklasse[1]
Aluminium	13	1,1° abs.	kubisch	O_h
Titan	22	1,8°	kubisch und hexagonal	O_h u. D_{6h}
Vanadium	23	4,3°	kubisch	O_h
Zink	30	0,8°	hexagonal	D_{6h}
Gallium	31	1,1°	rhombisch	V_h
Zirkon	40	0,7°	kubisch und hexagonal	O_h u. D_{6h}
Niobium	41	9,2°	kubisch	O_h
Cadmium	48	0,6°	hexagonal	D_{6h}
Indium	49	3,4°	tetragonal	D_{4h}
Zinn	50	3,7°	tetragonal[2]	D_{4h}
Lanthan	57	4,7°	kubisch und hexagonal	O_h u. D_{6h}
Hafnium	72	0,3°	hexagonal	D_{6h}
Tantal	73	4,4°	kubisch	O_h
Rhenium	75	0,9°	hexagonal	D_{6h}
Quecksilber	80	4,2°	hexagonal	D_{3d}
Thallium	81	2,4°	kubisch und hexagonal	O_h u. D_{6h}
Blei	82	7,3°	kubisch	O_h
Thorium	90	1,4°	kubisch	O_h
Uran	92	1,2°	rhombisch	V_h

b) Dazu bringt man — dies ist eins der möglichen Verfahren — einen Ring oder eine in sich kurzgeschlossene Spule oberhalb T_s in ein Magnetfeld, kühlt ab, bis Supraleitung da ist, und schaltet danach jenes äußere Feld ab. Der Induktionsstoß bringt im Supraleiter einen Strom hervor, der sich in unverminderter Stärke solange hält, als die Supraleitung besteht, und wären es Stunden und Tage. Der Ring bildet dann einen idealen permanenten Magneten, er erfährt in einem fremden homogenen Felde das seinem magnetischen Moment entsprechende Drehmoment[3]. Zwei Ringe mit Dauerströmen ziehen sich an oder stoßen sich ab, je nach ihrer Lage zueinander, wie man das auch bei normalen Strömen kennt — nur daß sie zu ihrem Bestehen keiner elektromotorischen Kraft bedürfen. Dabei macht es nichts aus, ob der Ring homogen oder aus verschiedenen Supraleitern zusammengesetzt ist, ob die Temperatur in ihm räumlich und zeitlich konstant ist. Nur darf kein Teil des Ringes aus dem Supraleitungszustand herauskommen[4]. Geschieht dies, so erlischt der Strom fast augenblicklich. Man hat den Ring mit Dauerstrom an einer Stelle durchschnitten, welche ein normalleitender Draht mit eingeschaltetem Galvanometer überbrückte; vor der Durchschneidung war dieser stromlos, im Augenblick des Durchschneidens zeigte das Galvanometer einen kurzen Stromstoß an. Die Energie des Dauerstroms, zum überwiegenden Teil magnetische Energie, setzte sich dabei in die JOULEsche Wärme im normalleitenden Draht um.

[1] Beim Übergang von der Normal- zur Supraleitung ändert sich die atomare Struktur nicht, also auch nicht die Kristallklasse. Wir bezeichnen die Klassen nach SCHOENFLIES.

[2] Es gibt außer dem tetragonalen, weißen Zinn noch eine kubische, nach dem Diamant-Typus kristallisierende, graue Modifikation, welche nicht supraleitend wird.

[3] Auch ohne Dauerstrom erfährt der Ring im allgemeinen ein Drehmoment; das im Text erwähnte, vom Dauerstrom herrührende, kommt noch hinzu.

[4] Daß Temperaturschwankungen keinen Einfluß haben, geht wohl mit Sicherheit aus der Tatsache hervor, daß kein Experimentator einen solchen Einfluß erwähnt. Wäre er da, so hätte ihn sicher schon jemand hervorgehoben.

Notwendige Bedingung für jeden Dauerstrom ist, daß der Supraleiter einen zweifach zusammenhängenden Körper bildet, den wir im folgenden stets kurz als „Ring" bezeichnen, oder einen mehrfach zusammenhängenden. In einfach zusammenhängenden Körpern, z. B. in Kugeln, gibt es keinen. Dem scheinbar widersprechende Versuchsergebnisse sind dadurch zustande gekommen, daß nur Teile des Körpers, darunter auch zwei- oder mehrfach zusammenhängende, supraleitend geworden waren, während der Rest normalleitend oder im Zwischenzustand geblieben war (s. §§ 12g und 19).

Einen Dauerstrom-Elektromagneten beschreibt E. JUSTI[1].

c) Im Gegensatz zu dem normalen elektrischen Strom, den wir im folgenden als OHMschen Strom bezeichnen, dringt der Suprastrom nicht tief in die Körper ein. Man wußte schon lange, daß dünne Schichten von Zinn auf Unterlagen von Kupfer oder anderen normalleitenden Metallen, bis zu Dicken von 10^{-4} cm hinunter, sich von massiven Zinndrähten in der Supraleitung nicht unterscheiden. Dem widersprechende Ergebnisse BURTONs an noch etwas dünneren Schichten[2] sind wohl durch Beobachtungen von SHALNIKOV, sowie APPLEYARD und MISENER an Blei-, Zinn- und Quecksilberschichten von Dicken bis zu $5 \cdot 10^{-7}$ cm hinunter hinreichend entkräftet[3]. Diese Autoren fanden bis auf leicht als Versuchsfehler zu deutende, kleine Abweichungen für solche Schichten dieselben Sprungpunkte wie für massive Stücke derselben Metalle.

Die erste auf eine Beobachtung gestützte quantitative Angabe über die Eindringtiefe des Suprastroms und des von ihm unzertrennlichen Magnetfeldes machte der Verfasser in Benutzung von Ergebnissen von PONTIUS[4] an Bleidrähten (Abb. 27, § 18e). Auf andere Art erhielten einerseits APPLEYARD, BRISTOW und H. LONDON, andererseits SHOENBERG ein Jahr darauf dieselbe Größenordnung dafür, nämlich 10^{-5} cm, an Quecksilber-Schichten und -Kugeln[5]. Das gilt einige Zehntelgrad oder mehr unterhalb des Sprungpunktes T_s. In den letzten Zehntelgrad unter diesem jedoch steigt nach den Messungen der Letztgenannten die Eindringtiefe jäh an und wird allem Anschein nach am Sprungpunkt selbst unendlich groß (s. Abb. 15, § 11d). Dies bedeutet in gewissem Sinn *stetigen* Anschluß an die elektrischen Eigenschaften des Normalleiters; und die Bestimmungen von McLENNAN, BURTON, PITT und WILHELM über den Hochfrequenzwiderstand der Supraleiter[6] passen zu dieser Auffassung. Denn dieser Widerstand gegenüber schnellen Schwingungen zeigt am Sprungpunkt keine Diskontinuität, vielmehr stetigen Anschluß an den Hochfrequenzwiderstand des Normalleiters (Abb. 23, § 16f).

d) Der Übergang vom Normal- zum Supraleiter ändert nichts an der Form und dem Volumen des Körpers; sein Raumgitter bleibt dasselbe, nicht nur nach seiner Symmetrie, sondern auch nach der Größe seiner drei Translationen. Das haben für Blei KAMERLINGH-ONNES und KEESOM röntgenographisch nachgewiesen[7]. In der (übrigens sehr geringen) Wärmeausdehnung zeigt sich kein Unterschied. Besonders charakteristisch ist die optische Übereinstimmung der

---

[1] JUSTI, E.: Elektrotechn. Z. **63**, 577 (1942).

[2] BURTON, E. F.: Nature **133**, 459 (1934).

[3] SHALNIKOV, A.: Nature **142**, 74 (1938); APPLEYARD, T. S., u. A. D. MISENER: Nature **142**, 474 (1938).

[4] LAUE v., M.: Ann. Phys. **32**, 71, 253 (1938); PONTIUS, R. B.: Nature **139**, 1065 (1937).

[5] APPLEYARD, T. S., J. R. BRISTOW u. H. LONDON: Nature **143**, 433 (1939); SHOENBERG, D., ebenda **143**, 434 (1939). Siehe dazu auch LAURMANN, E., u. D. SHOENBERG: Nature **160**, 747 (1948).

[6] McLENNAN, A. C. BURTON, A. PITT u. J. O. WILHELM: Proc. roy. Soc. **136**, 52 1932); **138**, 245 (1932). Eine andere Meßmethode verwendet H. LONDON, ebenda **176**, 522 (1940).

[7] KAMERLINGH-ONNES u. W. H. KEESOM: Comm. Leiden 174a und 174b.

beiden Phasen, zumal doch beim Normalleiter die optischen Konstanten eng mit der Leitfähigkeit verknüpft sind. Weder haben die Messungen von DAUNT, KEELY und MENDELSSOHN, oder die von HIRSCHLAFF oder HILSCH[1] einen Unterschied bemerken lassen, noch der Augenschein. Man sieht es dem Metall nicht an, ob es normal- oder supraleitend ist.

e) Von höchster Bedeutung für das Verständnis der Supraleitung ist ihre Beziehung zum magnetischen Felde. Den Anfang zur Aufdekkung dieser Beziehung machte 1913 KAMERLINGH-ONNES[2], der bemerkte, daß es bei jeder Temperatur einen Schwellenwert H_k des Magnetfeldes gibt, der sie vernichtet. Die einfachsten und klarsten Ergebnisse erhält man, indem man einen Draht in ein longitudinales, d. h. seiner Achse paralleles Magnetfeld bringt. Die Abhängigkeit des Gleichstromwiderstandes von der magnetischen Feldstärke H zeigt für diesen Fall Abb. 2, während Abb. 3 die Abhängigkeit des Schwellenwertes von der Temperatur nach den Beobachtungen für verschiedene Metalle darstellt, und Abb. 4 deren Extrapolation bis zum absoluten Nullpunkt der Temperatur gemäß der in manchen Fällen empirisch bestätigten Gleichung

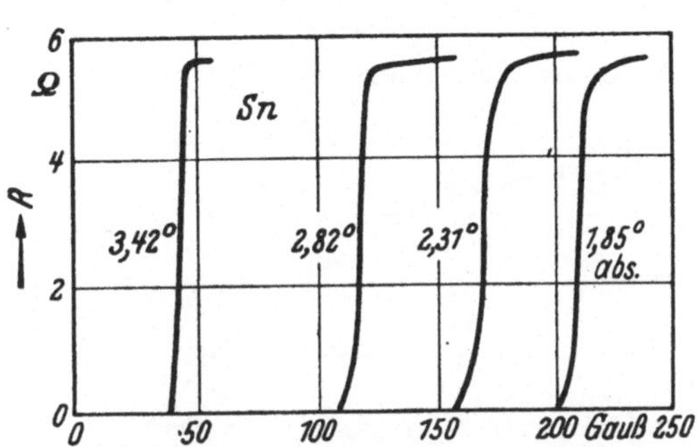

Abb. 2. Übergang zur Supraleitung im longitudinalen Magnetfeld bei Zinn für verschiedene Temperaturen, Aus STEINER u. GRASSMANN, Supraleitung, Braunschweig 1937.

$$H_k = a \cdot (T_s^2 - T^2).$$

Bei $T = 0$ ist die Tangente dieser Kurve horizontal, wie es die Thermodynamik (§ 17) fordert. Die Maximalwerte von H_k, die für $T = 0$ gelten sollten, liegen für reine Metalle zwischen 100 und 1000 Oerstedt, für Metallegierungen und Verbindungen zum Teil *viel* höher.

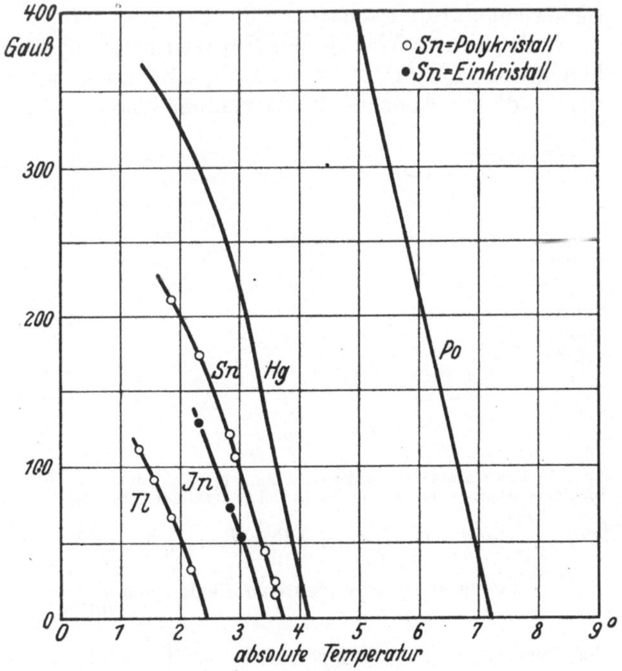

Abb. 3. Abhängigkeit des Schwellenwertes H_s von der Temperatur bei reinen Metallen. Aus STEINER u. GRASSMANN, Supraleitung, Braunschweig 1937.

Ein Strom der Stärke J ruft an der Oberfläche eines geraden Drahts vom Radius R eine magnetische Feldstärke

$$H = \frac{J}{2 \pi c R} \tag{1.1}$$

[1] DAUNT, J. G., T. C. KEELY u. K. MENDELSSOHN: Phil. Mag. **23**, 264 (1937); HIRSCHLAFF, E.: Proc. Cambridge Phil. Soc. **33**, 140 (1937); HILSCH, R.: Physik. Z. **40**, 592 (1939).

[2] KAMERLINGH-ONNES, H.: Comm. Leiden Supplement 35, 1913.

hervor[1]. Man hat also zu erwarten, daß es einen die Supraleitung aufhebenden Schwellenwert J_k der Stromstärke gibt. Und das besagt auch die Beobachtung. Den Zusammenhang zwischen J_k und H_k, der nach (1. 1) lauten sollte

$$J_k = 2\,\pi\, c\, R \cdot H_k \tag{1. 2}$$

(SILSBEE[2] wies zuerst auf ihn hin, man spricht deshalb von einer SILSBEEschen Hypothese), zeigen jedoch die meisten Messungen nicht. Freilich haben SHUBNIKOV und ALEXEJEVSKI[3] in einem Fall Gl. (1. 2) durch sehr sorgfältige Messung bestätigt. Hier liegt einer der wundesten Punkte in unserer Erkenntnis der Supraleitung. Ein Versagen der Gl. (1. 2) bedeutet nichts weniger als ein Versagen jener MAXWELLschen Grundgleichung, welche rot $\mathfrak{H}$ mit der Stromdichte J verbindet. Zur Zeit glaubt niemand an ein solches Versagen, und die zu entwickelnde Theorie beruht wesentlich auf jener Gleichung. Es wäre dringend zu wünschen, daß das Experiment bald Sicherheit darüber schafft.

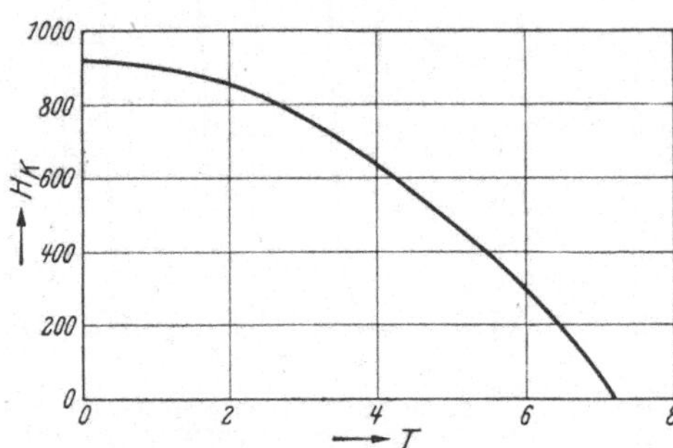

Abb. 4. Der magnetische Schwellenwert als Funktion der Temperatur für Blei (angenähert).

f) Die älteste Theorie der Supraleiter dachte sich diese als Leiter mit unendlich großer Leitfähigkeit; das Verschwinden des Widerstandes ist dann sofort verständlich. Aber die MAXWELLsche Theorie führt unter dieser Annahme noch zu einer anderen wichtigen Folgerung: Das Innere eines solchen Leiters ist gegen den Außenraum elektromagnetisch völlig abgeschlossen. Bringt man ihn in ein statisches Magnetfeld, so *bleibt* das Innere feldfrei, die Kraft- (richtiger Induktions-) Linien des Feldes biegen vor ihm aus und führen um ihn herum, wie um einen Körper der Permeabilität Null (Abb. 5). Und dies haben auch direkte Ausmessungen des Feldes bestätigt. Aber der Erfolg sollte nach jener Theorie anders sein, wenn man den Körper oberhalb des Sprungpunktes T_s in das fremde Magnetfeld bringt und dann in ihm abkühlt, bis Supraleitung eintritt. Denn vordem gingen die Kraftlinien ohne weiteres durch ihn hindurch, da die Permeabilität

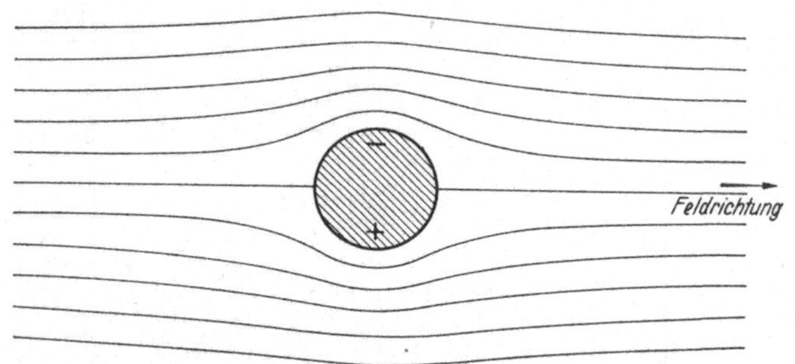

Abb. 5. Das transversale Magnetfeld am supraleitenden Kreiszylinder. Die dargestellten Feldlinien haben in Polarkoordinaten die Gleichungen:
$\left(r - \frac{R^2}{r}\right)\sin\vartheta = C;\ C = 0, \pm\frac{1}{2}R, \pm R, \pm\frac{3}{2}R, \pm 2R, \pm\frac{5}{2}R.$
$\frac{+}{-}$ bedeutet: Der Suprastrom fließt nach $\frac{\text{oben}}{\text{unten}}$

[1] Dies gilt für das LORENTZsche Maßsystem, das wir überall zu Grunde legen. Mißt man J in Ampere, so lautet sie $H = 0{,}2\,J/R$.
[2] SILSBEE, F. B.: J. Washington Acad. Sci. **6**, 597 (1916); Pap. Bur. of Standards **14**, 301 (1917).
[3] SHUBNIKOV, L. W. u. N. E. ALEXEJEVSKI: Nature **138**, 804 (1936).

der in Betracht kommenden Metalle, solange sie normal leiten, von 1 nur ganz wenig abweicht. Jene Theorie besagt, daß der Eintritt der Supraleitung an sich das Feld nicht verändert; die Kraftlinien sollten auch danach ungestört durch den Körper gehen. Und dem ist nicht so. Wie 1933 W. MEISSNER und OCHSENFELD[1] zeigten, ist der Zustand in den beiden Fällen ganz der gleiche; er hängt nicht von der Vorgeschichte ab. Beim einfach zusammenhängenden Supraleiter ist durch seine Temperatur und die das äußere Feld erregende Apparatur alles eindeutig bestimmt, beim n-fach zusammenhängenden können sich allerdings noch n—1 Dauerströme mit ihren Magnetfeldern überlagern, und ihre Stromstärken sind innerhalb gewisser Grenzen beliebig. Auf jeden Fall aber ist das Innere eines hinreichend dicken Supraleiters feldfrei. Es gibt im Supraleiter nur einen Zustand, den feldfreien.

Erst diese Erkenntnis ermöglicht, Supra- und Normalleiter als zwei Phasen derselben Substanz aufzufassen — nach jener älteren Theorie war der Zustand im Supraleiter durch ihn selber gar nicht bestimmt. Und dies ist die Voraussetzung für die Anwendung der Thermodynamik auf das Gleichgewicht zwischen Normal- und Supraleiter (§ 17). Auch die LONDONsche Erweiterung der MAXWELLschen Theorie fußt wesentlich auf dem *Meißnereffekt* der Feldverdrängung.

g) Jedoch erlaubte schon die ältere Auffassung, wenigstens für den Fall, daß die Abkühlung dem Heranbringen des Feldes vorangeht, die Felddeformation bei einem dicken Supraleiter mit ausreichender Genauigkeit zu berechnen. Sie lehrte, daß das Ausbiegen der Kraftlinien an gewissen Stellen der Oberfläche die Feldstärke vergrößert (Abb. 5), bei einer supraleitenden Kugel im homogenen Felde maximal um den Faktor 3/2, bei einem Kreiszylinder im transversalen, d. h. zu seiner Achse senkrechten, homogenen Felde um den Faktor 2, und bei einem elliptischen Zylinder, dessen Querschnitt die Achsen a und b hat, um den Faktor $\left(1 + \frac{b}{a}\right)$ sofern das Feld die Richtung der Achse a hat. So konnte der Verfasser 1932, noch vor der MEISSNERschen Entdeckung, die Tatsache verständlich machen, daß beim Draht das transversale Feld $\frac{1}{2} H_k$, wenn man diese Feldstärke in größerem Abstand vom Draht herstellt, zur Aufhebung der Supraleitung führt; er sagte voraus, daß beim elliptischen Zylinder die Herabsetzung des scheinbaren Schwellenwertes größer als beim Kreiszylinder sein werde, wenn man dem Feld die Richtung der kleineren, kleiner, wenn man ihm die Richtung der größeren Ellipsenachse gebe, und daß bei der Kugel der scheinbare Schwellenwert $\frac{2}{3} H_k$ betrage[2]. Alle diese Folgerungen bestätigten ausgedehnte Versuchsreihen von DE HAAS und seinen Mitarbeitern[3]. Dabei fand sich allerdings auch, daß das sicherste Kennzeichen der zusammengebrochenen Supraleitung nicht das Wiederauftreten des Ohmschen Widerstandes ist, sondern das Auftreten einer magnetischen Feldstärke im Innern, was sich mittels Wismutdrähtchen in Höhlungen des Körpers nachweisen läßt. Denn bei der Aufhebung der Supraleitung wird nicht sogleich der ganze Körper normalleitend (§ 19), vielmehr tritt fast immer der „Zwischenzustand“ ein, ein mechanisches Gemenge von normal- und supraleitenden Teilen. Solange letztere noch unter sich zusammenhängen, übernehmen sie die Stromleitung ausschließlich.

---

[1] MEISSNER, W., u. R. OCHSENFELD: Naturwiss. **21**, 787 (1933); MEISSNER, W.: Phys. Z.S. **35**, 931 (1934).

[2] LAUE, M. v.: Phys. ZS. **33**, 793 (1932); siehe auch §§ 10c, 10d und 11.

[3] DE HAAS, W. J. u. J. M. CASIMIR-JONKER: Physica **1**, 291 (1934) (Zylinder im transversalen Feld); W. J. DE HAAS u. O. A. GUINAU: Physica **3**, 182 (1936) (Kugel); W. J. DE HAAS, A. D. ENGELKES u. O. A. GUINAU: Physica **4**, 595 (1937) (Kugel).

h) Endlich wird unser Buch noch auf thermische Messungen eingehen, deren Gegenstand z. B. die Wärmezufuhr beim Übergang vom Supra- zum Normalleiter ist, sofern dieser im Magnetfeld vor sich geht, oder die spezifischen Wärmen von Supra- und Normalleiter. Aber wir verschieben nähere Angaben darüber auf § 17, in welchem die Thermodynamik den Zusammenhang dieser kalorischen Erscheinungen mit dem Schwellenwert H_k des Magnetfeldes enthüllen wird.

§ 2. Die Stromverteilung zwischen parallel geschalteten Supraleitern.

a) Liegen zwischen zwei Punkten eines normal-leitenden Stromsystems n Leitungszweige mit den Widerständen $w_1, w_2, \ldots w_n$, so verhalten sich für Gleichstrom die Stromstärken

$$J_1 : J_2 : J_3 \ldots J_n = w_1^{-1} : w_2^{-1}\, w_3^{-1} \ldots w_n^{-1}.$$

Diese KIRCHHOFFsche Regel bleibt in Kraft, wenn *ein* Zweig supraleitend, also etwa $w_n = 0$ ist; sie besagt dann, daß $J_1 = J_2 = J_3 = \ldots J_{n-1} = 0$ ist, daß also der Supraleiter alle anderen Zweige kurz schließt. Sie gilt auch noch dann, wenn man ein solches, aus einem und demselben Metall bestehendes Leitungssystem oberhalb des Sprungpunktes unter Spannung setzt und dann bis zur Supraleitung abkühlt. Der Eintritt der Supraleitung läßt nämlich, sofern die Gesamtstromstärke $\sum_{k=1}^{n} J_k$ erhalten bleibt, auch die einzelnen Stromstärken unverändert. In der Tat fällt dann mit jeder Induktionswirkung der Ströme J_k aufeinander auch jede Ursache zu solcher Veränderung fort.

Sind aber von vornherein alle $w_k = 0$, so läßt sich die KIRCHHOFFsche Regel überhaupt nicht mehr anwenden. Die Berechnung der Stromverteilung muß dann auf den Akt der Einschaltung des Stroms zurückgehen. Bei diesem entsteht zwischen den beiden Verzweigungspunkten eine Spannungsdifferenz V, die sich mit der Zeit ändert und, sobald die Ströme stationär geworden sind, erlischt. Diesen Vorgang beschreiben die Induktionsgleichungen. Wir setzen bei ihrer Anwendung voraus, daß die induktive Koppelung zwischen den n Leitungszweigen sehr viel enger ist, als deren Koppelung mit den zu den Verzweigungspunkten gehenden Stromzuführungen. Diese Bedingung erfüllt man, indem man in die Zweige Spulen mit erheblichen gegenseitigen Induktionskoeffizienten legt und die Zuführungen zu geraden Drähten gestaltet, die den Spulen nicht zu nahe kommen. Das magnetische Feld des Stromsystems beschränkt sich dann im wesentlichen auf die Nähe der Spulen.

Unter dieser Voraussetzung ist die magnetische Feldstärke $\mathfrak{H}$ in jedem Punkt eine lineare Funktion der J_k, die Energiedichte $\frac{1}{2}\,\mathfrak{H}^2$ also eine quadratische Form der J_k und ebenso die magnetische Gesamtenergie

$$\frac{1}{2}\int \mathfrak{H}^2\, d\tau = \frac{1}{2}\sum_{k,l} p_{kl}\, J_k\, J_l.$$

Diese Form ist notwendig positiv definit, d. h. es sind alle p_{kk}, die Determinante aller p_{kl} sowie alle ihre zur Diagonale symmetrischen Unterdeterminanten positiv. Für $n = 2$ gilt z. B.:

$$p_{11} > 0, \quad p_{22} > 0, \quad p_{11}\, p_{22} - p_{12}^2 > 0. \qquad (2.1)$$

Die p_{kk} sind die Koeffizienten der Selbstinduktionen, die p_{kl} mit gemischten Indizes die der gegenseitigen Induktion. Es gilt $p_{kl} = p_{lk}$.

Man kann die MAXWELLschen Gleichungen aus dem Prinzip der kleinsten Wirkung herleiten, wenn man die elektrische Energie als potentielle, die magnetische Energie als kinetische Energie auffaßt. Wenn elektrische Ströme fließen, hat man noch die von den elektromotorischen Kräften geleistete Arbeit $V\,\delta e$ zu berücksichtigen, wobei e die in einem bestimmten Stromkreis durch den Strom J beförderte Elektrizitätsmenge bedeutet. Hier haben wir mit quasistationären Vorgängen zu tun, für welche die elektrische Energie neben der magnetischen verschwindet. Unter der Annahme, daß die magnetische die einzige von den Strömen abhängige Energie ist, lautet dieses Prinzip für den vorliegenden Fall also

$$\partial \int \left[\frac{1}{2}\,\Sigma\, p_{kl}\, J_k\, J_l - V\,\Sigma\, e_k\right] dt = 0. \tag{2.2}$$

Die zugehörigen EULERschen Differentialgleichungen sind, da

$$-J_k = \frac{de_k}{dt}$$

die zur „Koordinate" e_k gehörende „Geschwindigkeit" ist:

$$\frac{d}{d\,t}(\Sigma_l\, p_{kl}\, J_l) - V = 0 \qquad (k = 1, 2 \ldots n). \tag{2.3}$$

Man erkennt in ihnen die üblichen Induktionsgleichungen. Sie gestatten ohne weiteres Integration nach t und ergeben dann, sofern für $t = 0$ alle $J_k = 0$ sind:

$$\Sigma_l\, p_{kl}\, J_l = \int V\,d\,t. \tag{2.4}$$

Dies gilt für jeden Zeitpunkt, auch für den Endzustand, in welchem alle J_l stationär und nach (2.3) $V = 0$ geworden ist. Bei ihrer Auswertung stört zunächst, daß $\int V dt$ im Versuch nicht bestimmt wird, sondern die Stromstärke $J = \Sigma J_l$ für den stationären Zustand, nämlich durch ein in den Zuleitungen liegendes Galvanometer. Aber mit dieser Gleichung zusammen bilden die Gleichungen (2.4) $n+1$ lineare Bestimmungen für die $n+1$ Unbekannten $J_1, J_2 \ldots J_n$ und $\int V d\,t$. Für $n = 2$ insbesondere ergibt sich aus (2.4)

$$p_{11}\,J_1 + p_{12}\,J_2 = p_{21}\,J_1 + p_{22}\,J_2 = \int V dt\,; \tag{2.5}$$

also, da zudem $J_1 + J_2 = J$ ist:

$$J_1 = \frac{p_{22} - p_{12}}{p_{11} + p_{22} - 2\,p_{12}}\,J, \quad J_2 = \frac{p_{11} - p_{12}}{p_{11} + p_{22} - 2\,p_{12}}\,J. \tag{2.6}$$

Wir betrachten J als positiv; ein positives J_l bedeutet dann, daß dieser Strom in derselben Richtung fließt wie J, ein negatives, daß er die entgegengesetzte Richtung hat.

Nach (2.1), und weil das geometrische Mittel zweier positiven Größen unter dem arithmetischen Mittel liegt, ist

$$|p_{12}| < \sqrt{p_{11} p_{22}} < \tfrac{1}{2}\,(p_{11} + p_{22}).$$

Der Nenner in (2.6) ist daher stets positiv. Sehr wohl aber kann $p_{12} > p_{22}$ sein; dann ist freilich wegen (2.1) $p_{11} > p_{12}$. In diesem Fall ist $J_2 > J$, $J_1 < 0$. Im ersten Zweig fließt der Strom dem zugeleiteten entgegengesetzt, ein bei normaler Leitung unmögliches Vorkommnis[1]. Die Gleichungen (2.6) einschließlich der letzten Folgerung haben, nachdem der Verfasser sie theoretisch abgeleitet hatte, JUSTI und ZICKNER quantitativ bestätigt[2].

Floß schon zur Zeit $t = 0$ ein Strom J^0, der sich zu J_1^0 und J_2^0 verzweigte, so überlagern sich diese Ströme dem bisher betrachteten Stromsystem; es fließt

[1] Unter Umständen ist in diesem Fall sogar $|J_1| > J$.
[2] LAUE, M. v.: Phys. Z. **33**, 793 (1932); JUSTI, E. u. ZICKNER G.: Phys. Z. **42**. 258 (1941).

im ersten Zweig der Strom $J_1 + J_1^0$, im zweiten $J_2 + J_2^0$. Ist insbesondere $J^0 = -J$, so ist, wie man leicht nachrechnet, $J_1 + J_1^0 = -(J_2 + J_2^0)$, und die Zuleitung ist stromlos. Hat man also einen Strom vor der Abkühlung auf Supraleitung zugeführt, und schneidet man nach der Abkühlung die Stromzuführung ab, so bleibt an dem aus den beiden Zweigen bestehenden Ring ein Dauerstrom übrig. Wir erkennen hier eine zweite Methode, Dauerströme herzustellen. Auch dies haben JUSTI und ZICKNER experimentell erwiesen. Führt man nunmehr noch einen neuen Strom J' zu, so überlagert sich dieser, von J' unabhängige Dauerstrom den nach (2. 6) zu berechnenden Zweigströmen J'_1 und J'_2.

b) Die Gleichungen (2. 4) lassen noch eine besondere Deutung zu. Fragt man nämlich nach der Verteilung des Stromes J, welche die magnetische Energie $\frac{1}{2}\Sigma p_{kl} J_k J_l$ zum Minimum macht, so findet man nach der Methode des LAGRANGEschen Faktors $\varkappa$ die Bedingungsgleichungen:

$$\frac{\partial}{\partial J_i}\left(\tfrac{1}{2}\Sigma p_{kl} J_k J_l - \varkappa \Sigma J_k\right) = 0, \text{ d. h. } \Sigma p_{il} J_l = \varkappa, \ (i = 1, 2 \ldots n).$$

Aus ihnen und aus $\Sigma J_i = J$ folgen aber dieselben Beziehungen zwischen den J_i und J, wie aus (2. 4). *In der supraleitenden Verzweigung stellt sich also die Stromverteilung auf das Minimum der magnetischen Energie ein.* Nach Gl. (2. 6) beträgt dieses Minimum

$$\frac{1}{2}\frac{p_{11}p_{22} - p_{12}^2}{p_{11} + p_{22} - 2p_{12}} J^2.$$

Dies ist wichtig für das Verständnis des SIZOOschen Versuchs[1].

Bei diesem ist nämlich *nahezu* $p_{11}\, p_{22} - p^2_{12} = 0$. Bei Zuleitung eines Stroms J entsteht — in dieser Näherung — also überhaupt kein Magnetfeld, die Feldstärke bleibt in jedem Punkte des Raums gleich Null. Sind aber schon vor der Zuleitung von J zwei Ströme J_1^0 und J_2^0 in den Zweigen, welche, weil sie nicht in dem Verhältnis $J_1 : J_2$ stehen, ein Magnetfeld verursachen, so ändert diese Zuleitung nichts an dem Magnetfeld; es überlagert sich ja zum alten Felde nur ein neues, und dies ist in unserem Falle Null. Dieser Schluß bleibt auch dann in Kraft, wenn man $J = -(J_1^0 + J_2^0)$ wählt, d. h. die Zuleitung einfach abschaltet. Alles dies hatte SIZOO 1926 experimentell gefunden; das war der Anlaß zu den hier mitgeteilten Überlegungen.

Nach (2. 5) ist

$$(p_{11} - p_{21})\, J_1 - (p_{22} - p_{12})\, J_2 = 0.$$

In der hier befolgten Näherung, welche uns gestattet, den beiden nichtgeschlossenen Leitungszweigen eigene Induktionskoeffizienten zuzuschreiben, was eigentlich nur für geschlossene Strombahnen zulässig ist, bedeutet die linke Seite dieser Gleichung den Induktionsfluß durch den von den beiden Leitungszweigen gebildeten supraleitenden Ring. Daß der Induktionsfluß seinen Anfangswert, nämlich 0, auch beim Einschalten der Ströme behält, entspricht einem in § 12 allgemein zu besprechenden Satze.

c) Die besprochenen Versuche beweisen erstens wieder einmal das völlige Verschwinden der Widerstände w_n. Sie zeigen zweitens, daß zur magnetischen Energie keine weitere, von den Strömen abhängige Energie in merklichem Betrage hinzukommt. Denn eine solche müßte im Prinzip der kleinsten Wirkung (2. 2) additiv zur magnetischen Energie hinzutreten und, falls sie keine quadratische Funktion der J_k wäre, die Linearität der Beziehungen zwischen den J_k und J stören, sonst doch wenigstens Abweichungen der für diese Versuche maßgebenden Induktionskoeffizienten von den mit OHMschem Strom gemessenen

[1] SIZOO, G.: Diss. Leiden 1926.

p_{kl} hervorrufen. Beidem widersprechen die Versuche. In §§ 5 und 12i werden wir freilich finden, daß tatsächlich doch noch eine spezifische Supraleitungs-Energie auftritt, daß diese aber bei den besprochenen Messungen und vielen ähnlichen viel zu wenig ausmacht, um neben der magnetischen Energie in die Erscheinung zu treten.

Wie wir schon in § 1c andeuteten, hat ferner jeder Supraleiter, obwohl er gegenüber Gleichstrom widerstandsfrei ist, dennoch einen Ohmschen Widerstand für jeden veränderlichen Strom. Nur sind bei den in diesem Paragraphen erwähnten Messungen die Veränderungen viel zu langsam, um dadurch berührt zu werden.

§ 3. Die Grundgleichungen der Maxwell-Londonschen Theorie[1].

a) Bei den Versuchen beobachtet man meist Wirkungen, welche die Vorgänge im Supraleiter auf den Außenraum ausüben. Die zu entwickelnde Theorie muß daher zunächst die Maxwellschen Gleichungen für den Außenraum beibehalten. Wir vereinfachen sie uns durch die Annahme, daß wir dort nur mit isotropen Körpern oder kubischen Kristallen zu tun haben, eine Einschränkung, die im Bedarfsfalle leicht abzustreifen wäre. Doch liegt bisher kein solcher Fall vor. Wir führen also für das elektrische Feld die drei Vektoren $\mathfrak{E}$, $\mathfrak{D}$, $\mathfrak{J}$ ein, von denen der erste die Feldstärke, der zweite die Verschiebung, der dritte die Stromdichte bedeutet. Zwischen ihnen bestehen die Beziehungen

$$\mathfrak{D} = \varepsilon\,\mathfrak{E}, \qquad \mathfrak{J} = \sigma\,\mathfrak{E}. \tag{3. 1}$$

Die Dielektrizitätskonstante ε und die Leitfähigkeit σ sind nur noch von der Temperatur abhängige, positive Körperkonstanten. Für das Magnetfeld brauchen wir weitere drei Vektoren $\mathfrak{H}$, $\mathfrak{B}$, $\mathfrak{M}$, d. h. die Feldstärke, die Induktion und die nur in permanenten Magneten auftretende permanente Magnetisierung. Für sie setzen wir die Gleichung an

$$\mathfrak{B} = \mu\,\mathfrak{H} + \mathfrak{M} \tag{3. 2}$$

Die magnetische Permeabilität μ ist wiederum eine temperaturabhängige Körperkonstante. Hysterese-Erscheinungen werden durch (3. 2) freilich nicht umfaßt. Die Maxwellschen Gleichungen selbst haben dann im Lorentzschen Maßsystem, welches wir durchgehend benutzen (sofern wir nichts anderes ausdrücklich hervorheben) die Form:

$$\text{I}\quad \operatorname{rot}\mathfrak{E} = -\frac{1}{c}\frac{\partial \mathfrak{B}}{\partial t} \qquad\qquad \text{II}\quad \operatorname{rot}\mathfrak{H} = \frac{1}{c}\left\{\frac{\partial \mathfrak{D}}{\partial t} + \mathfrak{J}\right\}$$

$$\text{III}\quad \operatorname{div}\mathfrak{B} = 0 \qquad\qquad \text{IV}\quad \operatorname{div}\mathfrak{D} = \varrho$$

ϱ ist die Raumdichte der elektrischen Ladung.

b) Für den Supraleiter setzen wir zunächst, wie es die Maxwellsche Theorie für alle metallischen Leiter tut, $\varepsilon = 1$. Ein wesentlicher Zug der Londonschen Verallgemeinerung ist ferner, daß die Permeabilität μ gleich 1 ist; außerdem ist $\mathfrak{M} = 0$, denn kein ferromagnetischer Körper zeigt Supraleitung. Es fällt also $\mathfrak{D}$ mit $\mathfrak{E}$, $\mathfrak{B}$ mit $\mathfrak{H}$ zusammen. Die Gleichungen I bis IV vereinfachen sich damit zu

$$\text{Is}\quad \operatorname{rot}\mathfrak{E} = -\frac{1}{c}\frac{\partial \mathfrak{H}}{\partial t} \qquad\qquad \text{IIs}\quad \operatorname{rot}\mathfrak{H} = \frac{1}{c}\left\{\frac{\partial \mathfrak{E}}{\partial t} + \mathfrak{J}\right\}$$

$$\text{IIIs}\quad \operatorname{div}\mathfrak{H} = 0 \qquad\qquad \text{IVs}\quad \operatorname{div}\mathfrak{E} = \varrho$$

[1] London, F.: Une Conception nouvelle de la Supraconductivité, Paris 1937; M. v. Laue: Ann. Phys. **42**, 65 (1942); **43**, 223 (1943).

Nun zerlegt diese Theorie — und damit beginnt etwas wesentlich Neues — den Strom $\mathfrak{J}$ und die Ladungsdichte ϱ in je zwei Summanden, nämlich den OHMschen Strom $\mathfrak{J}^0$ samt der zugehörigen Dichte ϱ^0, und den Suprastrom $\mathfrak{J}^l$ mit der entsprechenden Dichte ϱ^l:

$$\text{V} \quad \mathfrak{J} = \mathfrak{J}^0 + \mathfrak{J}^l, \qquad \varrho = \varrho^0 + \varrho^l.$$

Zwischen jeder der Stromarten und ihrer Dichte soll eine Kontinuitätsgleichung bestehen.

$$\text{VI} \quad \operatorname{div} \mathfrak{J}^0 + \frac{\partial \varrho^0}{\partial t} = 0, \qquad \operatorname{div} \mathfrak{J}^l + \frac{\partial \varrho^l}{\partial t} = 0.$$

Erst dies gibt der Zuordnung von ϱ^0 zu $\mathfrak{J}^0$, von ϱ^l zu $\mathfrak{J}^l$ einen Sinn. Aus IIs und IVs folgt auf dem bekannten Wege die Kontinuitätsgleichung nur für den Gesamtstrom $\mathfrak{J}$ und die Gesamtdichte ϱ. Die hier vorgenommene Aufspaltung stellt also einen neuen Ansatz dar.

Übrigens soll ϱ^0 nicht nur einen Anteil jener beweglichen Träger des OHMschen Stroms $\mathfrak{J}^0$ enthalten, sondern auch den zeitlich und im homogenen Supraleiter räumlich konstanten Anteil der festliegenden Atome, was sich mit VI durchaus verträgt. ϱ^l hingegen soll nur von den Trägern des Suprastroms herrühren. Zu dieser Festsetzung zwingt uns die Tatsache, daß in Gl. (13. 10) ϱ^l als Faktor eines Produktes auftritt, welches sich nur auf den Suprastrom beziehen kann.

Für den Ohmschen Strom soll, auch bei Supraleitern, das Ohmsche Gesetz, d. h. ein linearer Zusammenhang zwischen $\mathfrak{J}^0$ und $\mathfrak{E}$ gelten. Es hat für einen Kristall jedenfalls die Form

$$\text{VII} \quad \mathfrak{J}^0_\alpha = \sum_\beta \sigma_{\alpha\beta} \mathfrak{E}_\beta$$

und aus mathematischen Gründen ist σ_{ab} dabei ein Tensor zweiten Ranges. Wir nennen ihn den Leitfähigkeits-Tensor. Für kubische Kristalle vereinfacht er sich zu einem Skalar, der Leitfähigkeit σ, und an die Stelle von VII tritt Gleichung

$$\text{VIIa} \quad \mathfrak{J}^0 = \sigma \mathfrak{E}$$

Die $\sigma_{\alpha\beta}$ sind von der Dimension t^{-1}. Die Größenordnung von σ und ebenso die der Hauptwerte $\sigma_{\alpha\alpha}$ des Tensors gehen bei normalleitenden reinen Metallen und den hier in Betracht kommenden tiefen Temperaturen bis zu 10^{19} sec^{-1} hinauf. Wir dürfen ihnen gemäß Messungen, über die § 16 berichtet, auch für den Supraleiter solche Größenordnungen zuschreiben, obwohl eigentliche Messungen darüber noch nicht vorliegen.

Für den Suprastrom endlich treten nun als wesentlich neu die LONDONschen Grundgleichungen in die Theorie ein. Wir formulieren sie für einen beliebigen Kristall, indem wir den Vektor der Suprasströmung $\mathfrak{J}^l$ einen Vektor des Supra-Impulses, $\mathfrak{G}$, gegenüberstellen und zwischen beiden einen linearen, durch einen Tensor $\lambda_{\alpha\beta}$ vermittelten Zusammenhang

$$\text{VIII} \quad \mathfrak{G}_\alpha = \sum_\beta \lambda_{\alpha\beta} \mathfrak{J}^l_\beta$$

postulieren[1], welcher für kubische Kristalle sich zu

$$\text{VIIIa} \quad \mathfrak{G} = \lambda \mathfrak{J}^l$$

[1] Die Koordinaten numerieren wir hier als x_1, x_2, x_3. An anderen Stellen nennen wir sie x, y, z. Dieser Wechsel wird kaum zu Mißverständnissen führen. In den Summen nach α und β ist stets von 1 bis 3 zu numerieren.

vereinfacht[1]. Und für $\mathfrak{G}$ setzten wir mit LONDON die beiden Differentialgleichungen an[2]

$$\text{IX} \qquad \frac{\partial \mathfrak{G}}{\partial t} = \mathfrak{E},$$

$$\text{X} \qquad c \operatorname{rot} \mathfrak{G} = -\mathfrak{H}.$$

Die LONDONsche Konstante λ ist nach § 1c temperaturabhängig und wächst über alle Grenzen, wenn man sich von tieferen Temperaturen dem Sprungpunkte nähert. Man wird diesen Zug sinngemäß auf den Tensor λ übertragen. Die Dimension seiner Komponenten ist t^2.

Der allgemeinste Tensor zweiten Ranges ist unsymmetrisch. Aber die Kristallklassen, in denen nach Tabelle 1 bisher Supraleiter nachgewiesen sind, haben alle so hohe kristallographische Symmetrie, daß jede tensorielle Körperkonstante der Symmetrieforderung genügt, d. h. daß Vertauschung der Indices ihrer Komponenten deren Werte nicht ändert[3]. Wir setzen demgemäß nicht nur $\sigma_{\alpha\beta} = \sigma_{\beta\alpha}$, sondern auch

$$\lambda_{\alpha\beta} = \lambda_{\beta\alpha} \tag{3. 3}$$

Dies wird sich in § 13b als notwendige Bedingung für die Möglichkeit der Supraleitung herausstellen. Man versteht nun aber auch, warum Deformationen, welche die natürliche Symmetrie dieser Kristalle stören, so leicht auch die Supraleitfähigkeit aufheben, wie das so oft beobachtet ist.

Ferner wird sich in § 5 herausstellen, daß

$$\frac{1}{2}(\mathfrak{J}^l\, \mathfrak{G}) = \frac{1}{2}\sum_{\alpha\beta} \lambda_{\alpha\beta}\, \mathfrak{J}^l_\alpha\, \mathfrak{J}^l_\beta \tag{3. 4}$$

die Dichte der freien Energie darstellt, welche mit dem Suprastrom verknüpft ist. Indem wir fordern, daß diese nicht nur im kubischen Kristallsystem, wo sie gleich $\frac{1}{2}\lambda\, \mathfrak{J}^{l^2}$ wird, sondern unter allen Umständen positiv ist, schließen wir, daß die Komponenten $\lambda_{\alpha\alpha}$ mit zwei gleichen Indices, ferner die Determinante aller $\lambda_{\alpha\beta}$ und ihre drei symmetrischen Unterdeterminanten

$$\begin{vmatrix} \lambda_{\alpha\alpha} & \lambda_{\alpha\beta} \\ \lambda_{\beta\alpha} & \lambda_{\beta\beta} \end{vmatrix}$$

positiv sind; denn dies sind die hinreichenden und notwendigen Bedingungen dafür, daß die quadratische Form $\sum_{\alpha\beta} \lambda_{\alpha\beta}\, \mathfrak{J}^l_\alpha\, \mathfrak{J}^l_\beta$ positiv definitiv ist. Da auch $\sum_{\alpha\beta} \sigma_{\alpha\beta}\, \mathfrak{E}_\alpha\, \mathfrak{E}_\beta$ positiv definitiv ist (es ist nämlich, siehe § 5, der Ausdruck für die JOULEsche Wärme), unterliegt der Leitfähigkeits-Tensor σ denselben Bedingungen.

[1] Den Tensor $\lambda_{\alpha\beta}$ führte ein M. v. LAUE: Ann. Phys. **3**, 31 (1948).

[2] Die Gleichungen IX und X lassen sich relativistisch zusammenfassen zu

$$c\left(\frac{\partial P_\alpha}{\partial x_\beta} - \frac{\partial P_\beta}{\partial x_\alpha}\right) = \mathfrak{M}_{\alpha\beta},$$

wenn man $\mathfrak{M}_{14} = -i\, \mathfrak{E}_1$, usw., $\mathfrak{M}_{23} = \mathfrak{H}_1$usw. $x_4 = i\, c\, t$ setzt und den Viererverktor P durch die Definition, daß im Ruhsystem für $\alpha = 1, 2, 3, P_\alpha = \mathfrak{G}_\alpha$, aber $P_4 = 0$ sein soll, auf den Supra-Impuls zurückführt. Die Einfachheit dieser Gleichung mag als Stütze für den Ansatz IX und X gelten.

[3] Dies gilt auch für alle supraleitenden Verbindungen und Legierungen. Siehe M. v. LAUE: Ann. Phys. **3**, 40, (1948); dort findet sich u. a. eine Tabelle sämtlicher Kristallklassen mit den Eigenschaften derjenigen in ihnen möglichen Tensoren zweiten Ranges, welche wie die Tensoren $\lambda_{\alpha\beta}$ und $\sigma_{\alpha\beta}$ zwei *polare* Vektoren verknüpfen. Hier sind nämlich sowohl $\mathfrak{J}^l$ und $\mathfrak{G}$ als auch $\mathfrak{J}^0$ und $\mathfrak{E}$ polar.

Die diesen Tensoren zugeordneten Flächen zweiten Grades

$$\sum_{\alpha\beta} \lambda_{\alpha\beta}\, x_\alpha\, x_\beta = \text{Const. und } \sum_{\alpha\beta} \sigma_{\alpha\beta}\, x_\alpha\, x_\beta = \text{Const.}$$

sind also Ellipsoide. Wählt man ihre Achsen als Koordinatenachsen, so verschwinden die Tensorkomponenten mit verschiedenen Indices und die mit zwei gleichen Indices geben die Hauptwerte $\Lambda_1, \Lambda_2, \Lambda_3$ des Tensors.

In den Kristallklassen, in denen bisher Supraleiter nachweisbar waren (Tabelle 1) sind nun die Achsen dieser Ellipsoide völlig festgelegt. Sie fallen mit den kristallographischen Hauptachsen zusammen. Im rhombischen System, d. h. für Gallium und Uran, stehen diese aufeinander senkrecht und sind ungleichwertig, so daß die Ellipsoide im allgemeinen auch drei verschiedene Achsenlängen haben. Im tetragonalen und hexagonalen System aber werden diese Flächen Rotationsellipsoide, deren ausgezeichnete Achsen mit der kristallographischen Hauptachse zusammenfallen. Deswegen sind dann auch zwei der Hauptwerte des betreffenden Tensors einander gleich. Das kubische System, für welche die Ellipsoide zu Kugeln ausarten, brauchen wir hier nicht zu erwähnen.

Weil die Determinante der $\lambda_{\alpha\beta}$ von Null verschieden ist, lassen sich die drei Gleichungen VIII nach den $\mathfrak{J}^l_\alpha$ auflösen. Es folgt also nicht nur aus $\mathfrak{J}^l = 0$ auch $\mathfrak{G} = 0$, sondern auch umgekehrt aus $\mathfrak{G} = 0$, daß $\mathfrak{J}^l = 0$ ist.

Es ist ein kennzeichnender Zug dieser Theorie, daß nach ihr OHMscher und Supra-Strom primär voneinander unabhängig sind und nur mittelbar einen Zusammenhang durch das elektromagnetische Feld erhalten, mit dem sie beide in Beziehung stehen.

Nicht alle Grundgleichungen dieses Abschnittes sind unabhängig. Aus X folgt IIIs durch Divergenzbildung, aus IX durch Bildung der Rotation unter Hinblick auf X folgt Is. Wenn wir Is und IIIs trotzdem stehen lassen, so soll dies zeigen, daß die LONDONsche Theorie die MAXWELLsche nicht beseitigt, sondern nur ergänzt. Einen Widerspruch enthält dieses Gleichungssystem nicht.

c) Die Theorie braucht zur Vervollständigung außer den Differentialgleichungen noch Grenzbedingungen für alle Flächen, an denen sich, wie z. B. an den Oberflächen der Körper, die Konstanten der Theorie plötzlich ändern. Aber diese stellen keine neuen Zusätze dar, gehen vielmehr aus den Differentialgleichungen durch Grenzübergänge hervor. Weil z. B. $\mathfrak{B}$, $\mathfrak{D}$ und $\mathfrak{J}$ überall endlich bleiben, verschwinden nach I und II die Flächenrotationen von $\mathfrak{E}$ und $\mathfrak{H}$; d. h. die tangentiellen Komponenten beider Feldstärken verhalten sich stetig. Nach III ist die Flächendivergenz von $\mathfrak{B}$ gleich Null; also gilt, wenn wir die beiden entgegengesetzten Normalen der Unstetigkeitsfläche mit n_1 und n_2 bezeichnen:

$$\mathfrak{B}_{n_1} + \mathfrak{B}_{n_2} = 0 \tag{3. 5}$$

Hingegen gilt nach IV für die Flächendivergenz von $\mathfrak{D}$, sofern eine Flächendichte ϱ vorliegt:

$$\mathfrak{D}_{n_1} + \mathfrak{D}_{n_2} = \varrho \tag{3. 6}$$

Diese beiden Gleichungen gelten sinngemäß, d. h. wenn man $\mathfrak{B}$ durch $\mathfrak{H}$ und $\mathfrak{D}$ durch $\mathfrak{E}$ ersetzt, auch für Supraleiter. Neu treten für diese die folgenden Grenzbedingungen hinzu. Mit den Flächendichten ϱ_f^0 und ϱ_f^l welche den beiden Stromarten zugehören, hängen nach den Kontinuitätsgleichungen VI die Flächendivergenzen der Stromdichten $\mathfrak{J}^0$ und $\mathfrak{J}^l$ zusammen gemäß den Beziehungen:

$$\mathfrak{J}^0_{n1} + \mathfrak{J}^0_{n2} = \frac{\partial \varrho_f^0}{\partial t}, \quad \mathfrak{J}^l_{n1} + \mathfrak{J}^l_{n2} = \frac{\partial \varrho_f^l}{\partial t} \tag{3. 7}$$

Und schließlich muß nach X wegen der Endlichkeit von $\mathfrak{H}$ die Flächenrotation des Vektors $\mathfrak{G}$ verschwinden, d. h. wenn wir die beiden Seiten der Fläche mit 1 und 2 numerieren

$$\mathfrak{G}_{1\,\text{tangentiell}} = \mathfrak{G}_{2\,\text{tangentiell}}. \tag{3.8}$$

Grenzen zwei kubisch kristallisierende Supraleiter aneinander, so bedeutet dies

$$\lambda_1 \mathfrak{J}^l_{1\,\text{tangentiell}} = \lambda_2 \mathfrak{J}^l_{2\,\text{tangentiell}}. \tag{3.9}$$

Der Leiter mit dem kleineren λ führt dann den stärkeren tangentiellen Strom, er ist, wie wir sagen wollen, der bessere Supraleiter. Steigende Temperatur vergrößert, wie gesagt, die Konstante λ, verschlechtert also den Supraleiter.

d) Obwohl wir, wie erwähnt, im allgemeinen das LORENTZsche Maßsystem benutzen, wollen wir uns die Änderungen überlegen, die beim Übergang zum elektrostatischen notwendig werden. In diesem heißen die Grundgleichungen II und IV:

$$\operatorname{rot} \mathfrak{H} = \frac{1}{c}\left\{\frac{\partial \mathfrak{D}}{\partial t} + 4\pi\mathfrak{J}\right\}, \quad \operatorname{div}\mathfrak{D} = 4\pi\varrho,$$

während I, III und VII bleiben, wie oben. Man rechnet von einem zum anderen System mittels der Formeln um:

$$\begin{aligned} &\varrho_{\text{Lor.}} = \sqrt{4\pi}\,\varrho_{\text{el.}}, \quad \mathfrak{J}_{\text{Lor.}} = \sqrt{4\pi}\,\mathfrak{J}_{\text{el.}}, \quad \mathfrak{E}_{\text{Lor.}} = \frac{1}{\sqrt{4\pi}}\,\mathfrak{E}_{\text{el.}} \\ &\mathfrak{H}_{\text{Lor.}} = \frac{1}{\sqrt{4\pi}}\,\mathfrak{H}_{\text{el.}}, \quad \mathfrak{B}_{\text{Lor.}} = \frac{1}{\sqrt{4\pi}}\,\mathfrak{B}_{\text{el.}}, \quad (\sigma_{\alpha\beta})_{\text{Lor.}} = 4\pi\,(\sigma_{\alpha\beta})_{\text{el.}}. \end{aligned} \tag{3.10}$$

Nun tritt an uns die Frage heran: Sollen die $\lambda_{\alpha\beta}$ in beiden Systemen dieselben Werte haben — d. h. soll

$$\mathfrak{G}_{\text{Lor.}} = \sqrt{4\pi}\,\mathfrak{G}_{\text{el.}}$$

sein und an die Stelle von IX und X treten

$$4\pi\frac{\partial\mathfrak{G}}{\partial t} = \mathfrak{E}, \quad 4\pi c \operatorname{rot}\mathfrak{G} = -\mathfrak{H},$$

oder sollen wir jene Gleichungen unverändert übernehmen? Wir entscheiden uns für das Zweite und haben dann

$$\mathfrak{G}_{\text{Lor.}} = \frac{1}{\sqrt{4\pi}}\,\mathfrak{G}_{\text{el.}}, \quad (\lambda_{\alpha\beta})_{\text{Lor.}} = \frac{1}{4\pi}\,(\lambda_{\alpha\beta})_{\text{el.}} \tag{3.11}$$

zu setzen. Den Vorteil werden wir z. B. in §§ 15 und 16 spüren; dort wird für Schwingungen der Frequenz ν die reine Zahl $\nu\,\sigma\,\lambda$ eine wichtige Rolle spielen, und sie hat in beiden Maßsystemen denselben Wert, ebenso das skalare Produkt $(\mathfrak{J}^l\,\mathfrak{G})$, das im folgenden eine große Rolle spielt.

e) Wenngleich wir die LONDONsche Theorie phänomenologisch vorzutragen beabsichtigen, wollen wir doch auf den atomaren Untergrund hinweisen, auf dem sie sich historisch entwickelt hat. FRITZ und HEINZ LONDON versuchten 1935 die Grundgleichungen IX und X für kubische Kristalle, für die sie

$$\text{IX a} \quad \frac{\partial(\lambda\mathfrak{J}^l)}{\partial t} = \mathfrak{E} \qquad\qquad \text{X a} \quad c \operatorname{rot}(\lambda\mathfrak{J}^l) = -\mathfrak{H}$$

schreiben, aus quantentheoretischen Erwägungen glaubhaft zu machen[1]; sie fanden dabei eine Beziehung der Konstanten zur Ladung e, zur Masse m des Elektrons und zur Zahl N der Supraleitungs-Elektronen in der Volumeneinheit, nämlich

$$\lambda = \frac{m}{e^2 N} \tag{3.12}$$

[1] LONDON, F. u. H.: Physica 2, 241 (1935).

Aber Gleichung IXa hatten schon 1933 R. BECKER, G. HELLER und F. SAUTER[1] rein mechanisch hergeleitet. Sie setzen nämlich als die einzige auf das Elektron wirkende Kraft die des elektrischen Feldes an, so daß, wenn wir dessen Geschwindigkeit mit $\mathfrak{v}$ benennen,

$$m \frac{d\,\mathfrak{v}}{d\,t} = e\,\mathfrak{E}$$

wird. Da weiter die Stromdichte

$$\mathfrak{J}^l = e\,N\,\mathfrak{v}$$

ist, kommt man so zu IXa und (3. 12), sofern man den Unterschied zwischen den Differentiationen $\frac{\partial}{\partial t}$ (bei konstanten Koordinaten) und $\frac{d}{d t}$ (bezogen auf ein bewegtes Teilchen) vernachlässigt, was bei hinreichend kleinen Geschwindigkeiten zulässig ist. Aus IXa aber läßt sich Xa mittels der MAXWELLschen Gleichung I herleiten, wenn man noch die physikalisch selbstverständliche Annahme hinzukommt, daß ein Zustand ohne Strom und ohne Feld möglich ist. Denn bildet man an IXa, die Rotation und integriert dann von $t = 0$, dem Zeitpunkt dieses Zustandes, bis t, so findet man

$$\text{rot}\,(\lambda\,\mathfrak{J}^l) = \int_0^t \text{rot}\,\mathfrak{E}\,d\,t = -\frac{1}{c}\,\mathfrak{H}.$$

Insofern war in der „Beschleunigungstheorie“ von BECKER und Mitarbeitern schon die ganze hier vorgetragene Theorie enthalten.

Wir gehen auf diese atomaren Vorstellungen nicht näher ein. Nur in § 13, bei der Deutung der MAXWELL-LONDONschen Spannungen, machen wir von der Vorstellung Gebrauch, daß das aus den Atomresten bestehende Raumgitter samt den OHMschen Leitungselektronen keine Kräfte auf den Mechanismus der Suprasträmung ausübt.

Dem Versuch, aus (3. 12) den Zahlenwert von λ roh abzuschätzen, legen wir das Beispiel des Aluminiums zugrunde. Die Zelle seines Raumgitters enthält 4 Atome und hat die Kantenlänge $4 \cdot 10^{-8}$ cm. In dem Kubikzentimeter liegen infolgedessen $1{,}6 \cdot 10^{22}$ Zellen und $6{,}4 \cdot 10^{22}$ Atome. Nehmen wir die Zahl N der Supraleitungs-Elektronen ebenso groß an, so folgt mit $m = 9 \cdot 10^{-28}$ gr und $e_{\text{Lor.}} = \sqrt{4\pi}\, e_{\text{el.}} = \sqrt{4\pi} \cdot 4{,}8 \cdot 10^{-10} = 1{,}7 \cdot 10^{-9}$ LORENTZsche Einheiten:

$$\lambda_{\text{Lor.}} = 2 \cdot 10^{-32}\,\text{sec}^2 \tag{3. 13}$$

oder nach (3. 11)

$$\lambda_{\text{el.}} = 2{,}5 \cdot 10^{-31}\,\text{sec}^2$$

§ 4. Raumladungen im kubischen Supraleiter.

Raumladungen entstehen im Supraleiter, wenn man z. B. schnelle Kathodenstrahlen auf ihn fallen läßt; denn diese bleiben in ihm nach größeren oder geringeren Wegstrecken stecken. Daß die Theorie über das weitere Schicksal solcher Ladungen zu plausiblen Folgerungen führt, ist zu fordern und hat überdies in ihrer Entwicklung eine Rolle gespielt. Wir setzen den Kristall als kubisch voraus, λ und σ als räumlich und zeitlich konstant.

Aus VI, IXa und IVs folgen der Reihe nach die Gleichungen:

$$\frac{\partial^2 \varrho^l}{\partial t^2} = -\,\text{div}\,\frac{\partial\,\mathfrak{J}^l}{\partial t} = -\frac{1}{\lambda}\,\text{div}\,\mathfrak{E} = -\frac{\varrho}{\lambda} = -\frac{\varrho^0 + \varrho^l}{\lambda},$$

[1] BECKER, R., G. HELLER, u. F. SAUTER: Z. Physik. 85, 772 (1933).

aus IVs, VIIa und VI entsprechend:

$$\varrho = \operatorname{div} \mathfrak{E} = \frac{1}{\sigma} \operatorname{div} \mathfrak{J}^0 = -\frac{1}{\sigma} \frac{\partial \varrho^0}{\partial t} \cdot$$

Es gelten also die Differentialgleichungen

$$\frac{\partial^2 \varrho^l}{\partial t^2} + \frac{\varrho^0 + \varrho^l}{\lambda} = 0, \quad \frac{\partial \varrho^0}{\partial t} + \sigma (\varrho^0 + \varrho^l) = 0. \tag{4.1}$$

für die beiden Unbekannten ϱ^l und ϱ^0.

Man löst sie mittels des Ansatzes

$$\varrho^0 = P^0 e^{-\alpha t}, \qquad \varrho^l = P^l e^{-\alpha t}, \tag{4.2}$$

dessen Einführung die Differentialgleichungen in die algebraischen Beziehungen umwandelt:

$$\begin{aligned} (\alpha^2 + \lambda^{-1}) P^l + \lambda^{-1} P^0 &= 0 \\ \sigma P^l + (\sigma - \alpha) P^0 &= 0. \end{aligned} \tag{4.3}$$

Nullsetzen der Koeffizienten-Determinante ergibt als Bestimmung für α:

$$\alpha^3 - \sigma \alpha^2 + \lambda^{-1} \alpha = 0. \tag{4.4}$$

Zu jeder Wurzel gehört ein bestimmtes Verhältnis P^l/P^0. Die Durchrechnung ergibt als Wurzeln

$$\left.\begin{aligned} \alpha_1 &= \tfrac{1}{2} (\sigma + \sqrt{\sigma^2 - 4\lambda^{-1}}), & \left(\frac{P^l}{P^0}\right)_1 &= -\frac{1}{2}\left(1 - \sqrt{1 - \frac{4}{\sigma^2 \lambda}}\right), \\ \alpha_2 &= \tfrac{1}{2} (\sigma - \sqrt{\sigma^2 - 4\lambda^{-1}}), & \left(\frac{P^l}{P^0}\right)_2 &= -\frac{1}{2}\left(1 + \sqrt{1 - \frac{4}{\sigma^2 \lambda}}\right), \\ \alpha_3 &= 0 & \left(\frac{P^l}{P^0}\right)_3 &= -1. \end{aligned}\right\} \tag{4.5}$$

Die allgemeine Lösung der Gleichung (4.1) lautet also

$$\begin{aligned} \varrho^0 &= A_1 e^{-\alpha_1 t} + A_2 e^{-\alpha_2 t} + A_3 \\ \varrho^l &= -\frac{1}{2}\left(1 - \sqrt{1 - \frac{4}{\sigma^2 \lambda}}\right) A_1 e^{-\alpha_1 t} - \frac{1}{2}\left(1 + \sqrt{1 - \frac{4}{\sigma^2 \lambda}}\right) A_2 e^{-\alpha_2 t} - A_3. \end{aligned} \tag{4.6}$$

A_1, A_2, A_3, sind Integrationskonstanten; d. h. zeitlich unveränderliche, sonst beliebige Funktionen des Orts. α_1 und α_2 können komplex sein; jedenfalls aber haben beide Wurzeln positive reelle Anteile. ϱ^0 und ϱ^l klingen also mit der Zeit ab, bei komplexem α_1 und α_2 mit überlagerten Schwingungen, bis $\varrho = \varrho^0 + \varrho^l$ zu Null geworden ist. Daß die Gleichungen nicht das Verschwinden der Einzeldichten ϱ^0 und ϱ^l fordern, hängt mit der Unabhängigkeit der beiden, nur durch das Feld verknüpften Leitungsmechanismen zusammen; denn das Feld verschwindet im Endzustand schon, wenn die Gesamtdichte $\varrho = 0$ ist. Überhaupt sagt die phänomenologische Theorie über die Einzeldichten im Endzustand nichts aus als daß, wo eine Strom $\mathfrak{J}^l$ fließt, ϱ^l nicht Null sein kann. Denn sonst wäre der Impuls $\varrho \cdot \lambda \mathfrak{J}^l$ der Suprаströmung, den wir in Gleichung (13. 10) kennen lernen, ebenfalls gleich Null. Das Abklingen von ϱ erfolgt unabhängig von allen sonstigen Vorgängen im Supraleiter; es überlagert sich ihnen, da alle Feldgleichungen linear sind. Bei der Untersuchung anderer Vorgänge kümmern wir uns daher gar nicht um räumliche Ladungen, sondern setzen stets $\operatorname{div} \mathfrak{E} = 0$ an die Stelle von IVs.

Die Voraussetzung der zeitlichen und räumlichen Unveränderlichkeit von σ und λ ist für diese Überlegung notwendig. Variieren (etwa infolge von Temperaturungleichheiten oder veränderlicher Zusammensetzung einer Legierung) diese Konstanten räumlich oder zeitlich, so verändern sich die Raumladungen nach anderen Gesetzen. Dennoch ist im stationären Zustand der Supraleiter unter allen Umständen ladungsfrei. Aus VIII folgt nämlich, wenn $\frac{\partial}{\partial t} = 0$ ist, auch $\mathfrak{E} = 0$, also nach IV $\varrho = 0$.

Auf den nichtkubischen Kristall, bei dem σ ein symmetrischer Tensor ist, lassen sich die obigen Rechnungen nicht anwenden. Aber der nächste Paragraph wird zeigen, wie man den Schluß auf das Abklingen auch dann noch durchführen kann.

Für den kubisch kristallisierenden Normalleiter klingt, wie man aus III durch Divergenzbildung ersieht, die Ladung ab wie $e^{-\sigma t}$. Dies Ergebnis ist wohlbekannt, nur kann man bei der Größe von σ bezweifeln, daß die MAXWELLsche Theorie für so rasche Veränderungen noch gilt. Dieser Zweifel überträgt sich auf unsere Theorie der Supraleitung. Immerhin ist es von Bedeutung, daß sie zu plausiblen Ergebnissen führt: und qualitativ wird der Schluß auf das Abklingen schon zutreffen.

§ 5. Die Erhaltung der Energie.

a) Den Energiesatz für Räume außerhalb des Supraleiters erhalten wir in bekannter Weise, indem wir Gl. I mit $(-\mathfrak{H})$, II mit $\mathfrak{E}$ skalar multiplizieren und addieren und die Rechnungsregel

$$(\mathfrak{P}, \operatorname{rot} \mathfrak{Q}) - (\mathfrak{Q}, \operatorname{rot} \mathfrak{P}) = \operatorname{div} [\mathfrak{Q}, \mathfrak{P}] \tag{5. 1}$$

anwenden; er lautet zunächst

$$-c \operatorname{div} [\mathfrak{E} \mathfrak{H}] = \left(\mathfrak{E} \frac{\partial \mathfrak{D}}{\partial t}\right) + \left(\mathfrak{H} \frac{\partial \mathfrak{B}}{\partial t}\right) + (\mathfrak{E} \mathfrak{J}) \tag{5. 2}$$

und nimmt nach (3. 1) und (3. 2) wegen $\frac{\partial \mathfrak{M}}{\partial t} = 0$ die Gestalt an:

$$\frac{\partial}{\partial t} \left\{\frac{\varepsilon}{2} \mathfrak{E}^2 + \frac{\mu}{2} \mathfrak{H}^2\right\} + \sigma \mathfrak{E}^2 + c \operatorname{div} [\mathfrak{E} \mathfrak{H}] = 0. \tag{5. 3}$$

Unter dem Differentialzeichen stehen die Dichte der elektrischen Energie $\frac{\varepsilon}{2} \mathfrak{E}^2$ und die der magnetischen $\frac{\mu}{2} \mathfrak{H}^2$; $\sigma \mathfrak{E}^2$ gibt die JOULEsche Wärme pro Zeiteinheit an und $c [\mathfrak{E} \mathfrak{H}]$ ist die Dichte der elektromagnetischen Energieströmung, der POYNTINGsche Vektor.

Verfahren wir ebenso mit den Gleichungen Is und IIs, so finden wir für das Innere des Supraleiters an Stelle von (5. 2)

$$-c \operatorname{div} [\mathfrak{E} \mathfrak{H}] = \left(\mathfrak{E} \frac{\partial \mathfrak{E}}{\partial t}\right) + \left(\mathfrak{H} \frac{\partial \mathfrak{H}}{\partial t}\right) + (\mathfrak{E} \mathfrak{J}^0) + (\mathfrak{E} \mathfrak{J}^l) \tag{5. 4}$$

oder auch, nach VII, VIII und IX und wegen der Symmetriegleichung (3. 3)

$$\frac{\partial}{\partial t} \left\{\frac{1}{2} \mathfrak{E}^2 + \frac{1}{2} \mathfrak{H}^2 + \frac{1}{2} \sum_{\alpha\beta} \lambda_{\alpha\beta} \mathfrak{J}^l_\alpha \mathfrak{J}^l_\beta\right\} + \sum_{\alpha\beta} \sigma_{\alpha\beta} \mathfrak{E}_\alpha \mathfrak{E}_\beta + c \operatorname{div} [\mathfrak{E} \mathfrak{H}] = 0 \tag{5. 5}$$

Im Supraleiter kommt also zur elektrischen und magnetischen Energie noch eine spezifische Energie des Suprastromes mit der Dichte

$$\frac{1}{2} \sum_{\alpha\beta} \lambda_{\alpha\beta} \mathfrak{J}^l_\alpha \mathfrak{J}^l_\beta = \frac{1}{2} (\mathfrak{J}^l \mathfrak{G}) \tag{5. 6}$$

oder für den kubischen Fall

$$\frac{1}{2} \lambda \mathfrak{J}^{l^2} \tag{5. 7}$$

hinzu. Dies ist der einzige Unterschied gegenüber der älteren Theorie. Wenn wir, wie das später nützlich sein wird, die Erhaltungssätze (5. 3) und (5. 5) zusammenfassen wollen, stellen wir

$$\frac{\varepsilon}{2}\mathfrak{E}^2 + \frac{\mu}{2}\mathfrak{H}^2 + \frac{1}{2}(\mathfrak{J}^l\,\mathfrak{G}) \tag{5. 8}$$

als die gesamte Energiedichte hin. Unsere Annahmen in § 3b über die Tensoren λ und σ sorgen dafür, daß die beiden Summen in (5. 5) stets positiv sind. Daher folgt aus (5. 5), daß die Energie jedes elektrischen Feldes, dem nicht Energie von außen zuströmt, durch JOULEsche Wärme bis zu Null aufgezehrt wird. Enthält der Supraleiter Raumladungen, so müssen diese folglich mit der Zeit verschwinden; denn hielten sie sich, so bestände in ihm ein elektrisches Feld ohne magnetische Feldstärke, der POYNTINGsche Vektor verschwände und nach (5. 5) muß die Feldenergie abnehmen, bis das Feld, also auch seine Ladungen Null sind — im Widerspruch zur Voraussetzung. Der in § 4 für kubische Supraleiter gezogene Schluß auf das Abklingen der räumlichen Gesamtdichte ϱ überträgt sich so auf alle. Stationäre magnetische Felder, in denen keine elektrische Feldstärke, wohl aber ein Suprastrom auftritt, sind hingegen möglich.

Die Ableitung des Energiesatzes (5. 5) setzt zeitliche Unveränderlichkeit von $\lambda_{\alpha\beta}$ voraus, wie ja bei (5. 2) auch ε und μ konstant sein müssen. Alle diese Körperkonstanten sind aber abhängig von der Temperatur. Folglich sind (5. 2) und (5. 5) nur auf isotherme Vorgänge anwendbar. Die hier auftretenden Energiearten sind im Sinne der Thermodynamik daher freie Energien. Die eigentliche Energie U hängt mit der freien Energie F zusammen durch die Beziehung

$$U = F - T\frac{\partial F}{\partial T}$$

Folglich ist die Energie des Suprastromes pro Volumeneinheit

$$\frac{1}{2}\sum_{\alpha\beta}\left(\lambda_{\alpha\beta} - T\frac{\partial \lambda_{\alpha\beta}}{\partial T}\right)\mathfrak{J}^l_\alpha\,\mathfrak{J}^l_\beta$$

oder für den kubischen Fall

$$\frac{1}{2}\left(\lambda - T\frac{\partial \lambda}{\partial T}\right)\mathfrak{J}^{l2}$$

Bei Vorzeichenumkehr geben die zweiten Summanden, also die Ausdrücke

$$+\tfrac{1}{2}T\sum_{\alpha\beta}\frac{\partial \lambda_{\alpha\beta}}{\partial T}\mathfrak{J}^l_\alpha\,\mathfrak{J}^l_\beta \qquad \text{bzw.} + \tfrac{1}{2}T\frac{\partial \lambda}{\partial T}\mathfrak{J}^{l2}$$

die Wärme an, welche man dem Supraleiter bei isothermer Herstellung des Suprastromes $\mathfrak{J}^l$ zu entziehen hat; da λ mit T wächst, sind sie positiv und dicht unterhalb des Sprungpunktes recht erheblich.

§ 6. Die Telegraphengleichung für kubische Supraleiter.

Bekanntlich erhält man in der MAXWELLschen Theorie durch Elimination aller Feldvektoren bis auf einen für den übrigbleibenden eine partielle Differentialgleichung, die sog. Telegraphengleichung, welche zwischen der Wellengleichung $\Delta u - \frac{1}{c^2}\frac{\partial^2 u}{\partial t^2} = 0$ und der Wärmeleitungsgleichung $\Delta u - \varkappa^2\frac{\partial u}{\partial t} = 0$ eine Mittelstellung einnimmt. Wir wollen diese Elimination jetzt für die Supraleitungstheorie ausführen. Dabei setzen wir alle Körperkonstanten als zeitlich und räumlich unveränderlich voraus. Das Kristallsystem sei kubisch.

An IIs bilden wir die Rotation. Nach der Rechnungsregel

$$\operatorname{rot}\operatorname{rot}\mathfrak{P} = \operatorname{grad}\operatorname{div}\mathfrak{P} - \Delta\mathfrak{P} \tag{6. 1}$$

und nach IIIs ergibt dies auf der linken Seite $-\Delta\,\mathfrak{H}$. Deshalb lautet das Ergebnis:

$$-\Delta\,\mathfrak{H} = \frac{1}{c}\left(\operatorname{rot}\frac{\partial\mathfrak{E}}{\partial t} + \operatorname{rot}\mathfrak{J}^0 + \operatorname{rot}\mathfrak{J}\right).$$

Was rechts steht, formen wir mittels Is, VII und IX um; der erste Summand ergibt dabei $-\frac{1}{c^2}\frac{\partial\mathfrak{H}}{\partial t^2}$, der zweite $-\frac{\sigma}{c^2}\frac{\partial\mathfrak{H}}{\partial t}$ und der dritte $-\frac{1}{c^2\lambda}\mathfrak{H}$. Folglich gilt:

$$W(\mathfrak{H}) \equiv \Delta\,\mathfrak{H} - \frac{1}{c^2}\frac{\partial^2\mathfrak{H}}{\partial t^2} - \frac{\sigma}{c^2}\frac{\partial\mathfrak{H}}{\partial t} - \frac{1}{c^2\lambda}\mathfrak{H} = 0. \tag{6.2}$$

Sodann bilden wir an Is die Rotation; links erhalten wir wegen IVs mit $\varrho = 0$ als einzigen Term $-\Delta\,\mathfrak{E}$. Rechts ergibt die Anwendung von IIs sodann von VII und IX

$$-\frac{1}{c}\operatorname{rot}\frac{\partial\mathfrak{H}}{\partial t} = -\frac{1}{c}\left(\frac{1}{c}\frac{\partial^2\mathfrak{E}}{\partial t^2} + \frac{1}{c}\frac{\partial\mathfrak{J}^0}{\partial t} + \frac{1}{c}\frac{\partial\mathfrak{J}^l}{\partial t}\right) = -\frac{1}{c^2}\frac{\partial\mathfrak{E}}{\partial t^2} - \frac{\sigma}{c^2}\frac{\partial\mathfrak{E}}{\partial t} - \frac{1}{c^2\lambda}\mathfrak{E}.$$

Folglich gilt auch:

$$W(\mathfrak{E}) \equiv \Delta\,\mathfrak{E} - \frac{1}{c^2}\frac{\partial^2\mathfrak{E}}{\partial t^2} - \frac{\sigma}{c^2}\frac{\partial\mathfrak{E}}{\partial t} - \frac{1}{c^2\lambda}\mathfrak{E} = 0. \tag{6.3}$$

Bilden wir nun an (6. 2) nochmals die Rotation, so folgt wegen IIs und der Vertauschbarkeit des Operators W mit der Rotationsbildung:

$$W\left(\frac{\partial\mathfrak{E}}{\partial t} + \mathfrak{J}\right) = 0;$$

und kombiniert man hiermit die nach t differentiierte Gleichung (6. 3), so erhält man:

$$W(\mathfrak{J}) = 0.$$

Andererseits liefert Multiplikation von (6. 3) mit σ nach VII:

$$W(\mathfrak{J}^0) = 0. \tag{6.4}$$

Folglich findet man durch Subtraktion der beiden letzten Gleichungen nach V:

$$W(\mathfrak{J}^l) = 0. \tag{6.5}$$

Die verallgemeinerte Telegraphengleichung $W(u) = 0$ gilt also für jede nach einer cartesischen Koordinate genommenen Komponente irgendeines der Feldvektoren. Zerlegt man diese Vektoren jedoch nach krummlinigen Koordinaten, so müssen besondere Betrachtungen Platz greifen.

Die meisten Supraleitungsversuche haben mit stationären Feldern zu tun, so daß deren Untersuchungen den wichtigsten Teil der Theorie ausmacht. Für sie reduziert sich $W(u)$ auf den ersten und den letzten der in ihm auftretenden Summanden; wir haben mit der Differentialgleichung

$$\Delta\,u - \beta^2 u = 0 \tag{6.6}$$

zu tun, wobei u, wie gesagt, eine Komponente eines Feldvektors bedeutet und

$$\beta^2 = \frac{1}{c^2\lambda} \tag{6.7}$$

ist. Von dieser Differentialgleichung handeln die §§ 7—11.

Dies alles gilt zunächst für das LORENTZsche Maßsystem. Im elektrostatischen erhalten die beiden letzten Summanden in (6. 2) noch den Faktor 4π. Infolgedessen tritt an die Stelle von (6. 7)

$$\beta^2 = \frac{4\pi}{c^2\lambda} \text{ (im elektrostatischen Maßsystem)}, \tag{6.8}$$

β hat in beiden Systemen nach (3. 11) denselben Wert.

§ 7. Stationäre Felder.

a) Wie in § 4 erwähnt, folgt im stationären Fall aus IX $\mathfrak{E} = 0$. Da dann außerdem nach Is $\mathfrak{E}$ der Gradient eines skalaren Potentials ist, ist der Supraleiter ein Raum konstanten Potentials, auch wenn die Tensorkomponenten $\lambda_{\alpha\beta}$ räumlich veränderlich sein sollten. Nach VII fließt kein Ohmscher Strom; der Suprastrom nimmt diesem das erforderliche Potentialgefälle fort, er schließt ihn kurz. Darum läßt kein Gleichstromversuch etwas von der endlichen Leitfähigkeit des Supraleiters erkennen. Die einzigen in Betracht kommenden Feldvektoren sind die Strömung $\mathfrak{J} = \mathfrak{J}^l$ und die magnetische Feldstärke $\mathfrak{H}$. Sie sind hier noch enger verkoppelt als beim Normalleiter; denn es besteht zwischen ihnen nicht nur die überall gültige Gleichung II, die sich hier zu

$$\operatorname{rot} \mathfrak{H} = \frac{1}{c} \mathfrak{J}^l \tag{7. 1}$$

vereinfacht, sondern auch die für die Supraleiter spezifische Gleichung IX

$$\operatorname{rot} \mathfrak{G} = -\frac{1}{c} \mathfrak{H} \qquad (\mathfrak{G}_\alpha = \sum_\beta \lambda_{\alpha\beta} \mathfrak{J}^l_\beta), \tag{7. 2}$$

welche die im Normalleiter mögliche Existenz eines magnetischen stromfreien Potentialfeldes ausschließt; denn aus $\operatorname{rot} \mathfrak{H} = 0$ folgt: $\mathfrak{J}^l = 0$, $\mathfrak{G} = 0$, $\mathfrak{H} = 0$. Es gibt streng genommen, kein „fremdes Feld" in das man den stromführenden Supraleiter bringen könnte. Die Stromverteilung ändert sich bei jedem Versuche, dies zu tun. Freilich kann dabei die Gesamt-Strom*stärke* erhalten bleiben; legt man nur auf sie Wert, so ist der Ausdruck „fremdes Feld" zulässig. Alles, was sich über den stationären Zustand aussagen läßt, beruht auf dem Zusammenwirken dieser beiden Gesetze. Wir werden dies in den folgenden Abschnitten für kubische Supraleiter näher ausführen.

In vielen der dabei zu betrachtenden Beispielen ist das Feld im Außenraum von vornherein bekannt, das im Supraleiter wird gesucht. Die Eindeutigkeit der Lösung folgt aus einem allgemeinen Satz. Multipliziert man nämlich (7. 1) skalar mit $\mathfrak{G}$, (7. 2) mit $(-\mathfrak{H})$, so ergibt Addition und Anwendung der Rechnungsregel (5. 1):

$$\operatorname{div} [\mathfrak{H} \mathfrak{G}] = \frac{1}{c} \left\{ (\mathfrak{J}^l \mathfrak{G}) + \mathfrak{H}^2 \right\} \tag{7. 3}$$

Integriert man dies über den Raum des Supraleiters, so kann man nach dem Gaussschen Satz[1]

$$\int_s \operatorname{div} [\mathfrak{H} \mathfrak{G}]\, d\tau = -\int_s [\mathfrak{H} \mathfrak{G}]_{ni}\, d\sigma$$

setzen und erhält

$$\frac{1}{c} \int_s \left\{ (\mathfrak{J}^l \mathfrak{G}) + \mathfrak{H}^2 \right\} d\tau = \int_s [\mathfrak{G} \mathfrak{H}]_{ni}\, d\sigma. \tag{7. 4}$$

Das Zeichen s am Raumintegral deutet auf den supraleitenden Raum als Integrationsbereich hin, am Flächenintegral auf die Erstreckung über dessen ganze Oberfläche[2].

In die Normalkomponente des Vektorproduktes $[\mathfrak{G} \mathfrak{H}]$ gehen nun nur die Tangentialkomponenten von $\mathfrak{G}$ und $\mathfrak{H}$ ein. Ist auf der ganzen Oberfläche entweder $\mathfrak{G}_{\text{tang}} = 0$ oder $\mathfrak{H}_{\text{tang}} = 0$, so ist in (7. 4) die rechte Seite Null. Die linke

---

[1] n_i ist die *innere* Normale der Fläche $d\sigma$.

[2] Wendet man den Gaussschen Satz auf mehrfach zusammenhängende Räume an, wie später in § 12, so muß man diesen zunächst durch die erforderliche Zahl von Querschnitten einfach zusammenhängend machen und diese Querschnitte mit zur Oberfläche rechnen. Manchmal liefern diese wesentliche Anteile dazu. Hier aber ist dies nicht so, weil $\mathfrak{G}$ und $\mathfrak{H}$ *eindeutige* Ortsfunktionen sind, die Anteile der beiden Seiten jedes Querschnitts sich daher fortheben. Gleichung (7. 4) gilt also auch für mehrfach zusammenhängende Supraleiter.

verschwindet aber nur, wenn in jedem Punkte des Supraleiters $\mathfrak{H} = 0$ und $\mathfrak{E} = 0$, also auch $\mathfrak{J}^l = 0$ ist[1].

Nun denke man sich zwei Felder $\mathfrak{H}^{(1)}$, $\mathfrak{J}^{l(1)}$ und $\mathfrak{H}^{(2)}$, $\mathfrak{J}^{l(2)}$, welche entweder in $\mathfrak{H}_{\text{tang}}$ oder in $\mathfrak{E}_{\text{tang}}$ überall längs der Begrenzung übereinstimmen. Für das Differenzfeld $\mathfrak{H}' = \mathfrak{H}^{(1)} - \mathfrak{H}^{(2)}$, $\mathfrak{J}^{l'} = \mathfrak{J}^{l(1)} - \mathfrak{J}^{l(2)}$, für welches wegen der Linearität aller unserer Differentialgleichungen ebenfalls Gl. (7. 4) gilt, folgt dann im ganzen Raum $\mathfrak{H}' = 0$, $\mathfrak{J}^{l'} = 0$. *Das stationäre Feld im Supraleiter ist also durch die Angabe der tangentiellen Komponenten entweder der magnetischen Feldstärke oder des Supra-Impulses an der Oberfläche eindeutig bestimmt.* Dem entspricht jener Satz der Potentialtheorie, demzufolge der Potentialgradient in einem Raume eindeutig festgelegt ist durch seine Tangentialkomponenten längs der Oberfläche; denn diese legen bis auf eine belanglose Konstante das Oberflächenpotential fest, und dieses wiederum das Potential im Inneren.

Die auf der rechten Seite von (7. 4) stehenden Vektoren $\mathfrak{E}$ und $\mathfrak{H}$ beziehen sich zunächst auf die Innenseite der Oberfläche. Da aber nach § 3c die tangentielle Komponente von $\mathfrak{H}$ sich stetig verhält, kann man für $\mathfrak{H}$ hier auch die Werte einsetzen, die außerhalb an der Oberfläche herrschen. *So ist also das Feld im Inneren eindeutig durch das äußere Magnetfeld bestimmt.*

b) Für den homogenen, kubischen Supraleiter, auf den sich das Folgende bezieht, vereinfacht sich Gl. (7. 2) zu

$$\lambda \operatorname{rot} \mathfrak{J}^l = -\frac{1}{c}\mathfrak{H}. \tag{7. 5}$$

Bildet man an (7. 1) die Rotation, so gibt die Rechnungsregel (6. 1) zusammen mit der Grundgleichung IIIs und mit (7. 5):

$$\varDelta \mathfrak{H} - \beta^2 \mathfrak{H} = 0\,, \qquad \beta^2 = \frac{1}{c^2 \lambda} \tag{7. 6}$$

Und bildet man umgekehrt die Rotation an (7. 5), so ergibt dies in Rücksicht auf VI ($\operatorname{div} \mathfrak{J}^l = 0$) und (7. 1)

$$\varDelta \mathfrak{J}^l - \beta^2 \mathfrak{J}^l = 0. \tag{7. 7}$$

Wir kommen also hier unmittelbar auf die Gleichungen (6. 6) und (6. 7) zurück.

c) Schon das denkbar einfachste Beispiel, daß ein Supraleiter den Halbraum $z > 0$ ausfüllt, also die Grenzebene $z = 0$ hat, ermöglicht wichtige Einsichten. Besteht außerhalb, bei $z < 0$, ein homogenes Magnetfeld $\mathfrak{H}^0$, so wird die Gleichung (6. 6) für $\mathfrak{H}$ gelöst durch den Ansatz

$$\mathfrak{H} = \mathfrak{H}^{(0)} e^{-\beta z}. \tag{7. 8}$$

Wegen $\operatorname{div} \mathfrak{H} = 0$ jedoch muß $\mathfrak{H}^{(0)}_z$ Null sein. Die x- und die zu ihr senkrechte y-Richtung können wir so verlegen, daß auch $\mathfrak{H}^{(0)}_x$ verschwindet. Dann folgt für die Feldstärke im Supraleiter:

$$\mathfrak{H}_x = \mathfrak{H}_z = 0 \qquad \mathfrak{H}_y = H^0 e^{-\beta z}. \tag{7. 9}$$

Nach (7. 1) stellen dann die Gleichungen

$$\mathfrak{J}_x = -c\frac{\partial \mathfrak{H}_y}{\partial z} = \beta c H^0 e^{-\beta z} = \frac{H^0}{\sqrt{\lambda}} e^{-\beta z}, \; \mathfrak{J}_y = \mathfrak{J}_z = 0 \tag{7. 10}$$ [2]

das Supraleitungsfeld dar.

---

[1] Nach (3. 4) ist $(\mathfrak{J}^l \mathfrak{E})$ notwendig positiv, außer wenn der Fall $\mathfrak{J}^l = 0$, $\mathfrak{E} = 0$ eintritt.

[2] Im elektrostatischen Maßsystem:

$$\mathfrak{J}_x = \frac{H^0 e^{-\beta z}}{\sqrt{4\pi\lambda}};$$

siehe (3. 10) und (3. 11).

Daraus lesen wir ab: Die Stromdichte an der Oberfläche hängt nur von der daselbst herrschenden Feldstärke H^0 ab. $\mathfrak{J}$, $\mathfrak{H}$ und die innere Normale des Supraleiters stehen aufeinander senkrecht und bilden, wie das hier angenommene Koordinatensystem x, y, z, ein *Rechts*system. *Das Feld dringt nur auf eine Tiefe der Größenordnung* β^{-1} *ein. Es bildet eine Schutzschicht von dieser Dicke; darunter liegt ein vor der Feldeinwirkung geschützter Bereich.* Diese Erkenntnis ist deswegen so fundamental, weil sie sich in Annäherung auf gekrümmte Oberflächen überträgt, sofern nur der Supraleiter dick, d.h. dick gegen die Eindringtiefe β^{-1} ist. *Darin liegt die theoretische Erklärung des Meißnereffekts.*

Die Flächendichte des Stroms beträgt

$$J_f = \int_0^\infty \mathfrak{J}_x \, dz = c H^0. \tag{7.11}$$

Im elektrostatischen Maßsystem lautet Gl. (7. 6) nach (3. 10): $J_f = \frac{c}{4\pi} H^0$, und wenn man die Stromstärken in Ampere mißt: $J_f = \frac{10}{4\pi} H^0$. Da $\frac{10}{4\pi} = 0{,}796$ ist, fließen bei $H^0 = 100$ Oerstedt durch den Zentimeter einer magnetischen Kraftlinie fast 80 Ampere. Die Eindringtiefe

$$\beta^{-1} = c\sqrt{\lambda} \tag{7.12}$$[1]

(nach 7. 6) hat, wenn wir für λ die Größenordnung $10^{-31}\,\text{sec}^2$ annehmen, die Größenanordnung 10^{-5} cm, was für Temperaturen, die $^1/_2$ Grad oder mehr unter dem Sprungpunkt liegen, nach bisheriger Kenntnis zutrifft; bei Annäherung an den Sprungpunkt T_s nimmt sie aber, gleich λ, erheblich, anscheinend über alle Grenzen, zu.

d) Über Feld- und Stromverteilung in dünnen Supraleitern, d. h. solchen, deren Dicke nicht mehr groß gegen die Eindringtiefe ist, unterrichten wir uns zunächst an dem Beispiel der planparallelen Platte. Sie reiche von $z = -d$ bis $z = +d$. In den Außenräumen seien homogene Magnetfelder der Stärke H^- und H^+ in der y-Richtung. Der Differentialgleichung $\Delta\mathfrak{H} - \beta^2\mathfrak{H} = 0$ und der Bedingung $\operatorname{div}\mathfrak{H} = 0$ genügt der Ansatz:

$$\mathfrak{H}_x = \mathfrak{H}_z = 0\,, \qquad \mathfrak{H}_y = a \operatorname{Cof}(\beta z) + b \operatorname{Sin}(\beta z)\,, \tag{7. 13}$$

aus welchem nach (7. 1) für die Stromdichte folgt:

$$\mathfrak{J}_y = \mathfrak{J}_z = 0, \quad \mathfrak{J}_x = -c\frac{\partial \mathfrak{H}_y}{\partial z} = -\frac{1}{\sqrt{\lambda}}\left(a \operatorname{Sin}(\beta z) + b \operatorname{Cof}(\beta z)\right) \tag{7.14}$$

Zur Bestimmung der Konstanten a und b liefert die Grenzbedingung der Stetigkeit von $\mathfrak{H}$ für $z = \pm d$ zwei Gleichungen, nämlich:

$$a \operatorname{Cof}(\beta d) + b \operatorname{Sin}(\beta d) = H^+, \quad a \operatorname{Cof}(\beta d) - b \operatorname{Sin}(\beta d) = H^-. \tag{7. 15}$$

Die Auflösung ergibt:

$$a = \frac{H^+ + H^-}{2 \operatorname{Cof}(\beta d)}, \qquad b = \frac{H^+ - H^-}{2 \operatorname{Sin}(\beta d)} \tag{7.16}$$

Ist $\beta d \gg 1$, so liegt danach zwischen zwei Schutzschichten von der Dicke β^{-1} ein geschützter, feld- und stromloser Bereich. Ist hingegen $\beta d \ll 1$, so ergibt

[1] Im elektrostatischen Maßsystem nach (3. 7)

$$\beta^{-1} = c\sqrt{\frac{\lambda}{4\pi}}$$

Reihenentwicklung in den Gleichungen (7. 13), (7. 14) und (7. 16) als erste Näherung

$$\mathfrak{H}_y = \tfrac{1}{2}(H^+ + H^-) + \tfrac{1}{2}(H^+ - H^-)\frac{z}{d}, \qquad \mathfrak{J}_x = \frac{1}{2d}\, c\,(H^- - H^+). \tag{7. 17}$$

Es ist also ein Strom von der Flächendichte $J_f = 2d \cdot \mathfrak{J}_x = c\,(H^- - H^+)$ gleichmäßig über die Schicht verteilt, das Magnetfeld steigt linear mit z an, sofern zu beiden Seiten der Schicht verschiedene Feldstärken liegen. Ist aber $H^+ = H^-$, so fließt kein Strom und das Feld ist konstant. Bringt man also in ein homogenes Magnetfeld eine dünne, supraleitende, zur Feldstärke parallele Schicht, so durchdringt das Feld sie, ohne eine Störung zu erfahren.

Für beliebige Dicken, aber für den Fall $H^+ = H^-$ vereinfachen sich die Gleichungen (7. 13) und (7. 14) zu:

$$\mathfrak{H}_y = H^+ \frac{\mathfrak{Cof}\,(\beta z)}{\mathfrak{Cof}\,(\beta d)}, \qquad \mathfrak{J}_x = -\frac{H^+}{\sqrt{\lambda}}\,\frac{\mathfrak{Sin}\,(\beta z)}{\mathfrak{Cof}\,(\beta d)}. \tag{7. 18}$$ [1]

e) Dieselbe Platte sei jetzt in der x-Richtung von einem Strom der Flächendichte[2] J_f durchströmt, ohne daß noch andere Ursachen magnetische Felder hervorriefen. Die Stromdichte ist dann sicher eine gerade Funktion von z, da die positive und negative z-Richtung dabei gleichwertig sind. Folglich brauchen wir von den in (7. 14) enthaltenen Lösungen der Grundgleichungen diejenige, für welche $a = 0$ und nach (7. 13) $\mathfrak{H}_y$ eine ungerade Funktion von z ist. Folglich ist hier $H^- = -H^+$ und nach (7. 15)

$$b = \frac{H^+}{\mathfrak{Sin}\,(\beta d)}$$

daher dann

$$\mathfrak{J}_x = -\frac{H^+}{\sqrt{\lambda}}\,\frac{\mathfrak{Cof}\,(\beta z)}{\mathfrak{Sin}\,(\beta d)}, \qquad \mathfrak{H}_y = H^+ \frac{\mathfrak{Sin}\,(\beta z)}{\mathfrak{Sin}\,(\beta d)}. \tag{7.19}$$

Nun ist noch H^+ aus J_f zu berechnen. Dazu dient die Gleichung

$$J_f = \int_{-d}^{+d} \mathfrak{J}_x\, dz = -2cH^+, \tag{7.02}$$

so daß das Schlußergebnis lautet:

$$\mathfrak{J}_x = \tfrac{1}{2}\beta J_f \frac{\mathfrak{Cof}\,(\beta z)}{\mathfrak{Sin}\,(\beta d)}, \qquad \mathfrak{H}_y = -\frac{J_f}{2c}\,\frac{\mathfrak{Sin}\,(\beta z)}{\mathfrak{Sin}\,(\beta d)}. \tag{7.21}$$

Für eine „dicke" Platte ($\beta d \gg 1$) erkennt man auch in diesem Sonderfall die Konzentration von Feld und Strömung in zwei den Grenzebenen dicht anliegenden Schutzschichten. Für die dünne ($\beta d \ll 1$) vereinfacht sich (7. 15) zu

$$\mathfrak{J}_x = \frac{J_f}{2d}, \qquad \mathfrak{H}_y = -\frac{J_f}{c}\,\frac{z}{2d}. \tag{7.22}$$

Die Strömung verteilt sich danach gleichmäßig über die Dicke der Platte.

f) Für die Verallgemeinerung einiger an diesen Beispielen gewonnenen Erkenntnisse erweist sich ein Mittelwertsatz für skalare Ortsfunktionen u als nützlich, welche der Differentialgleichung

$$\Delta u - \beta^2 u = 0 \tag{7. 23}$$

gehorchen. Um einen beliebigen Punkt P des dreidimensionalen Bereiches, für

[1] Wegen des Vorzeichens von $\mathfrak{J}_x$ ist zu beachten, daß für die Grenzfläche $z = +d$ die z-Richtung *äußere* Normale ist, nicht wie in (7. 10) die innere.

[2] Von einer Stromstärke können wir hier nicht reden, da die Ausdehnung der Platte in der y-Richtung nicht bestimmt ist.

den diese gilt, schlagen wir eine Kugel vom Radius r und bilden für ihre Oberfläche den Mittelwert $\overline{u}$. Für ihn gilt:

$$\varDelta\,\overline{u} - \beta^2\,\overline{u} = 0. \tag{7.24}$$

Da $\overline{u}$ aber nur noch von r abhängt, wird

$$\varDelta\,\overline{u} = \frac{1}{r^2}\,\frac{\partial}{\partial r}\left(r^2\,\frac{d\,\overline{u}}{d\,r}\right)$$

und die Differentialgleichung (7. 24) hat die Lösungen

$$\overline{u} = \mathrm{Const}\,\frac{\mathfrak{Sin}\,\beta\,r}{\beta\,r} \text{ und } \overline{u} = \mathrm{Const}\,\frac{\mathfrak{Cof}\,\beta\,r}{\beta\,r}$$

von denen die zweite ausscheidet, da sie für $r = 0$ über alle Grenzen wächst. Gehen wir aber in der ersten zum $r = 0$ über, so sehen wir, daß die Konstante gleich u_P sein muß, also finden wir:

$$u_P = \frac{\beta\,r}{\mathfrak{Sin}\,(\beta\,r)}\,\overline{u} \tag{7.25}$$

Der Faktor von $\overline{u}$ nimmt mit wachsendem r von 1 bis zu beliebig kleinen Werten ab. Für $\beta = 0$ wäre er freilich immer gleich 1, dann ginge (7. 25) in den wohlbekannten Mittelwertsatz der Potentialtheorie über, demzufolge die Funktion u im Punkte P weder ein Maximum noch ein Minimum haben kann. Für $\beta > 0$ aber sagt die Formel nur aus, daß der Absolutwert $|u_P|$ kleiner ist als der Absolutwert $|\overline{u}|$. Während dies ein Maximum von $|u|$ in P ausschließt, läßt es ein Minimum durchaus zu. Die höchsten Werte für $|u|$ liegen niemals im Inneren, sondern stets an der Begrenzung des Gültigkeitsbereiches der Differentialgleichung (7. 23); für Punkte der Oberfläche nämlich läßt sich keine solche Kugel konstruieren, also Gl. (7. 25) nicht anwenden.

Der Differentialgleichung (7. 23) genügen die Komponenten $\mathfrak{H}_x$, $\mathfrak{H}_y$, $\mathfrak{H}_z$ der magnetischen Feldstärke. Also ist nach diesem Satz

$$(\mathfrak{H}_x^2)_P < (\overline{\mathfrak{H}_x})^2.$$

Aber das über die Kugelfläche gebildete Schwankungsquadrat

$$\frac{1}{4\,\pi\,r^2}\int\left(\mathfrak{H}_x - \overline{\mathfrak{H}_x}\right)^2 d\,\sigma = \frac{1}{4\,\pi\,r^2}\int \mathfrak{H}_x^2\,d\,\sigma - (\overline{\mathfrak{H}_x})^2 = \overline{\mathfrak{H}_x^2} - (\overline{\mathfrak{H}_x})^2$$

ist notwendig positiv; somit gilt a fortiori

$$(\mathfrak{H}_x^2)_P < \overline{\mathfrak{H}_x^2}.$$

Und da für $\mathfrak{H}_y$ und $\mathfrak{H}_z$ Entsprechendes gilt, folgt durch Addition

$$(\mathfrak{H}^2)_P < \overline{\mathfrak{H}^2}.$$

Ebenso beweist man, daß

$$(\mathfrak{J}^{l2})_P < \overline{\mathfrak{J}^{l2}}$$

ist. *Im Inneren des Supraleiters gibt es daher kein Maximum der magnetischen Feldstärke oder der Stromdichte. Die größten Werte von $\mathfrak{H}^2$ und $\mathfrak{J}^{l2}$ liegen stets an der Oberfläche.* Die Möglichkeit von Minima hingegen zeigen die Beispiele in den Abschnitten d und e, sowie in den folgenden Paragraphen. Darin liegt die allgemeine Theorie des Meißnereffektes.

Hängt u nur von zwei Koordinaten ab, so bildet man den Mittelwert $\overline{u}$ über den den Punkt P umgebenden Kreis vom Radius r. Dann wird

$$\varDelta\,\overline{u} = \frac{1}{r}\,\frac{d}{d\,r}\left(r\,\frac{d\,\overline{u}}{d\,r}\right)$$

und an die Stelle von (7. 25) tritt

$$u_P = \frac{\bar{u}}{I_0(i\beta r)} \qquad (7.26)^1$$

wo $I_0(x)$ die in § 8 u. f. näher zu betrachtende BESSELsche Funktion nullter Ordnung ist. Da $I_0(i\beta r)$ mit wachsendem r von 1 an dauernd und schließlich über alle Grenzen steigt[2], übertragen sich die an (7. 25) angeknüpften Schlüsse alle auf den zweidimensionalen Fall.

g) Aber auch die dem Meißnereffekt gesetzten Grenzen kann man aus (7. 25) oder (7. 26) ablesen. Ist nämlich der Gültigkeitsbereich der Differentialgleichung (7. 23) klein gegen die Eindringtiefe β^{-1}, so ist $\beta r \ll 1$ und $u_P = u$; d. h. in einem solchen Bereiche fällt jede Lösung von (7. 23) mit einer Lösung der Potentialgleichung $\Delta u = 0$ zusammen. Dann wird der Meißnereffekt unmerklich. Beispiele dafür enthalten die Näherungen (7. 17) und (7. 22) für die dünne Platte; in der Tat genügen in ihnen $\mathfrak{J}_x^l$ und $\mathfrak{H}_y$ der Potentialgleichung.

In einem unendlich langen, geraden Zylinder beliebigen, aber kleinen Querschnittes, zu dessen Achse wir die z-Achse parallel legen, können wir also

$$\mathfrak{J}_z^l = \text{const} \qquad (7.27)$$

als die erste Näherung betrachten; denn damit wird $\Delta \mathfrak{J}_z^l = 0$. Der Suprastrom ist dann genau so verteilt wie ein Ohmscher Strom. Verkleinern wir bei konstanter Stromdichte $\mathfrak{J}_z$ alle Abmessungen des Querschnittes um den Faktor a, so nimmt dabei die magnetische Feldstärke in entsprechenden Punkten ab wie a; denn aus IIs folgt nach dem STOKESschen Satze für irgendeine ganz im Leiter verlaufende Fläche

$$\int \mathfrak{H}_s\, ds = \frac{1}{c}\int \mathfrak{J}_u\, d\sigma,$$

und die Integrationsfläche nimmt ab wie a^2, die Berandung aber wie a. Gleichung IX zeigt dann, daß rot $\mathfrak{J}$ im Vergleich zu $\mathfrak{J}_z$ selbst wie a abnimmt; darin liegt eine Bestätigung dafür, daß wir in (7. 27) rot $\mathfrak{J}$ ganz vernachlässigen durften. Wir können dies unbedenklich auf einen gekrümmten Draht übertragen, sofern sein Krümmungsradius gegen die Abmessungen des Querschnittes groß ist.

Bringen wir andererseits in ein statisches homogenes Magnetfeld der Stärke H^0 einen hinreichend kleinen, beliebig geformten Supraleiter, so setzt sich das Feld in erster Näherung unverändert in ihm fort, da es ja der Differentialgleichung $\Delta \mathfrak{H} = 0$ genügt. Da dieses $\mathfrak{H}$ rotationsfrei ist, entsteht in dieser Näherung keine Strömung. Und das steht nicht in Widerspruch zu (7. 5). Denn integriert man diese Gleichung über eine ganz im Supraleiter verlaufende Fläche und verwandelt das linksstehende Integral nach dem STOKESschen Satz in ein Linienintegral über deren Berandung, so erhält man:

$$c\int \lambda \mathfrak{J}_s\, ds = -\int \mathfrak{H}_n\, d\sigma. \qquad (7.28)$$

Dies wenden wir auf zwei geometrisch ähnliche Supraleiter an, für welche L_1 und L_2 zwei entsprechende Strecken sind. Sie mögen sich auch noch in den Supraleitungskonstanten λ_1 und λ_2 unterscheiden. Wir wählen in ihnen zwei sich nach Ähnlichkeit entsprechende Flächen; die Integrale rechts in (7. 28) stehen dann im Verhältnis $(L_1/L_2)^2$. Entsprechende Teile der Randkurven hingegen stehen im Verhältnis L_1/L_2. Folglich stehen die Stromdichtekomponenten $\mathfrak{J}_s$ in entsprechenden Punkten beider Körper zueinander im Verhältnis

$$\frac{\mathfrak{J}_s^{(1)}}{\mathfrak{J}_s^{(2)}} = \frac{\lambda_2}{\lambda_1}\frac{L_1}{L_2} = \sqrt{\frac{\lambda_2}{\lambda_1}}\,\frac{\beta_1 L_1}{\beta_2 L_2}.$$

[1] $i = \sqrt{-1}$.

[2] Vgl. die Reihenentwicklung (8. 6).

Es gilt somit bei jedem hinreichend kleinen Supraleiter für jede Komponente von $\mathfrak{J}$ eine Reihenentwicklung, deren erstes Glied die Form

$$\mathfrak{J}_k = \frac{H^0}{\sqrt{\lambda}} \tau_k \beta L \tag{7.29}$$

hat. Die Größen τ_k sind dabei reine, nur von der relativen Lage des Aufpunktes und der Form, aber nicht von λ und der Größe des Körpers abhängige Zahlen. Beispiele dafür ergeben die Gleichungen (10. 3) und (11. 16), sowie die an (10. 15) anschließende Diskussion.

Allerdings gilt dies für mehrfach zusammenhängende Supraleiter nicht ohne Einschränkung, weil es in diesen solche Kurven gibt, für die jede von ihnen berandete Fläche zum Teil außerhalb des Supraleiters liegt (§ 12). Dann kann man die nur für Supraleiter gültige Gleichung (7. 2) nicht überall auf ihnen anwenden. Wir werden sehen, daß sich bei ihnen ein von H^0 unabhängiger Dauerstrom einer der Gleichung (7. 29) gehorchenden Strömung überlagern kann.

h) Nach § 1c ist die Konstante λ Temperaturfunktion. Dicht unter dem Sprungpunkt ist sie sehr groß, mit ihr die Eindringtiefe $\beta^{-1} = c\sqrt{\lambda}$ (s. 7. 6). Jeder Körper ist dann im Sinne dieser Überlegung „klein“, das Magnetfeld durchdringt ihn ungehindert. Mit sinkender Temperatur jedoch nimmt λ ab, anfangs sogar überaus rasch. Damit setzt die Feldverdrängung, der Meißnereffekt, ein. Umwickelt man den Körper mit einer normalleitenden Induktionsspule, so kann man diesen Vorgang an den induzierten Strömen verfolgen; der Induktionsfluß durch die Spule nimmt ja dabei ab. Solche Prüfungen sind oft experimentell durchgeführt.

Bei einer solchen beobachteten STARK, STEINER und SCHOENECK[1] an der Richtung der Induktionsströme einen „paramagnetischen“, d. h. einer Vergrößerung des Induktionsflusses entsprechenden Effekt, welcher der Feldverdrängung vorausging. Eine Deutung dafür gibt es bisher nicht. Es nützt nichts, dem Supraleiter eine von 1 abweichende Permeabilität μ zuzuschreiben. In (6. 7) tritt dann nur der Faktor μ zu dem Werte $c^2 \lambda$ hinzu, welchen β^2 sonst hat. Da die Beobachtungen β betreffen, würde dies zwar die Umrechnung von β auf λ ändern, aber die Deutung dieser Induktionsversuche nicht berühren[2].

i) Wir suchen einige der obigen Ergebnisse auf nicht-kubische Supraleiter zu übertragen und betrachten wieder den einfachsten Fall, daß der Supraleiter den Halbraum $x_3 > 0$ erfüllt und an seiner Oberfläche ein statisches, homogenes Magnetfeld H^0 herrscht, in dessen Richtung wir, wie oben, die x_2-Achse legen. So lauten die Grenzbedingungen für $x_3 = 0$:

$$\mathfrak{H}_1 = 0\,, \qquad \mathfrak{H}_2 = H^0. \tag{7. 30}$$

Die andere Grenzbedingung, für über alle Grenzen wachsendes x_3, ist wieder ein allmähliches Abklingen aller Feldvektoren.

---

[1] STARK, J., K. STEINER u. H. SCHOENECK: Phys. Z. 38, 887 (1937).

[2] Eine andere Unstimmigkeit mit der Theorie ist manchmal bei solchen Messungen aufgetreten, insofern der gesamte Induktionsstoß geringer, sogar gelegentlich viel geringer ausfiel, als mit einer vollständigen Feldverdrängung verträglich gewesen wäre. Gegen diese Messungen läßt sich aber der Zweifel erheben, ob tatsächlich der ganze Probekörper supraleitend geworden war, oder nur ein ringförmiger, äußerer Teil von ihm. Die Kühlung erfolgt ja von außen. Und ist einmal solch ein Ring gebildet, so hält er, wie § 12 näher ausführt, den umschlossenen Induktionsfluß unverändert fest, wie man auch das äußere Feld verändern mag. Die übrigen Teile bleiben dann infolge der Feldeinwirkung im Zwischenzustand; in dem supraleitenden Ring entsteht beim Abschalten des Feldes ein Dauerstrom (§ 12). Die Probe darauf besteht darin, daß man nach dem Abschalten des äußeren Feldes nach dem magnetischen Felde eines solchen Stroms sucht. Dem Anschein nach hat man bei solchen Versuchen niemals diese Probe gemacht. — Von derselben Fehlerquelle handelt § 12g.

Die MAXWELLsche Gleichung IIs (rot $\mathfrak{H} = \frac{1}{c}\mathfrak{J}^l$) und die LONDONsche Gleichung X (c rot $\mathfrak{G} = -\mathfrak{H}$) vereinfachen sich hier gemäß VIII zu den folgenden:

$$\mathfrak{J}_1^l = -c\frac{\partial \mathfrak{H}_2}{\partial x_3}, \quad \mathfrak{J}_2^l = c\frac{\partial \mathfrak{H}_1}{\partial x_3} \tag{7.31}$$

$$\mathfrak{H}_1 = c\frac{\partial \mathfrak{G}_2}{\partial x_3} = c\left(\lambda_{21}\frac{\partial \mathfrak{J}_1^l}{\partial x_3} + \lambda_{22}\frac{\partial \mathfrak{J}_2^l}{\partial x_3}\right), \quad \mathfrak{H}_2 = -c\frac{\partial \mathfrak{G}_1}{\partial x_3} = -c\left(\lambda_{11}\frac{\partial \mathfrak{J}_1^l}{\partial x_3} + \lambda_{12}\frac{\partial \mathfrak{J}_2^l}{\partial x_3}\right)$$

$\mathfrak{J}_3^l$ und $\mathfrak{H}_3$ verschwinden wegen der Divergenzbedingungen. (7.32)

Elimination von $\mathfrak{J}^l$ führt auf die Differentialgleichungen

$$\lambda_{22}\frac{\partial^2 \mathfrak{H}_1}{\partial x_3^2} - \lambda_{21}\frac{\partial^2 \mathfrak{H}_2}{\partial x_3^2} - \frac{1}{c^2}\mathfrak{H}_1 = 0, \quad -\lambda_{12}\frac{\partial^2 \mathfrak{H}_1}{\partial x_3^2} + \lambda_{11}\frac{\partial^2 \mathfrak{H}_2}{\partial x_3^2} - \frac{1}{c^2}\mathfrak{H}_2 = 0, \tag{7.33}$$

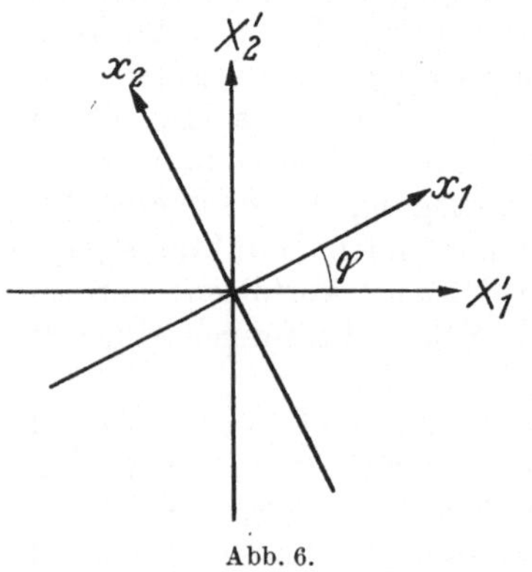

Abb. 6.

welche hier an die Stelle von (7. 6) treten.

Der anschaulichste Weg zu ihrer Lösung besteht in der Einführung eines neuen, um die x_3-Achse gedrehten Achsenkreuzes X'_1 und X'_2, in welchem die Tensorkomponente λ'_{12} verschwindet. Diese „relativen Hauptachsen" des Tensors (d. h. relativ zur Ebene $x_3 = 0$) sind die Hauptachsen der Schnittellipse zwischen dieser Ebene und dem dem Tensor zugeordneten Ellipsoid $\sum_{\alpha\beta} \lambda_{\alpha\beta}\, x_\alpha\, x_\beta = \text{const.}$ Auf sie beziehen wir die „relativen Hauptwerte" Λ'_1 und Λ'_2 des Tensors. Führen wir diese Änderungen in (7. 33) ein, so folgen daraus unmittelbar zwei Lösungen;

erstens

$$\mathfrak{H}'_1 = H_1^{0\prime}\, e^{-\beta'_2 x_3}, \quad \mathfrak{H}'_2 = 0 \qquad \beta'_2 = \frac{1}{c\sqrt{\Lambda'_2}}$$

$$\mathfrak{J}_1^{l\prime} = 0, \quad \mathfrak{J}_2^{l\prime} = -\frac{H_1^{0\prime}}{\sqrt{\Lambda'_2}}\, e^{-\beta'_2 x_3} \tag{7.34}$$

$$\mathfrak{G}'_1 = 0, \quad \mathfrak{G}'_2 = -\sqrt{\Lambda'_2}\, H_1^{0\prime}\, e^{-\beta'_2 x_3}$$

zweitens

$$\mathfrak{H}'_1 = 0, \quad \mathfrak{H}'_2 = H_2^{0\prime}\, e^{-\beta'_1 x_3}$$

$$\mathfrak{J}_1^{l\prime} = \frac{H_2^{0\prime}}{\sqrt{\Lambda'_1}}\, e^{-\beta'_1 x_3}, \quad \mathfrak{J}_2^{l\prime} = 0 \qquad \beta'_1 = \frac{1}{c\sqrt{\Lambda'_1}}$$

$$\mathfrak{G}'_1 = \sqrt{\Lambda'_1}\, H_2^{0\prime}\, e^{-\beta'_1 x_3}, \quad \mathfrak{G}'_2 = 0. \tag{7.35}$$

Dabei sind die Integrationskonstanten $H_1^{0\prime}$ und $H_2^{0\prime}$ magnetische Feldstärken im Außenraum, welche in den Richtungen von X'_1 und X'_2 liegen. Nun soll aber bezogen auf x_1 und x_2 die Grenzbedingung (7. 30) gelten. Bezeichnen wir also, wie in Abb. 6 den Winkel zwischen x_1 und X_1 mit φ, so haben wir $H_2^{0\prime} = H^{0\prime} \cos\varphi$, $H_1^{0\prime} = -H^0 \sin\varphi$ zu setzen. Indem wir schließlich die in (7. 34) und (7. 35) stehenden Vektorkomponenten in solche umrechnen, die sich auf x_1 und x_2 beziehen,

$$\mathfrak{H}_1 = \mathfrak{H}'_1 \cos\varphi + \mathfrak{H}'_2 \sin\varphi, \quad \mathfrak{H}_2 = -\mathfrak{H}'_1 \sin\varphi + \mathfrak{H}'_2 \cos\varphi \text{ usw.,}$$

finden wir:

$$\left.\begin{aligned}
\mathfrak{H}_1 &= H^0\left\{e^{-\beta_1' x_3} - e^{-\beta_2' x_3}\right\}\cos\varphi\sin\varphi,\\
\mathfrak{H}_2 &= H^0\left\{e^{-\beta_1' x_3}\cos^2\varphi + e^{-\beta_2' x_3}\sin^2\varphi\right\}\\
\mathfrak{J}_1^l &= H^0\left\{\frac{e^{-\beta_1' x_3}}{\sqrt{\Lambda_1'}}\cos^2\varphi + \frac{e^{-\beta_2' x_3}}{\sqrt{\Lambda_2'}}\sin^2\varphi\right\},\\
\mathfrak{J}_2^l &= -H^0\left\{\frac{e^{-\beta_1' x_3}}{\sqrt{\Lambda_1'}} - \frac{e^{-\beta_2' x_3}}{\sqrt{\Lambda_2'}}\right\}\cos\varphi\sin\varphi\\
\mathfrak{G}_1 &= H^0\left\{\sqrt{\Lambda_1'}\,e^{-\beta_1' x_3}\cos^2\varphi + \sqrt{\Lambda_2'}\,e^{-\beta_2' x_3}\sin^2\varphi\right\},\\
\mathfrak{G}_2 &= -H^0\left\{\sqrt{\Lambda_1'}\,e^{-\beta_1' x_3} - \sqrt{\Lambda_2'}\,e^{-\beta_2' x_3}\right\}\cos\varphi\sin\varphi
\end{aligned}\right\}\quad(7.36)$$

Die relativen Hauptwerte Λ_1', Λ_2' sind nach § 3b positiv, daher die Abklingkonstanten β_1' und β_2' sicher reell. Wegen der Grenzbedingung fürs Unendliche müssen wir sie positiv nehmen. Übrigens ist im allgemeinen $\mathfrak{G}_3$ nicht Null.

Danach bildet sich auch beim nicht-kubischen Supraleiter im Magnetfelde eine Schutzschicht aus, unter welcher feldfreier Raum liegt. Im Gegensatz aber zum Fall des skalaren λ erfolgt das Abklingen in ihr nicht nach einer, sondern nach zwei Exponentialfunktionen. Auch hat in der Schutzschicht die magnetische Feldstärke nicht überall dieselbe Richtung x_2 wie im Außenraum, und die Stromdichte nicht überall die dazu senkrechte Richtung x_1. Ebensowenig verschwindet das skalare Produkt $(\mathfrak{J}^l\mathfrak{H})$. Hingegen bleiben stets einander gleich die beiden Teile der Energiedichte, die des Suprastromes und die magnetische, da nach (7. 36)

$$\frac{1}{2}(\mathfrak{J}^l\mathfrak{G}) = \frac{1}{2}\mathfrak{H}^2 \qquad (7.37)$$

ist. Auch bleibt bestehen, daß der gesamte Flächenstrom $\int_0^\infty \mathfrak{J}^l\,d\,x_3$ senkrecht zu H^0 verläuft und nur durch H^0 in seinem Betrage bestimmt ist; denn es folgt (aus 7. 36):

$$\int_0^\infty \mathfrak{J}_1^l\,d\,x_3 = c\,H^0,\qquad \int_0^\infty \mathfrak{J}_2^l\,d\,x_3 = 0. \qquad (7.38)$$

Dies läßt sich freilich schon unmittelbar aus den MAXWELLschen Gleichungen schließen.

Alle diese Abweichungen verschwinden, wenn entweder die relativen Hauptwerte Λ_1' und Λ_2' gleich sind, oder wenn die äußere Feldstärke in eine der relativen Hauptachsen fällt, d. h. wenn $\varphi = 0$ oder $= \frac{\pi}{2}$ ist; dann kommen wir wieder zu einer der Lösungen (7. 34) und (7. 35) zurück.

Man wird diese Lösung auch auf schwach gekrümmte Leiter anwenden dürfen, sofern sie dick gegen die beiden Eindringtiefen $(\beta'_1)^{-1}$ und $(\beta'_2)^{-1}$ sind, indem man die jeweilige Tangentialebene aus der x_3-Ebene betrachtet. Für dünne Supraleiter aber ändern sich die Verhältnisse. Man macht sich für die dünne Platte an Hand der Gleichungen (7. 33), die man dabei am besten wieder auf die Koordinaten X_1 und X_2 bezieht, leicht klar, daß ein äußeres Magnetfeld in die extrem dünne Platte ungehindert eindringt, und daß ein Suprastrom sich in ihr gleichmäßig verteilt. Daraus entnehmen wir das Recht, die Sätze, welche Abschnitt f für dünne kubische Supraleiter ausspricht, auf anders kristallisierte zu übertragen. Und als Bestätigung dafür finden wir in § 8e und § 11f die Möglichkeit, Lösungen der LONDONschen Gleichungen, welche jene Sätze für den kubisch kristallisierten Zylinder oder die kubisch kristallisierte Kugel veranschaulichen, unter geeigneten Bedingungen auf anders kristallisierte Körper zu übertragen.

§ 8. Der stromdurchflossene Draht.

a) In den Abschnitten a bis d ist die Rede von einem Kreiszylinder vom Halbmesser R, den ein Strom J in Richtung seiner Achse, der z-Achse, durchfließt. Um außerhalb des Zylinders ein definiertes, axialsymmetrisches Feld zu haben, denken wir uns als Rückleitung einen koaxialen Zylindermantel. Das supraleitende Material setzen wir als homogen und kubisch kristallisiert voraus.

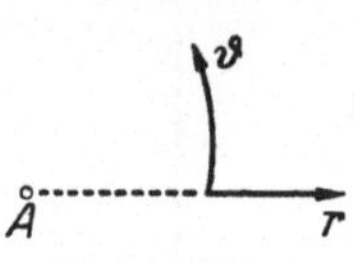

Abb. 7. z = Achse nach oben. A: Durchstoßpunkt der z-Achse.

Wir benutzen Zylinderkoordinaten, den Achsenabstand r und das von eine beliebigen Richtung aus gemessene Azimut ϑ, die zusammen mit z in der Reihenfolge r, ϑ, z ein Rechtssystem bilden sollen (s. Abb. 7). In diesen Koordinaten gilt für einen Vektor $\mathfrak{P}$:

$$\operatorname{rot}_r \mathfrak{P} = \frac{1}{r}\frac{\partial \mathfrak{P}_z}{\partial \vartheta} - \frac{\partial \mathfrak{P}_\vartheta}{\partial z}, \qquad \operatorname{rot}_\vartheta \mathfrak{P} = \frac{\partial \mathfrak{P}_r}{\partial z} - \frac{\partial \mathfrak{P}_z}{\partial r},$$
$$\operatorname{rot}_z \mathfrak{P} = \frac{1}{r}\frac{\partial (r\mathfrak{P}_\vartheta)}{\partial r} - \frac{1}{r}\frac{\partial \mathfrak{P}_r}{\partial \vartheta}, \tag{8. 1}$$

und für einen Skalar u:

$$\Delta u = \frac{1}{r}\frac{\partial}{\partial r}\left(r\frac{\partial u}{\partial r}\right) + \frac{1}{r^2}\frac{\partial^2 u}{\partial \vartheta^2} + \frac{\partial^2 u}{\partial z^2}. \tag{8. 2}$$

Wir brauchen im folgenden Lösungen der Differentialgleichung $\Delta u - \beta^2 u = 0$ von der Form

$$u = f(r)\, e^{in\vartheta}\, e^{\pm kz} \quad (n \text{ eine ganze Zahl}). \tag{8. 3}$$

Dann muß $f(r)$ der Differentialgleichung genügen:

$$\frac{1}{r}\frac{d}{dr}\left(r\frac{df}{dr}\right) + \left(k^2 - \beta^2 - \frac{n^2}{r^2}\right) f = 0. \tag{8. 4}$$

Durch die Substitution $x = \sqrt{k^2 - \beta^2}\, r$ geht sie in die BESSELsche Differentialgleichung über:

$$\frac{1}{x}\frac{d}{dx}\left(x\frac{df}{dx}\right) + \left(1 - \frac{n^2}{x^2}\right) f = 0. \tag{8. 5}$$

Deren für $x = 0$ endlich bleibende Lösungen sind die BESSELschen Funktionen $\boldsymbol{I}_n(x)$. Und zwar ist

$$\left.\begin{aligned}
\boldsymbol{I}_0(x) &= 1 - \frac{(\frac{1}{2}x)^2}{(1\,!)^2} + \frac{(\frac{1}{2}x)^4}{(2\,!)^2} - \cdots + (-1)^m \frac{(\frac{1}{2}x)^{2m}}{(m\,!)^2} \cdots \\
\boldsymbol{I}_1(x) &= \frac{\frac{1}{2}x}{0!\,1!} - \frac{(\frac{1}{2}x)^3}{1!\,2!} + \frac{(\frac{1}{2}x)^5}{2!\,3!} \cdots + (-1)^m \frac{(\frac{1}{2}x)^{2m+1}}{m!\,(m+1)!} \cdots \\
\boldsymbol{I}_2(x) &= \frac{(\frac{1}{2}x)^2}{0!\,2!} - \frac{(\frac{1}{2}x)^4}{1!\,3!} + \frac{(\frac{1}{2}x)^6}{2!\,4!} \cdots - (-1)^m \frac{(\frac{1}{2}x)^{2m}}{(m-1)!\,(m+1)!} \cdots
\end{aligned}\right\} \tag{8. 6}$$

Man bestätigt an diesen Reihen die Gleichungen:

$$\left.\begin{aligned}
&\frac{d\boldsymbol{I}_0(x)}{dx} = -\boldsymbol{I}_1(x) & &\int_0^x \xi\,\boldsymbol{I}_0(\xi)\,d\xi = x\,\boldsymbol{I}_1(x) \\
&\frac{d\boldsymbol{I}_1(x)}{dx} = \boldsymbol{I}_0(x) - \frac{\boldsymbol{I}_1(x)}{x} & &\int_0^x \xi^2\,\boldsymbol{I}_1(\xi)\,d\xi = x^2\,\boldsymbol{I}_2(x) \\
&\frac{1}{x}\frac{d(x\,\boldsymbol{I}_1(x))}{dx} = \boldsymbol{I}_0(x) & &\boldsymbol{I}_0(x) + \boldsymbol{I}_2(x) = \frac{2}{x}\boldsymbol{I}_1(x).
\end{aligned}\right\} \tag{8. 7}$$

Für reelles Argument oscillieren die Funktionen $\boldsymbol{I}_n(x)$ um den Nullwert, haben also unendlich viele Nullstellen. Für rein imaginäres Argument hingegen steigt ihr Betrag mit diesem monoton über alle Grenzen.

b) Wir betrachten den homogenen, unendlich langen, supraleitenden Kreiszylinder. Aus Symmetriegründen ist die Strömung in ihm zur Achse parallel und nur von r abhängig. Also muß $\boldsymbol{I}_z$ der Differentialgleichung (8. 4) mit $n = 0$ und $k = 0$ gehorchen. Die zum Übergang zu (8. 5) benutzte Substitution lautet jetzt $x = i\,\beta\,r$ und es ist

$$\mathfrak{J}_z = C \cdot \boldsymbol{I}_0(i\,\beta\,r)\,, \qquad \mathfrak{J}_r = \mathfrak{J}_\vartheta = 0\,. \tag{8. 8}$$

Zur Bestimmung der Integrationskonstanten dient die Bedingung, daß im ganzen durch den Querschnitt des Drahts der Strom J fließen soll. Folglich muß sein

$$J = 2\,\pi \int_0^R r\,\mathfrak{J}_z\,d\,r = 2\,\pi\,C \int_0^R r\,\boldsymbol{I}_0(i\,\beta\,r)\,d\,r = \frac{2\,\pi\,C}{\beta}\,R\,(-\,i\,\boldsymbol{I}_1(i\,\beta\,R))$$

[siehe (8. 7)]. Daraus folgt:

$$C = \frac{\beta}{2\,\pi\,R}\,\frac{i}{\boldsymbol{I}_1(i\,\beta\,R)}\,J\,, \qquad \mathfrak{J}_z = \frac{\beta\,J}{2\,\pi\,R}\,\frac{i\,\boldsymbol{I}_0(i\,\beta\,r)}{\boldsymbol{I}_1(i\,\beta\,R)}\,. \tag{8. 9}$$

Da nach (8. 6) $\boldsymbol{I}_0(i\,x)$ reell und positiv, $\boldsymbol{I}_1(i\,x)$ aber positiv imaginär ist, sind die rechten Seiten dieser Gleichungen positiv reell.

Die magnetische Feldstärke bestimmt sich nun aus der Grundgleichung X

$$\mathfrak{H} = -\,c\,\lambda\,\mathrm{rot}\,\mathfrak{J}\,.$$

Nach (8. 1) ist also

$$\mathfrak{H}_r = \mathfrak{H}_z = 0\,, \quad \mathfrak{H}_\vartheta = c\,\lambda \frac{\partial \mathfrak{J}_z}{\partial r} = i\,c\,\lambda\,\beta\,C \Big(\frac{d\,\boldsymbol{I}_0(x)}{d\,x}\Big)_{x = i\beta r} \tag{8.10}$$

d. h. nach (8. 7) und (6. 7):

$$\mathfrak{H}_\vartheta = \sqrt{\lambda}\,C\,(-\,i\,\boldsymbol{I}_1\,(i\,\beta\,r)) = \frac{J}{2\,\pi\,c\,R}\,\frac{\boldsymbol{I}_1(i\,\beta\,r)}{\boldsymbol{I}_1(i\,\beta\,R)}\,. \tag{8. 11}$$

Wir können diese Gleichung prüfen, wenn wir $r = R$ setzen. Denn für die Oberfläche jedes vom Strom J durchflossenen Zylinders muß

$$\mathfrak{H}_\vartheta = \frac{J}{2\,\pi\,c\,R}\,. \tag{8. 12}$$

sein. Dies aber kommt in der Tat heraus.

Die BESSELschen Funktionen $\boldsymbol{I}_0(i\,x)$ und $\boldsymbol{I}_1(i\,x)$ steigen, wenn x über alle Grenzen wächst, an wie $e^x/\sqrt{x}$. Ist also $\beta\,R$ eine große Zahl, ist der Draht dick verglichen mit der Eindringtiefe, so tritt nach (8. 9) für $\beta\,r \gg 1$ in $\mathfrak{J}_z$ der Faktor $e^{-\beta(R-r)}$ auf. Die Strömung und ebenso das Magnetfeld liegen praktisch vollständig in einer Schutzschicht von der Dicke β^{-1}. Andererseits hat $\boldsymbol{I}_0(i\,x)$ bei $x = 0$ ein Minimum (vom Wert 1); ist also $\beta\,R \ll 1$, so steigt die Stromdichte $\boldsymbol{I}_z$ von der Achse bis zum Rande nur wenig an, sie ist mehr oder minder gleichmäßig über den Querschnitt verteilt. Beides war nach § 7 so zu erwarten.

c) Jetzt bestehe der Zylinder aus einem normalleitenden Teil bei $z < 0$ und einem supraleitenden bei $z > 0$. Nach § 7 ist im Supraleiter das elektrostatische Potential konstant. Die Grenzebene $z = 0$ ist also für den Normalleiter Niveaufläche; daher fließt in ihm der Strom ganz wie im unbegrenzten Draht, nämlich gleichmäßig über den Querschnitt verteilt. Die Stromdichte ist

$$\mathfrak{J}_z = \frac{J}{\pi\,R^2} \qquad (z < 0)\,.$$

Die magnetischen Kraftlinien sind hier Kreise um die Drahtachse. Da $\int \mathfrak{H}_\vartheta\,d\,s$, erstreckt über den Kreis vom Radius $r < R$, gleich der umschlungenen Stromstärke $J \cdot \frac{r^2}{R^2}$ dividiert durch c sein muß, gilt

$$\mathfrak{H}_\vartheta = \frac{J}{2\pi c R^2} r \qquad (z < 0). \tag{8.13}$$

Beim Eintritt in den Supraleiter muß sich der Strom nun in die Randschichten zusammenziehen. In der Nähe der Grenzfläche haben wir daher auch mit einer radialen Komponente $\mathfrak{J}_r$ zu rechnen. Deswegen ist es zweckmäßiger, von der magnetischen Feldstärke auszugehen, welche aus Symmetriegründen auch dort nur die eine von ϑ unabhängige Komponente $\mathfrak{H}_\vartheta$ besitzt. Für große positive z-Werte können wir freilich unmittelbar die Lösung (8. 11) benutzen; aber für die Nähe von $z = 0$ müssen noch andere, mit wachsendem z abklingende Terme zu ihr hinzutreten.

Die Differentialgleichung $\Delta u - \beta^2 u = 0$ gilt, wie erwähnt, zwar für $\mathfrak{H}_x$ und $\mathfrak{H}_y$, nicht aber für die auf eine krummlinige Koordinate bezogene Komponente $\mathfrak{H}_\vartheta$. Da aber

$$\mathfrak{H}_x = -\mathfrak{H}_\vartheta \sin\vartheta, \qquad \mathfrak{H}_y = \mathfrak{H}_\vartheta \cos\vartheta$$

ist, machen wir nun mit zunächst unbestimmtem α_p den Ansatz:

$$\mathfrak{H}_\vartheta = f(r)\, e^{-\sqrt{\alpha_p^2 + \beta^2}\, z},$$

so daß

$$\mathfrak{H}_y - i\,\mathfrak{H}_x = f(r)\, e^{i\vartheta} e^{-\sqrt{\alpha_p^2 + \beta^2}\, z}$$

wird. Der Vergleich mit (8. 3) beweist dann, daß $f(r)$ eine Lösung von (8. 4) mit $n = 1$ und $k = \sqrt{\alpha_p^2 + \beta^2}$ sein muß, d. h.

$$f(r) = \boldsymbol{I}_1(\alpha_p r).$$

Machen wir aber solche Zusätze zu der Lösung (8. 11), so geraten wir in Konflikt mit (8. 12), einer Gleichung, die doch auch jetzt noch gültig bleiben muß, es sei denn, daß wir α_p aus der Forderung

$$\boldsymbol{I}_1(\alpha_p R) = 0 \tag{8.14}$$

bestimmen. Da es unendlich viele Nullstellen von $\boldsymbol{I}_1(x)$ gibt, genügt eine diskrete, aber unendliche Schar von reellen α_p-Werten dieser Bedingung.

So kommen wir zu der Reihe für $\mathfrak{H}_\vartheta$:

$$\mathfrak{H}_\vartheta = \frac{J}{2\pi c R}\left(\frac{\boldsymbol{I}_1(i\beta r)}{\boldsymbol{I}_1(i\beta R)} + \sum_{p=1}^{\infty} a_p \boldsymbol{I}_1(\alpha_p r)\, e^{-\sqrt{a_p^2 + \beta^2}\, z}\right) \quad (z > 0) \tag{8.15}$$

und haben nun noch die Koeffizienten a_p zu berechnen. Dazu steht uns die Bedingung der Stetigkeit von $\mathfrak{H}_\vartheta$ für $z = 0$ zu Gebote. Es muß wegen (8. 13) identisch in r gelten:

$$\sum_{p=1}^{\infty} a_p \boldsymbol{I}_1(\alpha_p r) = \frac{r}{R} - \frac{\boldsymbol{I}_1(i\beta r)}{\boldsymbol{I}_2(i\beta R)}. \tag{8.16}$$

Zur Durchführung der Berechnung stehen uns zwei Formeln zur Verfügung, die wir hier ohne Beweis übernehmen:

$$\int_0^R r\, \boldsymbol{I}_1(\gamma r)\, \boldsymbol{I}_1(\delta r)\, dr$$

$$= \frac{1}{\gamma^2 - \delta^2}\left[\delta R\, \boldsymbol{I}_1(\gamma R)\, \boldsymbol{I}_0(\delta R) - \gamma R\, \boldsymbol{I}_1(\delta R)\, \boldsymbol{I}_0(\gamma R)\right] \tag{8.17}$$

$$\int_0^R r\, \boldsymbol{I}_1^2(\gamma r)\, dr = \frac{R^2}{2}\left[\boldsymbol{I}_1^2(\gamma R) - \boldsymbol{I}_0(\gamma R)\, \boldsymbol{I}_2(\gamma R)\right].$$

Aus der ersten folgt die wichtige Tatsache, daß die durch (8. 14) ausgewählten Funktionen $I_1(\alpha_p r)$ ein Orthogonalsystem bilden, d. h. daß

$$\int_0^R r\, I_1(\alpha_p r)\, I_1(\alpha_q r)\, d\,r = 0 \qquad \text{für } \alpha_p \neq \alpha_q$$

ist. Multiplikation von (8. 16) mit $r \cdot I_1(\alpha_q r)$ und Integration von 0 bis R isoliert also den Koeffizienten a_q und gibt für ihn den Wert

$$a_q = \frac{\int_0^R r\left(\frac{r}{R} - \frac{I_1(i\beta r)}{I_1(i\beta R)}\right) I_1(\alpha_q r)\, d\,r}{\int_0^R r\, I_1^2(\alpha_q r)\, d\,r}.$$

Die Integrationen sind nach (8. 7) und (8. 17) leicht auszuführen. Das Ergebnis lautet:

$$a_q = -\frac{1}{2\,\alpha_q R}\left(\frac{1}{I_0(\alpha_q R)} + \frac{\alpha_q^2}{\alpha_q^2 + \beta^2}\,\frac{1}{I_2(\alpha_q R)}\right).$$

oder, da nach der letzten der Formeln (8. 7) wegen (8. 14) $I_2(\alpha_q R) = -I_0(\alpha_q R)$ ist:

$$a_q = -\frac{1}{2\,\alpha_q R}\,\frac{\beta^2}{\alpha_q^2 + \beta^2}\,\frac{1}{I_0(\alpha_q R)} \tag{8.18}$$

Die Stromdichte $\mathfrak{J}$ erhalten wir nun mittels der Grundgleichung II

$$\mathfrak{J} = c \operatorname{rot} \mathfrak{H}.$$

Sie ergibt nach (8. 1), (8. 7) und (8. 15):

$$\left.\begin{aligned}
\mathfrak{J}_r &= -c\,\frac{\partial \mathfrak{H}_\vartheta}{\partial z} = \frac{J}{2\pi R} \sum_{p=1}^{\infty} a_p \sqrt{\alpha_p^2 + \beta^2}\, I_1(\alpha_p r)\, e^{-\sqrt{\alpha_p^2 + \beta^2}\, z} \\
\mathfrak{J}_z &= \frac{c}{r}\,\frac{d}{d\,r}(r\,\mathfrak{H}_\vartheta) \\
&= \frac{J}{2\pi R}\left[\frac{i\beta\, I_0(i\beta r)}{I_1(i\beta R)} + \sum_{p=1}^{\infty} a_p\, \alpha_p\, I_0(\alpha_p r)\, e^{-\sqrt{\alpha_p^2 + \beta^2}\, z}\right] \\
\mathfrak{J}_\vartheta &= 0.
\end{aligned}\right\} \tag{8.19}$$

Am Zylindermantel, für $r = R$, verschwindet $\mathfrak{J}_r$ wegen (8. 14), wie zu verlangen ist; ebenso für $r = 0$, weil $I_1(0) = 0$ ist.

Ferner verschwindet $\mathfrak{J}_r$ und der Anteil an $\mathfrak{J}_z$, welchen die Summe darstellt, sobald $\beta z \gg 1$ ist. Dann nimmt $\mathfrak{J}_z$ denselben Wert an, wie für den unendlich langen supraleitenden Zylinder nach (8. 9). Der Übergang von der gleichförmigen Stromverteilung, die noch an der Grenzfläche $z = 0$ herrscht, zu der für den Supraleiter kennzeichnenden vollzieht sich also auf eine Strecke der Länge β^{-1}.

Die ersten Wurzeln der Gl. (8. 14) lauten $\alpha_1 R = 3{,}83$; $\alpha_2 R = 7{,}02$; $\alpha_3 R = 10{,}2$; $\alpha_4 R = 13{,}3$; $\alpha_5 R = 16{,}6$ .... Ist also $\beta R \geqq 100$ (wozu bei $\beta = 10^5$ cm^{-1} $R = 10^{-3}$ cm ausreicht), so sind diese ersten α_q alle klein gegen β. Dann wird $\mathfrak{J}_r$ groß gegen den durch die Summe gegebenen Anteil an $\mathfrak{J}_z$, welcher bei $z = 0$ und in dem Bereich, da r wesentlich kleiner als R ist, nach dem unter b) über das Abklingen des ersten Summanden Gesagten fast allein vorhanden ist. *In diesem Bereiche biegen also die Stromlinien, welche aus dem Normalleiter senkrecht und gleichmäßig verteilt auf die Grenzfläche zukommen, mit scharfem Knick in die radiale Richtung um.* Sie müssen es, weil ja der Hauptanteil des ankommenden Stroms in einer Schicht, die in der z-Richtung die Dicke β^{-1} besitzt, vom Inneren des Drahtes in die dem Zylindermantel anliegende Schutzschicht der Dicke β^{-1} abgelenkt werden muß.

Je dünner aber der Draht wird, um so größer werden die α_q, und wenn $\beta R \ll 1$, so sind sie wesentlich größer als β. Nach (8. 18) werden dann alle Koeffizienten a_q immer kleiner, mit ihnen die Summen in (8. 19), also auch der radiale Strom $\mathfrak{J}_r$. Es bedarf seiner nicht mehr, weil die Strömung sich nach b) nun auch im Supraleiter gleichförmig über den Querschnitt verteilt.

d) Nunmehr möge der Zylinder aus zwei Supraleitern bestehen, welche in der Ebene $z = 0$ aneinander stoßen. Bei $z < 0$ liege der schlechtere Supraleiter; d. h. seine Konstante λ' sei kleiner, seine reziproke Eindringtiefe β'^{-1} daher größer, als bei $z > 0$. Da die Stromverteilung nach b) von β abhängt, müssen sich in der Nähe der Grenzebene Übergangserscheinungen ausbilden. Nur liegen diese jetzt, im Gegensatz zu c), zu beiden Seiten der Grenzfläche.

Für $z > 0$ können wir ohne weiteres den Ansatz (8. 15), einschließlich der in (8. 14) getroffenen Bestimmung über die α_p, und samt den daraus folgenden Gl. (8. 19) beibehalten. Für $z < 0$ werden wir den analogen Ansatz machen:

$$\mathfrak{H}'_\vartheta = \frac{J}{2\pi c R}\left(\frac{I_1(i\beta' r)}{I_1(i\beta' R)} + \sum_{p=1}^{\infty} a'_p I_1(\alpha_p r)\, e^{+\sqrt{a_p^2+\beta'^2}\, z}\right) \quad (z < 0). \tag{8. 20}$$

Die daraus folgende Berechnung der Stromverteilung unterscheidet sich von (8. 19) nicht nur in dem Vorzeichen der Exponenten, sondern auch im Vorzeichen der rechten Seite der Gleichung für $\mathfrak{J}_r$. Zur Ermittlung der Koeffizienten a_p und a'_p haben wir zwei Grenzbedingungen zur Verfügung, erstens die Stetigkeit von $\mathfrak{H}_\vartheta$, zweitens (nach 3. 9)

$$\lambda\, \mathfrak{J}_r = \lambda'\, \mathfrak{J}'_r\,;$$

nach (6. 7) können wir dafür auch schreiben:

$$\frac{\mathfrak{J}_r}{\mathfrak{J}'_r} = \frac{\beta^2}{\beta'^2}. \tag{8.21}$$

Die zweite Bedingung ist nur dann identisch in r erfüllt, wenn in den Reihen, für $\mathfrak{J}_r$ und $\mathfrak{J}'_r$, entsprechende Koeffizienten im Verhältnis β^2/β'^2 stehen. Also

$$-\frac{a_q\sqrt{\alpha_q^2+\beta^2}}{a'_q\sqrt{\alpha_q^2+\beta'^2}} = \frac{\beta^2}{\beta'^2} \quad \text{oder} \quad a'_q = -a_q\, \frac{\beta'}{\beta}^2 \sqrt{\frac{\alpha_q^2+\beta^2}{\alpha_q^2+\beta'^2}}. \tag{8.22}$$

Die Stetigkeit von $\mathfrak{H}_\vartheta$ aber verlangt, daß identisch in r

$$\sum_{p=1}^{\infty} (a_p - a'_p)\, I_1(a_p r) = \frac{I_1(i\beta' r)}{I_1(i\beta' R)} - \frac{I_1(i\beta r)}{I_1(i\beta R)} \tag{8.23}$$

ist. Mittels des in c) angewandten Verfahrens schließt man daraus:

$$a_q - a'_q = \frac{2\,\alpha_q}{R\, I_0(\alpha_q R)}\, \frac{\beta'^2 - \beta^2}{(\alpha_q^2+\beta^2)(\alpha_q^2+\beta'^2)}; \tag{8.24}$$

diese Gleichung und (8. 22) bestimmen a_q und a'_q einzeln. Man überzeugt sich ohne weiteres, daß alle a_q und a'_q verschwinden, wenn man $\beta' = \beta$ annimmt, wie es ja sein muß.

Die Umstellung der einen Stromverteilung in die andere geht also in zwei der Grenzebene $z = 0$ anliegenden Schichten von den Dicken β^{-1} und β'^{-1} vor sich. Radiale Strömungen in beiden Supraleitern bewirken sie. Fragt man nach den Anteilen der beiden Leiter, so hat man die Integrale $\int_0^\infty \mathfrak{J}_r\, dz$ und $\int_{-\infty}^0 \mathfrak{J}_r\, dz$ miteinander zu vergleichen. Da

$$\mathfrak{J}_r = -c\,\frac{\partial \mathfrak{H}_\vartheta}{\partial z}$$

ist, ergeben sie beide den gleichen Wert $(\mathfrak{H}_\vartheta)_{z=0}$. Der größere absolute Wert, den nach (8. 21) $\mathfrak{J}_r$ im besseren Supraleiter hat, wird durch die geringere Dicke der Grenzschicht wieder ausgeglichen.

In den drei hier behandelten Beispielen war das Magnetfeld außerhalb des Supraleiters von vornherein bekannt. Die gegebenen Lösungen fallen folglich unter den Eindeutigkeitssatz von § 7a.

e) Auf nichtkubische Supraleiter läßt sich die Lösung von Abschnitt b, d. h. des Problemes des unendlich langen, stromdurchflossenen Zylinders nur dann leicht übertragen, wenn das den Tensor $\lambda_{\alpha\beta}$ darstellende Ellipsoid mit einer seiner Achsen in die Achsenrichtung des Zylinders fällt. Wir nennen diese die x_3-Achse. Hat nämlich $\mathfrak{J}^l$ überall diese Richtung, so hat nach VIII auch der Supra-Impuls nur die eine Komponente $\mathfrak{G}_3 = \Lambda_3 \mathfrak{J}_3^l$. Andere Tensorkomponenten als der Hauptwert Λ_3 gehen in die Rechnung nicht ein. Man braucht also in (8. 9) und (8. 10) nur β durch

$$\beta_3 = \frac{1}{c\sqrt{\Lambda_3}} \tag{8.25}$$

zu ersetzen, um die dortige Lösung zu übertragen. Für die Eindeutigkeit bürgt auch hier der Satz von § 7a.

Hat das Ellipsoid dann auch noch Rotationssymmetrie um die x_3-Achse, d. h. stimmen die Hauptwerte Λ_1 und Λ_2 überein, so kann man auch die Lösungen der Abschnitte c und d übertragen. Doch überlassen wir die Durchführung dem Leser.

f) Bei elliptischem Querschnitt des Zylinders läßt sich eine strenge Lösung unseres Problems bisher nicht angeben, sondern nur die dem „dicken" Zylinder entsprechende Näherung. Für sie ist die Oberfläche Kraftlinie des äußeren Magnetfeldes. Dieses ist wirbelfrei; sein Potential φ gehorcht der Differentialgleichung $\Delta \varphi = 0$ und ändert sich bei einem Umlauf um den Zylinder um die Periode

$$-\int \mathfrak{H}_s \, d s = -\frac{1}{c} J,$$

wenn J, wie oben, die Stromstärke im Zylinder bedeutet. Die Achsen des elliptischen Querschnitts sollen a und b heißen ($a > b$). Kennzeichen des „dicken" Zylinders ist, daß der kleinste Krümmungshalbmesser $\frac{b^2}{a}$, welcher an den Enden der großen Achse auftritt, groß gegen die Eindringtiefe β^{-1} ist. Dasselbe gilt dann a fortiori für die kleinere Achse b.

Besteht zwischen den komplexen Variablen $\zeta = x + i y$ und $\chi = \psi + i \varphi$ ein funktionaler Zusammenhang $\zeta = f(\chi)$, so sind bekanntlich φ und ψ Lösungen der Potentialgleichung. Beim vorliegenden Problem läßt sich der Ansatz

$$\zeta = C \operatorname{Cof}(\alpha \chi) = C [\operatorname{Cof}(\alpha \psi) \cos(\alpha \varphi) + i \operatorname{Sin}(\alpha \psi) \sin(\alpha \varphi)] \tag{8. 26}$$

den genannten Nebenbedingungen anpassen. Dazu dienen die noch verfügbaren Konstanten C und α.

Es folgt nämlich aus (8. 26)

$$x = C \cdot \operatorname{Cof}(\alpha \psi) \cos(\alpha \varphi) \qquad y = C \cdot \operatorname{Sin}(\alpha \psi) \sin(\alpha \varphi). \tag{8. 27}$$

Die Elimination von φ ergibt

$$\left(\frac{x}{\operatorname{Cof}(\alpha \psi)}\right)^2 + \left(\frac{y}{\operatorname{Sin}(\alpha \psi)}\right)^2 = C^2. \tag{8.28}$$

Nun sind die Kurven $\psi = \text{const}$ überall orthogonal zu den Kurven $\varphi = \text{const}$, also Kraftlinien. Bestimmen wir einen Wert ψ_0 so, daß

$$a = C \operatorname{Cof}(\alpha \psi_0) \qquad b = C \operatorname{Sin}(\alpha \psi_0)$$

oder

$$C^2 = a^2 - b^2 \qquad \operatorname{Tg}(\alpha \psi_0) = \frac{b}{a} \tag{8.29}$$

wird, so ist die Oberfläche die ihm entsprechende Kraftlinie, wie es die eine Nebenbedingung verlangt. Alle anderen Kraftlinien sind nach (8. 28) zum Querschnitt des Zylinders konfokale Ellipsen. Die Periode des Potentials erhält den vorgeschriebenen Wert, wenn wir

$$\alpha = -\frac{2\pi c}{J} \tag{8.30}$$

setzen.

Für den Betrag H der Feldstärke folgt aus der allgemeinen Formel

$$H = \left|\frac{d\chi}{d\zeta}\right|$$

nach dem Ansatz (8. 26):

$$H = \frac{1}{|\alpha|\, C\, |\mathfrak{Sin}(\alpha\chi)|} = \frac{1}{|\alpha|\, C\, [\mathfrak{Sin}^2(\alpha\psi)\cos^2(\alpha\varphi) + \mathfrak{Cof}^2(\alpha\psi)\sin^2(\alpha\varphi)]^{1/2}}. \tag{8.31}$$

Für die Oberfläche $\psi = \psi_0$ ist insbesondere die Feldstärke (s. (8. 29)]

$$H^0 = \frac{J}{2\pi C}\,\frac{1}{[a^2\sin^2(\alpha\varphi) + b^2\cos^2(\alpha\varphi)]^{1/2}}. \tag{8.32}$$ [1]

Am Endpunkt der großen Achse [$y = 0$, $\sin(a\,\varphi) = 0$ nach (8. 27)] ist H^0 folglich ein Maximum, welches um den Faktor a/b das am Endpunkt der kleinen Achse [$x = 0$, $\cos(a\,\varphi) = 0$] liegende Minimum übertrifft. Nach (7. 38) überträgt sich diese Aussage unverändert auf die Flächendichte J_f des Suprastroms, und zwar für alle Kristalle. Nennen wir den senkrechten Abstand eines inneren Punktes von der Oberfläche n, so gilt bei einem kubischen Kristall innerhalb der Schutzschicht für die Stromdichte nach (7. 10):

$$\mathfrak{J}_z = \frac{H^0}{\sqrt{\lambda}}\, e^{-\beta n}, \tag{8.33}$$

und im geschützten Bereich darunter fließt praktisch kein Strom.

g) Daß der Suprastrom vorspringende Kanten bevorzugt, ist keine Besonderheit des elliptischen Zylinders, vielmehr ein allgemeines Charakteristikum dieser Strömung; es beruht auf der wohlbekannten Tatsache, daß sich ein Feld, dessen Kraftlinien sich der Oberfläche eines Körpers anschmiegen, an solchen Kanten erheblich verstärkt. Die Potentialtheorie beweist dies, wie folgt:

Gehen wir ähnlich wie unter f) von einem Ansatz $\chi = -i\, C\, \zeta^n$ aus, so wird ψ, der reelle Teil von χ, gleich $C\,|\zeta|^n \sin(n\vartheta)$; wir nehmen n als Bruch zwischen $1/2$ und 1 an. Die Kraftlinie $\psi = 0$ besteht dann aus den Halbstrahlen $\vartheta = 0$ und $\vartheta = \frac{\pi}{n}$. Man kann in unserem Ansatz die Darstellung eines Feldes sehen, dessen eine Kraftlinie an der Oberfläche eines den Raum $\frac{\pi}{n} < \vartheta < 2\pi$ erfüllenden Supraleiters entlang läuft. An der bei $\zeta = 0$ liegenden vorspringenden Kante wird

$$H = \left|\frac{d\chi}{d\zeta}\right| = n\, C\, |\zeta|^{n-1}$$

unendlich groß. Ist die Kante nicht mathematisch scharf, sondern abgerundet,

[1] Die Umrechnung von φ auf den Polarwinkel $\vartheta = \operatorname{arctg}\frac{y}{x}$ vollzieht sich nach der aus (8. 26) folgenden Formel

$$\operatorname{tg}\vartheta = \mathfrak{Tg}(\alpha\psi)\operatorname{tg}(\alpha\varphi).$$

Bei der Anwendung dieser Gleichung auf (8. 32) ist gemäß (8. 29)

$$\operatorname{tg}\vartheta = \frac{b}{a}\operatorname{tg}(\alpha\varphi)$$

zu setzen. Ergebnis:

$$H^0 = \frac{J}{2\pi c}\cdot\sqrt{\frac{a^2\sin^2\vartheta + b^2\cos^2\vartheta}{a^4\sin^2\vartheta + b^4\cos^2\vartheta}}.$$

so bleibt H zwar endlich, wird aber immerhin besonders groß gegen die Umgebung. Wählen wir $n > 1$, so erhalten wir eine einspringende Ecke und sehen, daß in ihr H bis zu Null abnimmt.

Bei einer Säule mit rechteckigem Querschnitt liegt also die stärkste Strömung in den vier Ecken.

Dies gilt aber nur unter der Voraussetzung des „dicken" Supraleiters, welche u. a. Krümmungsradien, die mit der Eindringtiefe β^{-1} vergleichbar oder gar kleiner wären, ausschließt. In extrem dünnen Supraleitern verteilt sich nach § 7g der Suprastrom gleichmäßig über den Querschnitt.

§ 9. Der stromdurchflossene Hohlzylinder.

a) Wir legen der Betrachtung einen Hohlzylinder zugrunde, dessen innerer Radius R_i heiße, der äußere R_a. Er sei homogen, supraleitend, kubisch kristallisiert und von einem Strom der Stärke J durchflossen. Aber längs seiner Achse fließe in einem normal- oder supraleitenden Draht auch noch der Strom $J' \cdot J$ und J' betrachten wir als positiv, wenn diese Ströme in der positiven z-Richtung fließen. Als Rückleitung denken wir uns wie in § 8 einen großen, koaxialen Zylindermantel.

Unter diesen Voraussetzungen herrscht an der inneren Zylinderfläche $r = R_i$ die magnetische Feldstärke

$$\mathfrak{H}_\vartheta = \frac{J'}{2\pi c R_i} \qquad (r = R_i). \tag{9. 1}$$

Denn ein Kreis vom Radius R_i umschlingt die Stromstärke J'. Ein Kreis längs der äußeren Zylinderfläche ($r = R_a$) umschlingt hingegen die gesamte Stromstärke $J + J'$. Folglich herrscht dort die Feldstärke

$$\mathfrak{H}_\vartheta = \frac{J+J'}{2\pi c R_a} \qquad (r = R_a). \tag{9. 2}$$

Aus diesen Bedingungen heraus können wir nach dem Satz von § 7a den Zustand im Zylinder eindeutig herleiten.

Wie beim Vollzylinder (§ 8b) ist die Strömung parallel zu z und nur von r abhängig; ferner ist $\mathfrak{J}_z$ wie dort Lösung der Differentialgleichung $\Delta u - \beta^2 u = 0$. Aber wir kommen nicht mit dem Ansatz (8. 8) aus, weil wir die beiden Bedingungen (9. 1) und (9. 2) nicht mittels einer Integrationskonstanten befriedigen können. Dafür sind wir hier der Forderung enthoben, daß $\mathfrak{J}_z$ für $r = 0$ endlich bleiben muß; denn soweit erstreckt sich der Bereich der gesuchten Lösung nicht. So können wir jenen Ansatz wie folgt erweitern:

$$\mathfrak{J}_z = C \cdot \boldsymbol{I}_0(i\beta r) + i D \cdot \boldsymbol{H}_0(i\beta r). \tag{9. 3}$$

Und zwar soll $\boldsymbol{H}_0(x)$ die HANKELsche Funktion erster Art (den dafür üblichen oberen Index 1 können wir hier fortlassen, da wir mit HANKELschen Funktionen zweiter Art nicht zu tun bekommen) und nullter Ordnung sein, d. h. diejenige Lösung der Differentialgleichung (8. 5) mit $n = 0$, der auch $\boldsymbol{I}_0(x)$ genügt, welche im Nullpunkt logarithmisch unendlich wird. Man definiert sie so, daß $i\boldsymbol{H}_0(iy)$ für positives, reelles y auch positiv reell ist, sich bei $y = 0$ wie $-\frac{2}{\pi}\log y$ verhält, bei wachsendem y monoton abnimmt und schließlich asymptotisch verschwindet. Mit $H_0(x)$ ist durch die Beziehung

$$\frac{d\boldsymbol{H}_0(x)}{dx} = -\boldsymbol{H}_1(x) \tag{9. 4}$$

die HANKELsche Funktion erster Art und erster Ordnung verbunden, eine Lösung der Differentialgleichung (8. 5) mit $n = 1 \cdot \boldsymbol{H}_1(i\,y)$ ist überall negativ reell, wird bei $y = 0$ unendlich wie $-\frac{2}{\pi y}$ und steigt dann monoton an, um erst bei unendlich großem positivem y den Nullwert zu erreichen.

Aus (9. 3) folgt nun wie in (8. 11):

$$\mathfrak{H}_\vartheta = c\,\lambda \frac{\partial \mathfrak{J}_z}{\partial r} = \sqrt{\lambda}\,[C\,(-i\,\boldsymbol{I}_1(i\,\beta\,r) + D\,\boldsymbol{H}_1(i\,\beta\,r)]. \qquad (9.5)$$

Die Bestimmungsgleichungen für die beiden Konstanten C und D lauten nach (9. 1) und (9. 2):

$$\begin{aligned} C\,(-i\,\boldsymbol{I}_1(i\,\beta\,R_i)) + D\,\boldsymbol{H}_1(i\,\beta\,R_i) &= \frac{\beta\,J'}{2\,\pi\,R_i} \\ C\,(-i\,\boldsymbol{I}_1(i\,\beta\,R_a)) + D\,\boldsymbol{H}_1(i\,\beta\,R_a) &= \frac{\beta\,(J+J')}{2\,\pi\,R_a}. \end{aligned} \qquad (9.6)$$

Ihre Auflösungen brauchen wir nicht hinzuschreiben. Bei einem dicken Hohlzylinder, d. h. wenn $R_a - R_i \gg \beta^{-1}$ ist, ist nämlich in der Nähe von R_i das nach innen abklingende erste Glied in (9. 3)

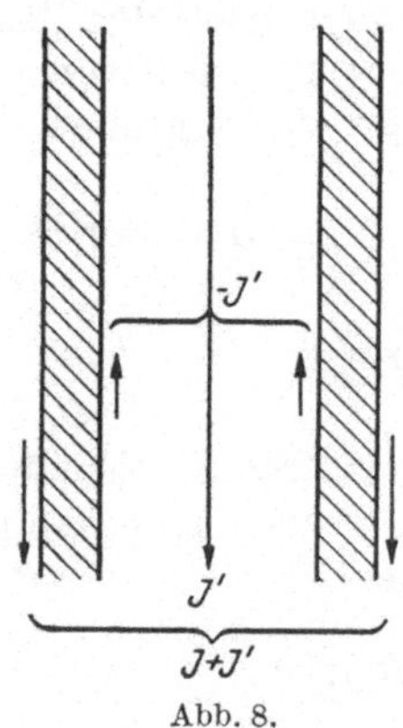

Abb. 8.

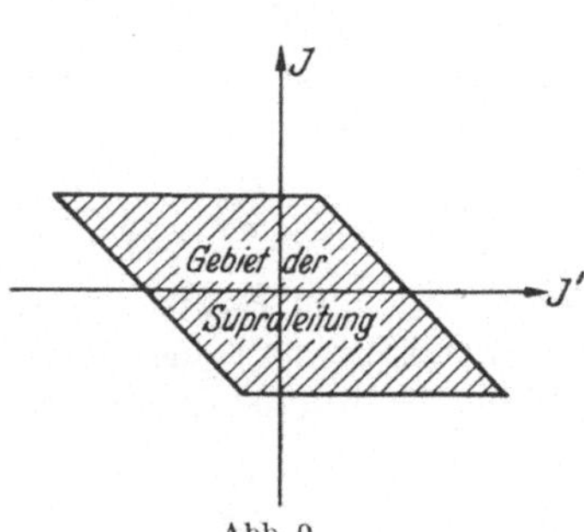

Abb. 9.

und (9. 5) ganz zu vernachlässigen, und bei R_a ebenso der nach außen abklingende zweite Summand. Dann gilt einfach

$$C = \frac{\beta}{2\,\pi\,R_a}\,\frac{i}{\boldsymbol{I}_1(i\,\beta\,R_a)}\,(J+J'), \qquad D = \frac{\beta}{2\,\pi\,R_i}\,\frac{1}{\boldsymbol{H}_1(i\,\beta\,R_i)}\,J'. \qquad (9.7)$$

Vergleicht man diesen Wert von C mit dem in (8. 9), so sieht man, daß die äußere Schutzschicht des Zylindermantels jetzt den Strom $J + J'$ trägt; und die Gleichung für D lehrt, daß die an der inneren Fläche anliegende Schutzschicht einen Strom $-J'$ führt, da ja $\boldsymbol{H}_1(i\,\beta\,R_i)$ negativ, $i\,\boldsymbol{H}_6(i\,\beta\,r)$ in (9. 3) positiv ist (s. Abb. 8). Und so muß es ja auch sein. Denn ein Kreis $r = \text{const}$, welcher im geschützten Inneren des Zylindermantels verläuft, muß insgesamt die Stromstärke Null umschließen, weil auf ihm $\mathfrak{H}_\vartheta = 0$ ist. Diesen Strom $-J'$ auf der inneren Zylinderwandung muß aber, damit insgesamt die Stromstärke J für den Hohlzylinder herauskommt, ein zusätzlicher Strom $+J'$ auf der Außenseite kompensieren. Auch ist nur so für die innere Wandung die Regel zu erfüllen, daß Strömung, magnetische Feldstärke und innere Normale des Supraleiters ein Rechtssystem bilden.

Für dünne Hohlzylinder, wenn $R_a - R_i \ll \beta^{-1}$, entwickelt man in (9. 5) die beiden Zylinderfunktionen von $R_m = \frac{1}{2}(R_i + R_a)$ aus nach Potenzen von $r - R_m$ und erkennt ohne Rechnung, daß sich dann ein in erster Näherung linearer Übergang vom einen zum anderen der beiden durch (9. 1) und (9. 2) vorgeschriebenen $\mathfrak{H}_\vartheta$-Werte einstellt. Das entspricht dem linearen Übergang in der dünnen planparallelen Platte von § 7d [Gl. (7. 17)].

Wie in § 8e läßt sich die in (9. 6) und (9. 7) ausgesprochene Lösung auf nichtkubische Kristalle übertragen, sofern eine Hauptachse des Tensors in die Zylinderrichtung fällt; man braucht nur β durch das β_3 von Gl. (8. 25) zu ersetzen.

Alles in diesem Paragraphen Folgende gilt unabhängig von allen kristallographischen Bedingungen.

Wie in § 1e ausgeführt, verträgt jeder „dicke" Supraleiter (an dünnen sind bisher kaum Versuche ausgeführt) höchstens einen bestimmten Schwellenwert H_k an seiner Oberfläche. Nach (9. 1) und (9. 2) ergibt dies als Bedingungen für den supraleitenden Zustand des Hohlzylinders:

$$|J'| < 2\pi c R_i H_k \qquad |J + J'| < 2\pi c R_a H_k. \tag{9. 8}$$

Tragen wir J und J' als Koordinaten in eine Ebene ein (Abb. 9), so ist der Bereich der Supraleitung das Innere des in der Abbildung gezeichneten Parallelogramms.

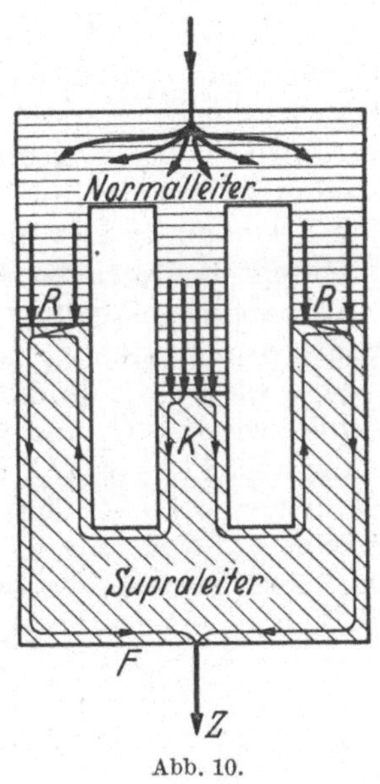

Abb. 10.

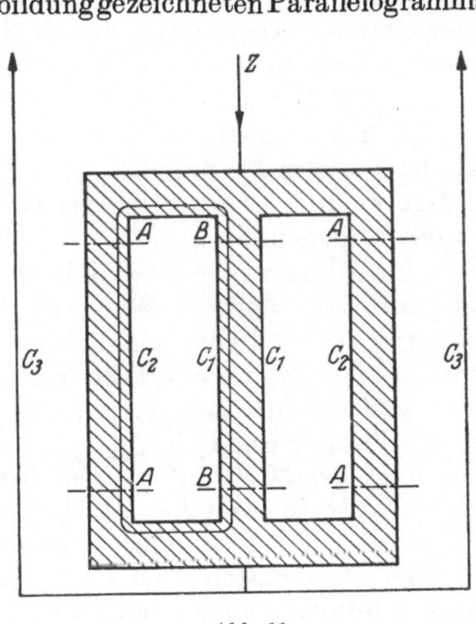

Abb. 11.

Eine Nachprüfung dieser einfachen Folgerung aus der „SILSBEEschen Hypothese" hat leider noch kein Experimentator einwandfrei durchgeführt.

b) Abb. 10 stellt den Querschnitt durch eine Anordnung von normal- und supraleitenden Teilen dar, welche zur z-Achse symmetrisch ist. Zuleitungen in der z-Achse mögen ihr einen Strom J zuführen. Wir fragen, welchen Teil von J durch den inneren Vollzylinder, und welcher Teil durch den äußeren Hohlzylinder fließt. Die Entscheidung darüber fällt nicht im Supra-, sondern im Normalleiter. Denn da im Supraleiter das elektrostatische Potential konstant ist, haben die Kreisfläche K und die Ringfläche R der Abbildung dasselbe Potential. Die Potentialtheorie, angewandt auf das Innere des Normalleiters, lehrt, welcher Teil J_i den Weg über den inneren Zylinder nimmt.

Dieser Strom tritt also bei K in den Supraleiter ein, und muß schließlich zu der unteren Ableitung gelangen. Da er nicht tiefer in das Innere des Supraleiters eindringen kann, bleibt ihm nur der in der Abbildung skizzierte Weg längs der Begrenzung des Supraleiters übrig. Er läuft also auch an der Fläche R entlang und vereinigt sich an ihr mit dem Strom $J - J_i$, welcher von oben in den äußeren Teil des Supraleiters eintritt. Der volle Strom J fließt dann an dessen äußerer Grenzfläche zur Ableitung.

Die Eindeutigkeit der hier skizzierten Lösung ist wiederum durch den Satz aus § 7d gewährleistet. Zunächst kennt man nämlich wegen der Symmetrie der Anordnung das Magnetfeld an allen äußeren Grenzflächen, u. a. an der Unterfläche F des Supraleiters. Ist sodann das Potentialproblem für den Normalleiter gelöst (auch dies ist nur auf eine Art möglich), so gestattet Kenntnis von J_i die Angabe der Feldverteilung erstens in dem Hohlraum zwischen innerem und äußerem Zylinder, zweitens an den Grenzflächen K und R des Supraleiters, somit an allen Oberflächen des letzteren.

c) Eine ähnliche Anordnung stelle Abb. 11 dar; nur sei jetzt der ganze schraffierte Teil supraleitend. Wiederum denken wir uns als Rückleitung des bei Z zugeleiteten Stroms J einen dritten zu C_1 und C_2 koaxialen Zylinder C_3. Er schließt das Feld nach außen ab; denn eine ihn umfassende Kurve schließt die Stromstärke 0 ein. Der in C_1 fließende Strom J_1 schließt sich über die innere Wandung von C_2 und die beiden supraleitenden Deckel. Er wirkt, sofern alle supraleitenden Teile gegen die Eindringtiefe dick sind, gar nicht nach außen, läßt sich aber auch von außen nicht beeinflussen; er ist ein Dauerstrom in dem hier dargestellten, zweifach zusammenhängenden Körper. Seine Energie, im wesentlichen magnetischer Art, sitzt in dem Hohlraum zwischen C_1 und C_2 und hat die Form αJ_1^2; auf den Wert der Konstanten a kommt es hier nicht an.

Man kann die Apparatur aber noch anders betrachten; die durch die Schnitte A und B abgeteilten Stücke lassen sich auffassen als parallel geschaltete Supraleiter im Sinne von § 2. Damit im Zylinder C_2 die Stromstärke J_2 herrscht, muß auf seiner äußeren Wandung der Strom $J_1 + J_2$ fließen, da ja die innere den Strom $-J_1$ trägt. Folglich ist die Energie, die zwischen C_2 und C_3 sitzt (und zu einem unwesentlichen Teil noch in der Schutzschicht von C_2) von der Form $\gamma\,(J_1 + J_2)^2$. Bringen wir nunmehr die Gesamtenergie $\alpha J_1^2 + \gamma\,(J_1 + J_2)^2$ auf die Form $\frac{1}{2}\,(p_{11} J_1^2 + p_{22} J_2^2 + 2\,p_{12} J_1 J_2)$, so wird $p_{12} = p_{22} = 2\,\gamma$. Daraus aber folgt gemäß Gl. (2. 6), daß bei Einschaltung eines Stroms J, sofern das System anfangs stromlos ist, $J_1 = 0$ bleibt. Fließt aber ein Strom J_1 schon vorher, so erleidet er keine Änderung.

Diese Betrachtung, die kein neues Resultat erzeugt, zeigt immerhin den engen Zusammenhang zwischen den Überlegungen von § 2 und der in § 3 und später auseinander gesetzten Theorie.

§ 10. Der Zylinder im homogenen Magnetfeld.

a) Wir setzen nun einen supraleitenden, homogenen, kubisch kristallisierten Zylinder, den kein Strom in der Längsrichtung durchfließt, einem longitudinalen Felde der Stärke H^0 aus. Es ist also im ganzen Außenraum, bis an seine Oberfläche $\mathfrak{H}_z = H^0$.

Im Inneren hat $\mathfrak{H}_z$ der Gleichung $\Delta\, u - \beta^2 u = 0$ zu genügen, kann zudem nur vom Achsenabstand r abhängen. Es muß also wie die denselben Bedingungen genügende Stromdichte $\mathfrak{J}_z$ in § 8b zu $\boldsymbol{I}_0\,(i\,\beta\,r)$ proportional sein. Und der Grenzbedingung der Stetigkeit von $\mathfrak{H}_z$ genügt offensichtlich die Formel:

$$\mathfrak{H}_z = H^0 \frac{\boldsymbol{I}_0\,(i\,\beta\,r)}{\boldsymbol{I}_0\,(i\,\beta\,R)}\,. \tag{10.1}$$

Die Stromdichte finden wir dann aus der Gleichung $\mathfrak{J} = c$ rot $\mathfrak{H}$. Sie lehrt nach (8. 1), daß

$$\mathfrak{J}_r = \mathfrak{J}_z = 0,\ \mathfrak{J}_\vartheta = -\,c\,\frac{\partial \mathfrak{H}_z}{\partial r} = \frac{H^0}{\sqrt{\lambda}}\,\frac{i\,\boldsymbol{I}_1\,(i\,\beta\,r)}{\boldsymbol{I}_0\,(i\,\beta\,R)} \tag{10.2}$$

ist. (Nach (8. 7) ist $\frac{d\,\boldsymbol{I}_0\,(x)}{d\,x} = -\,\boldsymbol{I}_1\,(x)$). Aus dem in § 8b erörterten Verlaufe dieser beiden BESSELschen Funktionen folgt auch hier, daß für einen dicken Draht die Feldeinwirkung sich auf die Schutzschicht von der Dicke β^{-1} beschränkt. Die Ströme, welche diesen Schutz ausüben, verlaufen bei positivem H_0 in der Richtung des abnehmenden ϑ, da $-i \cdot \boldsymbol{I}_1 (i\beta r)$ positiv ist. Dies entspricht der Regel, daß Strömung, Feldstärke und innere Normale des Supraleiters, hier die $(-r)$-Richtung, ein Rechtssystem bilden. Für den dünnen Draht ($\beta R \ll 1$) zeigt das flache Minimum von $\boldsymbol{I}_0 (i\beta r)$ bei $r = 0$ an, daß das Feld fast ungeschwächt eindringt. In diesem Fall wird

$$\mathfrak{J}_\vartheta = -\frac{1}{2}\frac{H^0}{\sqrt{\lambda}}\beta r. \tag{10.3}$$

Dies stimmt mit Gl. (7. 29) überein, wenn man in dieser etwa $L = R$ und dann $\tau_k = -\frac{r}{2R}$ setzt.

b) Wir betrachten nun einen Hohlzylinder mit den Radien R_i und R_a, in dessen Bohrung ein Feld $\mathfrak{H}_z = H_i$ herrscht, während außerhalb das homogene Feld $\mathfrak{H}_z = H_a$ besteht. Im Supraleiter muß $\mathfrak{H}_z$ derselben Differentialgleichung genügen, wie bei Fall a); aber aus den Gründen, die wir bei stromdurchflossenem Hohlzylinder in § 9a besprachen, machen wir nun den zu (9. 3) analogen Ansatz:

$$\mathfrak{H}_z = C\,\boldsymbol{I}_0 (i\beta r) + i D\,\boldsymbol{H}_0 (i\beta r). \tag{10.4}$$

Aus ihm folgt wie unter a) [vgl. auch (9. 5)]:

$$I_\vartheta = -c\frac{\partial \mathfrak{H}_z}{\partial r} = \beta c\,[C\,(i\,\boldsymbol{I}_1 (i\beta r)) - D\,\boldsymbol{H}_1 (i\beta r)]. \tag{10.5}$$

Zur Bestimmung der Konstanten C und D dienen die Forderungen, daß $\mathfrak{H}_z$ für $r = R_a$ in H_a, für $r = R_i$ in H_i stetig übergeht.

Falls die Zylinderwandung aber dick gegen β^{-1} ist, ist für $r = R_i$ der erste, für $r = R_a$ der zweite Summand im Ansatz (10. 4) zu vernachlässigen, wie wir es auch in § 9a taten. Dann hat man

$$C = \frac{H_a}{\boldsymbol{I}_0 (i\beta R_a)}, \qquad D = \frac{H_i}{i\,\boldsymbol{H}_0 (i\beta R_i)}$$

zu setzen. Dies führt für die Schicht an der äußeren Wandung auf (10. 1) zurück, für die Nähe der inneren Wandung aber folgt

$$\mathfrak{H}_z = H_i \frac{\boldsymbol{H}_0 (i\beta r)}{\boldsymbol{H}_0 (i\beta R_i)}. \qquad \mathfrak{J}_\vartheta = -\frac{1}{\sqrt{\lambda}} H_i \frac{\boldsymbol{H}_1 (i\beta r)}{i\,\boldsymbol{H}_0 (i\beta R_i)}. \tag{10.6}$$

Da $\boldsymbol{H}_1 (i\beta r)$ negativ ist, $i\,\boldsymbol{H}_0 (i\beta R)$ aber positiv, so hat nunmehr die Strömung bei positivem H_i die Richtung des wachsenden ϑ. Zwischen den beiden Schutzschichten, für welche diese Gleichungen gelten, liegt feldfreier Raum.

Wir wählen $H_a = 0$. Geben wir dem Zylinder eine gegen seinen Durchmesser große, aber endliche Länge, so gelten die Gleichungen (10. 6) immer noch, abgesehen von der Umgebung der Enden. Dann haben wir ein Beispiel für einen Dauerstrom vor uns. Denn der Hohlzylinder ist ja ein zweifach zusammenhängender Körper.

Wir nehmen den Zylinder als dünn an ($R_a - R_i \ll \beta^{-1}$) und wählen $H_a = H_i$. Führen wir dann mit der Bezeichnung R_m das arithmetische Mittel von R_a und R_i ein, so können wir nun mit den ersten Gliedern der Entwicklung

$$\mathfrak{H}_z = (\mathfrak{H}_z)_{R_m} + \frac{\partial \mathfrak{H}_z}{\partial r}_{R_m} (r - R_m)$$

auskommen. Soll die rechte Seite für $r = R_i$, also $r - R_m = -\frac{1}{2}(R_a - R_i)$, und für $r = R_a$, also $r - R_m = +\frac{1}{2}(R_a + R_i)$, denselben Wert H_a annehmen, so muß $\left(\frac{\partial \mathfrak{H}}{\partial r}\right)_{Rm} = 0$ sein; folglich auch nach (10. 5) $(\mathfrak{J}_z)_{Rm} = 0$. Man bestätigt wiederum die allgemeinen Ausführungen von § 7d über dünne Körper.

Die in (10. 1) und (10. 2), in (10. 4) und (10. 5) gegebenen Lösungen bleiben für einen nichtkubischen Kristall bestehen, falls das Ellipsoid des Tensors $\lambda_{\alpha\beta}$ eine Rotationsachse (die wir wieder mit x_3 bezeichnen) hat, so daß die Hauptwerte Λ_1 und Λ_2 übereinstimmen, und diese in die Richtung der Zylinderachse fällt. Dann hat nämlich der Supraimpuls für diese Probleme stets die Richtung der Suprasströmung, wie bei einem kubischen Kristall, und es tritt nur an die Stelle von β überall in der Rechnung

$$\beta_1 = \frac{1}{c\sqrt{\Lambda_1}} \tag{10.7}$$

c) Jetzt denken wir uns einen Vollzylinder vom Radius R, den kein Strom in der Längsrichtung durchfließt in ein homogenes, zu seiner Achsenrichtung senkrechtes (transversales) Feld gebracht. Dies bleibt nicht mehr homogen, da ja die Kraftlinien den Zylinder, falls er nicht zu dünn ist, umgehen, also vor ihm ausbiegen müssen wie in Abb. 5 in § 1. Sofern wir uns nicht mit der in der Abbildung verwendeten Annäherung begnügen, welche den Supraleiter als vollkommen undurchdringlich für das Feld ansieht (ein Fall, in welchem man die Feldverzerrung mit Hilfe der Potentialtheorie leicht zu berechnen vermag), müssen wir das innere und das äußere Feld gleichzeitig zu ermitteln suchen. Wir kommen hier zum erstenmal an ein Beispiel, in welchem das äußere Feld nicht vorher angebbar ist. Den Eindeutigkeitssatz von § 7a kann man nicht mehr heranziehen, wohl aber einen allgemeineren Eindeutigkeitssatz, den wir in § 12e ableiten werden.

In einer zum Draht senkrechten Ebene führen wir x, y als rechtwinklige Koordinaten ein, daneben aber behalten wir auch die bisherigen Polarkoordinaten r und ϑ bei. Es sei

$$x = r\cos\vartheta, \qquad y = r\sin\vartheta.$$

Die Feldstärke des homogenen Feldes habe die positive x-Richtung, und den Betrag H^0. Sein Potential wäre

$$\varphi = -H^0 x = -H^0 r\cos\vartheta.$$

Nach der Potentialtheorie wirkte der ganz undurchdringliche Zylinder nach außen wie ein (zweidimensionaler) Dipol; sein Potential wäre von der Form $\frac{a}{r}\cos\vartheta$ und zwar mit $a = R^2$. Wir versuchen daher zur strengen Lösung des Problems mit zunächst unbestimmtem a den Ansatz[1])

$$\varphi = -H^0\left(r + \frac{a}{r}\right)\cos\vartheta. \tag{10.8}$$

Für $\mathfrak{H} = -\operatorname{grad}\varphi$ folgt daraus:

$$\begin{aligned} \mathfrak{H}_r &= -\frac{\partial\varphi}{\partial r} = H^0\left(1 - \frac{a}{r^2}\right)\cos\vartheta, \\ \mathfrak{H}_\vartheta &= -\frac{1}{r}\frac{\partial\varphi}{\partial\vartheta} = -H^0\left(1 + \frac{a}{r^2}\right)\sin\vartheta. \end{aligned} \tag{10.9}$$

(Man erkennt, daß für $a = R^2$ und $r = R$ sich $\mathfrak{H}_r = 0$ ergibt; das entspricht der Annahme der Undurchdringlichkeit).

$\mathfrak{H}_\vartheta$ ist danach wie überall im Außenraum, so auch an der Grenze proportional zu $\sin\vartheta$. Bei dem engen Zusammenhang zwischen der Stromdichte und der

1) $r^{-1}\cos\vartheta$ ist der reelle Anteil der Funktion ζ^{-1} der komplexen Veränderlichen $\zeta = x + iy$ und als solcher Lösung der Potentialgleichung.

Tangentialkomponente des Magnetfeldes, den wir bei dicken Körpern kennengelernt haben, liegt es nahe, innerhalb des Zylinders

$$\mathfrak{J}_x = \mathfrak{J}_y = 0, \qquad \mathfrak{J}_z = f(r) \sin\vartheta \tag{10. 10}$$

zu setzen.

Da $\mathfrak{J}_z$ Lösung von $\Delta u - \beta^2 u = 0$ sein muß, gilt für f die Differentialgleichung (8. 4) mit $k = 0$ und $n = 1$. Da ferner f für $r = 0$ endlich und stetig bleiben muß, ist mit einer Integrationskonstanten C

$$f(r) = i\,C \cdot \boldsymbol{I}_1(i\,\beta\,r), \qquad \mathfrak{J}_z = i\,C \cdot \boldsymbol{I}_1(i\,\beta\,r) \sin\vartheta. \tag{10. 11}$$

Aus $\mathfrak{H} = -c\,\lambda \operatorname{rot} \mathfrak{J}$ folgt sodann nach (8. 1):

$$\mathfrak{H}_r = -\frac{c\,\lambda}{r}\frac{\partial \mathfrak{J}_z}{\partial \vartheta} = -c\,\lambda\,C\frac{i\,\boldsymbol{I}_1(i\,\beta\,r)}{r}\cos\vartheta = -\sqrt{\lambda}\,C\frac{i\,\boldsymbol{I}_1(i\,\beta\,r)}{\beta\,r}\cos\vartheta \tag{10. 12}$$

dazu, in Hinblick auf eine der Formeln (8. 7):

$$\mathfrak{H}_\vartheta = c\,\lambda\frac{\partial \mathfrak{J}_z}{\partial r} = -\sqrt{\lambda}\,C\left[\boldsymbol{I}_0(i\,\beta\,r) - \frac{\boldsymbol{I}_1(i\,\beta\,r)}{i\,\beta\,r}\right]\sin\vartheta. \tag{10. 13}$$

Als Grenzbedingungen haben wir Stetigkeit beider Komponenten von $\mathfrak{H}$ für $r = R$. Sie lassen sich mittels unserer Ansätze erfüllen; das beweist die Richtigkeit unseres Verfahrens. Wie der Vergleich von (10. 12) und (10. 13) mit (10. 9) zeigt, brauchen wir nur noch die verfügbaren Konstanten a und C den Gleichungen anzupassen:

$$\begin{aligned} H_0\left(1 - \frac{a}{R^2}\right) &= \sqrt{\lambda}\,C\frac{\boldsymbol{I}_1(i\,\beta\,R)}{i\,\beta\,R}, \\ H_0\left(1 + \frac{a}{R^2}\right) &= \sqrt{\lambda}\,C\left[\boldsymbol{I}_0(i\,\beta\,R) - \frac{\boldsymbol{I}_1(i\,\beta\,R)}{i\,\beta\,R}\right]. \end{aligned} \tag{10. 14}$$

Diese Forderungen ergeben:

$$\begin{aligned} C &= \frac{2\,H^0}{\sqrt{\lambda}\,\boldsymbol{I}_0(i\,\beta\,R)} \qquad 1 - \frac{a}{R^2} = \frac{2}{\boldsymbol{I}_0(i\,\beta\,R)} \cdot \frac{\boldsymbol{I}_1(i\,\beta\,R)}{i\,\beta\,R} \\ \mathfrak{J}_z &= \frac{2\,H^0}{\sqrt{\lambda}}\frac{i\,\boldsymbol{I}_1(i\,\beta\,r)}{\boldsymbol{I}_0(i\,\beta\,R)}\sin\vartheta. \end{aligned} \tag{10. 15}$$

Die magnetischen Feldlinien haben im Inneren des Zylinders nach (10. 12) und (10. 13) die Gleichung $\mathfrak{J}_z = \text{const.}$

Für dicke Zylinder wird

$$\frac{i\,\boldsymbol{I}_1(i\,\beta\,r)}{\boldsymbol{I}_0(i\,\beta\,R)} = -e^{-\beta(R-r)} \tag{10. 16}$$

Die rechte Seite der Gleichung für a wird Null, a erhält seinen potentialtheoretischen Wert R^2 und nach (10. 9) wird an der Oberfläche

$$(\mathfrak{H}_\vartheta)_R = -2\,H^0 \sin\vartheta$$

Das Maximum $2\,H_0$ von $|\mathfrak{H}_\vartheta|$ gibt die in § 1g besprochene Verdoppelung der Feldstärke an, welche als Folge der Felddeformation auftritt. Aus (10. 15) und (10. 16) folgt aber

$$\mathfrak{J}_z = -\frac{2\,H^0}{\sqrt{\lambda}}\,e^{-\beta(R-r)}\sin\vartheta = \frac{1}{\sqrt{\lambda}}\,(\mathfrak{H}_\vartheta)_R\,e^{-\beta(R-r)}.$$

Dasselbe geht aus (7. 10) hervor, wenn man diese für die ebene Begrenzung abgeleitete Formel auf die Zylinderfläche überträgt. Für den dicken Zylinder ist diese Übertragung gerechtfertigt. Die Schutzschicht genügt bei ihm denselben Gesetzen, wie an einer Ebene. Daß für positive ϑ, d. h. oben in der Abb. 5, $\mathfrak{J}_z$ negativ ist, die Strömung also in der Blickrichtung durch die Zeichenebene fließt, entspricht der allgemeinen Regel, derzufolge Strom, magnetische Feldstärke und innere Normale ein Rechtssystem bilden.

Nach der Gleichung für a in (10. 15) und nach (10. 16) ist für dicke Zylinder

$$a = R^2 \left(1 - \frac{2}{\beta R}\right) \tag{10. 16a}$$

Das magnetische Moment wird gegenüber dem Fall der ganz verschwindenden Eindringtiefe ($\beta \to \infty$) um den Faktor $1 - \frac{2}{\beta R}$ verringert.

Für dünne Zylinder ($\beta R \ll 1$) wird $\boldsymbol{I}_0 (i \beta R) = 1$, $\boldsymbol{I}_1 (i \beta R) = \frac{1}{2} i \beta R$. [Siehe die Reihen (8. 6)]. Die rechte Seite der Gleichung für a wird damit gleich

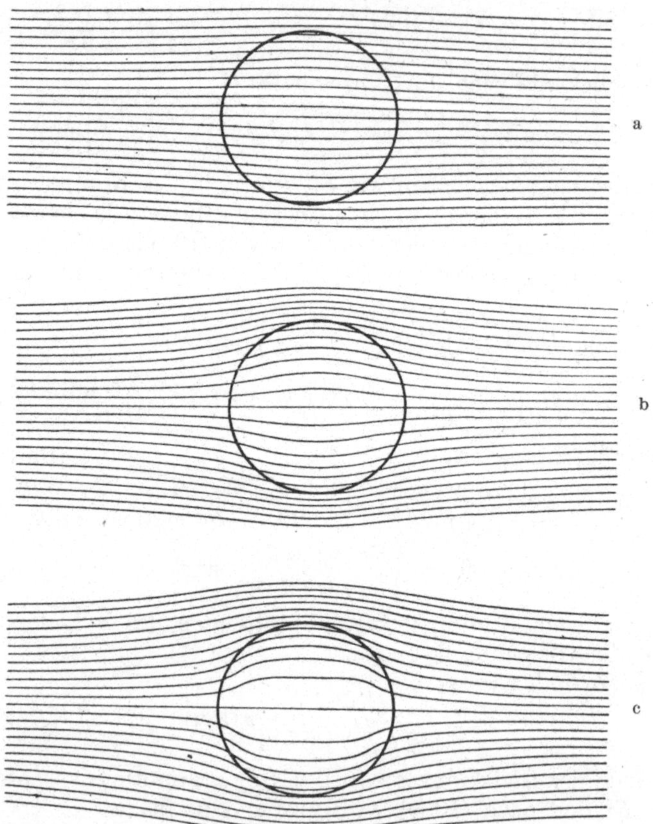

Abb. 12. Kraftlinien für den supraleitenden Zylinder im homogenen, transversalen Magnetfeld. a) $\beta R = 1$ b) $\beta R = 2$ c) $\beta R = 3$

1, $a = 0$. Der Zylinder stört dann nach (10. 8) das Feld überhaupt nicht, dieses geht glatt durch ihn hindurch und erregt in ihm auch keine Strömung mehr, weil nach (10. 15) $\mathfrak{J}_z$ in Übereinstimmung mit (7. 20) klein wie βR wird.

Nach (8. 6) gelten die Reihenentwicklungen:

$$\frac{\boldsymbol{I}_1 (i x)}{\frac{1}{2} i x} = 1 + \frac{(\frac{1}{2} x)^2}{1!\,2!} + \frac{(\frac{1}{2} x)^4}{2!\,3!} + \cdots \frac{(\frac{1}{2} x)^m}{m!\,(m+1)!} + \cdots$$

$$\boldsymbol{I}_0 (i x) = 1 + \frac{(\frac{1}{2} x)^2}{(1!)^2} + \frac{(\frac{1}{2} x)^4}{(2!)^2} + \cdots \frac{(\frac{1}{2} x)^m}{(m!)^2} + \cdots$$

In der zweiten sind für alle Potenzen von x die Koeffizienten größer als in der ersten. Folglich ist $I_0(i\,x) > \frac{2\,I_1(i\,x)}{i\,x}$, wächst überdies mit zunehmendem x schneller an als $\frac{2\,I_1(i\,x)}{i\,x}$. In der Gleichung (10. 15) für a ist die rechte Seite daher für alle Werte von $\beta\,R$ kleiner als 1 und nimmt mit zunehmendem Radius immer mehr ab, ohne jedoch negativ zu werden. a nimmt folglich mit wachsendem Radius R monoton zu von 0 bis R^2, dem schon erwähnten oberen Grenzwert.

Für dünne Zylinder zeigt Abb. 12 den Kraftlinienverlauf, und zwar für 3 verschiedene Werte von $\beta\,R$. Im Außenraum haben die Linien denselben Verlauf, wie bei einem diamagnetischen Körper; aber innerhalb eines solchen wären sie gerade, und hier sind sie mehr oder weniger gekrümmt.

Senkt man die Temperatur vom Sprungpunkt an, so ist zunächst die Eindringtiefe $\beta^{-1} = c\sqrt{\lambda}$ groß, also für jeden Wert von R $\beta\,R$ eine kleine Zahl, Dann nimmt β^{-1} ab, $\beta\,R$ zu. Die Abbildungen veranschaulichen so die allmähliche Verdrängung des Feldes aus dem Inneren. Die Schlußphase $\beta\,R \gg 1$. veranschaulicht Abb. 5.

Da die Strömung hier nur die eine Komponente $\mathfrak{J}_z$ hat, läßt sich die Lösung, die in den Formeln (10.11), (10.12) und (10.13) liegt, unter denselben Bedingungen die wir in § 8e aufstellten, auf nichtkubische Kristalle übertragen.

d) Für den elliptischen Zylinder im äußeren Felde läßt sich bisher ebensowenig die strenge Lösung angeben, wie für den stromdurchflossenen Zylinder, von welchem § 8d handelte. Wir begnügen uns, wie dort, mit jener Näherung, welche für den „dicken" Zylinder gilt. Dann muß die Grenzkurve Feldlinie sein. Für das longitudinale Feld ist die Lösung trivial: Es herrscht überall im Außenraum die konstante Feldstärke $\mathfrak{H}_z = H^0$ und die Stromdichte in der Schutzschicht berechnet sich nach (7. 10).

Für das transversale Feld setzen wir voraus, daß in großem Abstand vom Zylinder der Feldstärke den Winkel $\Theta < \frac{1}{2}\pi$ mit der a-Achse bildet[1]. Wir bedienen uns zur Feldbeschreibung wie in § 8f einer Funktion der komplexen Veränderlichen $\zeta = x + i\,y$. Wir nennen sie $W = U + i\,V$ und betrachten U als das Potential. Wir definieren $W(\zeta)$ durch eine Darstellung mittels des komplexen Parameters $\chi = \psi + i\,\varphi$; wir setzen nämlich

$$W = -\tfrac{1}{2} H^0 \sqrt{a^2 - b^2}\; e^{\chi - i\Theta} + \frac{a+b}{a-b} e^{-\chi + i\Theta}, \qquad \zeta = \sqrt{a^2 - b^2}\, \mathrm{Cos}\,\chi. \tag{10. 17}$$

Die zweite dieser Gleichungen geht aus (8. 26) hervor, wenn man dort $\alpha = 1$ setzt. In Analogie zu (8. 27) gilt hier

$$x = \sqrt{a^2 - b^2}\, \mathrm{Cos}\,\psi \cos\varphi, \qquad y = \sqrt{a^2 - b^2}\, \mathrm{Sin}\,\psi \sin\varphi, \tag{10. 18}$$

und die Kurven $\psi = \text{const}$ sind die konfokalen Ellipsen

$$\frac{x^2}{\mathrm{Cos}^2\,\psi} + \frac{y^2}{\mathrm{Sin}^2\,\psi} = a^2 - b^2. \tag{10. 19}$$

Die Kontur des Zylinders insbesondere entspreche dem Wert ψ_0, so daß

$$\sqrt{a^2 - b^2}\, \mathrm{Cos}\,\psi_0 = a, \quad \sqrt{a^2 - b^2}\, \mathrm{Sin}\,\psi_0 = b, \quad e^{+\psi_0} = \sqrt{\frac{a+b}{a-b}} \tag{10. 20}$$

ist. Die Kurven $\varphi = \text{const}$ hingegen sind die zu diesen Ellipsen konfokalen Hyperbeln

$$\frac{x^2}{\cos^2\varphi} - \frac{y^2}{\sin^2\varphi} = a^2 - b^2. \tag{10. 21}$$

[1] Die Annahme $\Theta > \frac{1}{2}\pi$ führt zu nichts Neuem.

Man bezeichnet ψ und φ als elliptische Koordinaten. Um sie eindeutig zu machen, setzen wir fest, daß ψ zwischen 0 und $+\infty$, φ zwischen 0 und 2π variieren soll. Jeder der genannten Hyperbeln entsprechen dann 4 φ-Werte. Ist auf dem im ersten Quadranten ($x > 0$, $y > 0$) liegenden Halbast $\varphi = \varphi_0$, so ist auf dem im zweiten Quadranten ($x < 0$, $y > 0$) verlaufenden Halbast $\varphi = \pi - \varphi_0$, auf dem im dritten Quadranten ($x < 0$, $y < 0$) $\varphi = \pi + \varphi_0$ und auf dem im vierten ($x > 0$, $y < 0$) $\varphi = 2\pi - \varphi_0$.

Aus (10. 17) folgt:

$$\begin{aligned} U &= -\tfrac{1}{2} H^0 \sqrt{a^2 - b^2}\left(e^{\psi} + \frac{a+b}{a-b} e^{-\psi}\right) \cos(\varphi - \Theta) \\ V &= -\tfrac{1}{2} H^0 \sqrt{a^2 - b^2}\left(e^{\psi} - \frac{a+b}{a-b} e^{-\psi}\right) \sin(\varphi - \Theta) \end{aligned} \tag{10. 22}$$

Nach ihrer Herleitung aus (10. 17) sind U und V Lösungen der Potentialgleichung. Im Unendlichen ist nach (10. 18) auch ψ unendlich. Daher wird

$$U = -\tfrac{1}{2} H^0 \sqrt{a^2 - b^2}\, e^{\psi} (\cos\varphi \cos\Theta + \sin\varphi \sin\Theta) = -H_0 (x \cos\Theta + y \sin\Theta).$$

Das Feld ist folglich dort homogen und hat die Neigung Θ gegen die x-Achse. Die Feldlinie $V = 0$ besteht erstens aus den Hyperbelstücken $\varphi = \Theta$ und $\varphi = \pi + \Theta$, soweit diese außerhalb der Ellipse ψ_0 liegen (denn nur außerhalb gelten diese Formeln), zweitens aus der Ellipse ψ_0, weil für diese nach (10. 20)

$$e^{\psi_0} = \frac{a+b}{a-b} e^{-\psi}$$

ist. Der Ansatz (10. 17) genügt also allen gestellten Bedingungen.

Wir gehen zur Berechnung von $|\mathfrak{H}| = \left|\frac{dW}{d\zeta}\right|$ über. Nach (10. 17) ist

$$\frac{dW}{d\zeta} = \frac{\frac{dW}{d\chi}}{\frac{d\zeta}{d\chi}} = -H^0 \frac{e^{\chi - i\Theta} - \frac{a+b}{a-b} e^{\chi + i\Theta}}{2 \operatorname{Sin} \chi}$$

$$= H^0 \frac{\frac{a+b}{a-b} e^{-\psi - i(\varphi - \Theta)} - e^{+\psi + i(\varphi - \Theta)}}{2(\operatorname{Sin}\psi \cos\varphi + i \operatorname{Cos}\psi \sin\varphi)}.$$

Längs der Ellipse ψ_0 ist also nach (10. 20)

$$|\mathfrak{H}| = \left|\frac{dW}{d\zeta}\right| = H^0 \frac{a+b}{\sqrt{a^2 \sin^2\varphi + b^2 \cos^2\varphi}} \sin(\varphi - \Theta).$$

Das Maximum dieses Ausdrucks liegt, wo

$$\operatorname{tg}\varphi = -\frac{b^2}{a^2} \operatorname{cotg}\Theta, \text{ d. h. } \frac{y}{x} = -\frac{b^3}{a^3} \operatorname{cotg}\Theta$$

ist. Wir ziehen den Durchmesser der Ellipse in der Richtung von Θ; für den dazu konjugierten (der parallel ist zu den Tangenten in den Endpunkten des ersten) ist

$$\frac{y}{x} = -\frac{b^2}{a^2} \operatorname{cotg}\Theta.$$

Das Maximum liegt also, wenn $b \ll a$ ist, erheblich näher der großen Achse der Ellipse, als dieser Durchmesser, abgesehen von den Fällen $\Theta = 0$ oder $\Theta = \frac{1}{2}\pi$. Und der Maximalwert selbst beträgt

$$|\mathfrak{H}|_{\max} = H^0 \left(\frac{1}{a} + \frac{1}{b}\right) \sqrt{a^2 \sin^2\Theta + b^2 \cos^2\Theta}. \tag{10. 23}$$

Für $\Theta = 0$ wird der Faktor von H^0 gleich $1 + \frac{b}{a}$, also kleiner als der für den

Kreiszylinder geltende Faktor 2. Für $\Theta = \frac{1}{2}\pi$ aber wird er gleich $1 + \frac{a}{b} > 2$. Damit sind die Angaben von § 1g über die Feldverstärkung bewiesen. Es leuchtet auch unmittelbar ein, daß sie größer ist, wenn der Zylinder das Feld zur Umgehung seiner großen Achse zwingt, als wenn er dem Feldverlauf nur die kleine Achse entgegenstellt.

Den Ausdruck (10. 23) braucht man zur Berechnung des Grenzwerts von H^0, welcher die Supraleitung des Zylinders zerstört (§ 17f).

§ 11. Die Kugel im homogenen Magnetfeld.

a) Wir führen räumliche Polarkoordinaten r, ϑ, φ ein, welche in dieser Reihenfolge ein Rechtssystem bilden sollen (Abb. 13). Für die Rotation eines Vektors $\mathfrak{A}$ gelten dann die Formeln:

$$\begin{aligned} \operatorname{rot}_r \mathfrak{A} &= \frac{1}{r\sin\vartheta}\left[\frac{\partial}{\partial\vartheta}(\sin\vartheta\,\mathfrak{A}_\varphi) - \frac{\partial\mathfrak{A}_\vartheta}{\partial\varphi}\right], \\ \operatorname{rot}_\vartheta \mathfrak{A} &= \frac{1}{r\sin\vartheta}\frac{\partial\mathfrak{A}_r}{\partial\varphi} - \frac{1}{r}\frac{\partial(r\,\mathfrak{A}_\varphi)}{\partial r}, \qquad (11.\,1) \\ \operatorname{rot}_\vartheta \mathfrak{A} &= \frac{1}{r}\frac{\partial(r\,\mathfrak{A}_\vartheta)}{\partial r} - \frac{1}{r}\frac{\partial\mathfrak{A}_r}{\partial\vartheta}. \end{aligned}$$

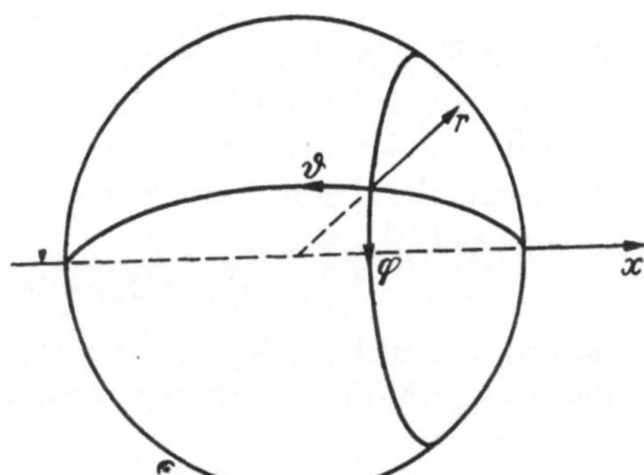

Abb. 13. Die Polarkoordinaten r, ϑ, φ. Der r-Pfeil weist schräg nach oben.

Die Differentialgleichung $\Delta u - \beta^2 u = 0$ lautet in diesen Koordinaten

$$\frac{1}{r^2}\frac{\partial}{\partial r}\left(r^2\frac{\partial u}{\partial r}\right) + \frac{1}{r^2\sin\vartheta}\frac{\partial}{\partial\vartheta}\left(\sin\vartheta\frac{\partial u}{\partial\vartheta}\right) + \\ + \frac{1}{r^2\sin^2\vartheta}\frac{\partial^2 u}{\partial\varphi^2} - \beta^2 u = 0. \qquad (11.\,2)$$

Wir können sie beim vorliegenden Problem mittels der Faktorenzerlegung lösen:

$$u = f(r)\sin\vartheta\, e^{i\varphi}. \qquad (11.\,3)$$

Da dann, wie die Durchrechnung zeigt,

$$\frac{1}{r^2\sin\vartheta}\frac{\partial}{\partial\vartheta}\left(\sin\vartheta\frac{\partial u}{\partial\vartheta}\right) + \frac{1}{r^2\sin^2\vartheta}\frac{\partial^2 u}{\partial\varphi^2} = -\frac{2}{r^2}f(r)\sin\vartheta\, e^{i\varphi}$$

ist, kann man in (11. 2) den allen Summanden gemeinsamen Faktor $\sin\vartheta\, e^{i\varphi}$ fortheben und behält zur Bestimmung von $f(r)$ die gewöhnliche Differentialgleichung übrig:

$$\frac{1}{r^2}\frac{d}{dr}\left(r^2\frac{df}{dr}\right) - \left(\beta^2 + \frac{2}{r^2}\right)f = 0. \qquad (11.\,4)$$

Ihre für $r = 0$ endlich bleibende Lösung lautet:

$$\begin{aligned} f(r) &= \frac{\mathfrak{Cof}(\beta r)}{\beta r} - \frac{\mathfrak{Sin}(\beta r)}{(\beta r)^2} \\ &= \tfrac{1}{3}\beta r + \frac{1}{5\cdot 3!}(\beta r)^3 + \cdots \frac{1}{(m+2)\,m!}(\beta r)^m + \cdots \end{aligned} \qquad (11.\,5)$$

Weil $\mathfrak{Tg}\,\beta r < \beta r$ für alle positiven Werte r ist, ist f positiv. Für große Werte von βr wird

$$f(r) = \tfrac{1}{2}(\beta r)^{-1} e^{\beta r}. \qquad (11.\,6)$$

b) Die Polrichtung $\vartheta = 0$, desgleichen die positive x-Achse, legen wir in die Richtung des homogenen Magnetfeldes. Wäre es ungestört, so wäre das Potential in ihm

$$\Phi = -H^0 r\cos\vartheta.$$

Wäre die Kugel ganz undurchdringlich für die Kraftlinien, so wirkte sie, wie die Potentialtheorie zeigt und wie wir weiter unten bestätigen werden, als ein

Dipol; sie ergäbe einen Zusatz zum Potential von der Form $r^{-2}\cos\vartheta$*. In Analogie zu unserem Vorgehen in § 10c versuchen wir daher hier für den Außenraum den Ansatz:

$$\Theta = -H^0\left(r + \frac{a}{r^2}\right)\cos\vartheta. \tag{11.7}$$

Dabei bedeutet $4\pi a H_0$ das magnetische Moment der Kugel[1]; es ist bei positivem a der x-Richtung, also dem Felde entgegengesetzt gerichtet. Aus (11. 6) geht unmittelbar die magnetische Feldstärke $\mathfrak{H} = -\operatorname{grad}\Phi$ hervor:

$$\begin{aligned} \mathfrak{H}_r &= -\frac{\partial\Phi}{\partial r} = H^0\left(1 - \frac{2a}{r^3}\right)\cos\vartheta, \\ \mathfrak{H}_\vartheta &= -\frac{1}{r}\frac{\partial\Phi}{\partial\vartheta} = -H^0\left(1 + \frac{a}{r^3}\right)\sin\vartheta, \qquad \mathfrak{H}_\varphi = 0. \end{aligned} \tag{11.8}$$

Wie die Symmetrie erwarten läßt, verlaufen die Kraftlinien in Meridian-Ebenen $\varphi = \text{const}$. Da nach § 7c die Strömung, mindestens für dicke Kugeln und nahe der Oberfläche, zu ihnen senkrecht sein muß, erwarten wir diese überall in der Richtung der Breitenkreise $r = \text{const}$, $\vartheta = \text{const}$. Wir versuchen also für das Innere den Ansatz

$$\mathfrak{J}_r = \mathfrak{J}_\vartheta = 0, \qquad \mathfrak{J}_\varphi = C\cdot f(r)\cdot\sin\vartheta. \tag{11.9}$$

Sofern wir unter $f(r)$ die in (11. 5) genannte Funktion verstehen, ist nämlich dadurch für die Strömungskomponenten

$$\mathfrak{J}_y = -\mathfrak{J}_\varphi\sin\varphi, \qquad \mathfrak{J}_z = \mathfrak{J}_\varphi\cos\varphi$$

nach a) die Differentialgleichung $\Delta u - \beta^2 u = 0$ erfüllt. Aus der Beziehung $\mathfrak{H} = -c\lambda\operatorname{rot}\mathfrak{J}$ folgt dann nach (11. 1):

$$\begin{aligned} \mathfrak{H}_r &= -\frac{c\lambda}{r\sin\vartheta}\frac{\partial(\sin\vartheta\,\mathfrak{J}_\varphi)}{\partial\vartheta} = -\frac{2\sqrt{\lambda}}{\beta r}C f(r)\cos\vartheta, \\ \mathfrak{H}_\vartheta &= -\frac{c\lambda}{r}\frac{\partial(r\,\mathfrak{J}_\varphi)}{\partial r} = \frac{\sqrt{\lambda}\,C}{\beta r}\Big(\operatorname{\mathfrak{Sin}}(\beta r) - f(r)\Big)\sin\vartheta. \end{aligned} \tag{11.10}$$

Die Probe auf die Richtigkeit dieser Ansätze liegt, wie in § 10c, in der Erfüllbarkeit der Grenzbedingungen für die Kugeloberfläche $r = R$. Diese fordern für die beiden von Null verschiedenen $\mathfrak{H}$-Komponenten Stetigkeit. Nach (11. 8) und (11. 10) soll also gelten:

$$\begin{aligned} H^0\left(1 - \frac{2a}{R^3}\right) &= -\frac{2\sqrt{\lambda}}{\beta R}C f(R), \\ H^0\, 1 + \left(\frac{a}{R^3}\right) &= \frac{\sqrt{\lambda}\,C}{\beta R}\Big(f(R) - \operatorname{\mathfrak{Sin}}(\beta R)\Big). \end{aligned}$$

Und diese Bedingungen können wir in der Tat mittels der noch verfügbaren Konstanten a und C befriedigen. Wir haben dazu zu setzen:

$$C = -\frac{3}{2}\frac{H^0}{\sqrt{\lambda}}\frac{\beta R}{\operatorname{\mathfrak{Sin}}(\beta R)}, \qquad a = \frac{1}{2}\left[1 - 3\frac{f(R)}{\operatorname{\mathfrak{Sin}}(\beta R)}\right]R^3. \tag{11.11}$$

* Mit r^{-1} sind auch seine Ableitungen nach einer der rechtwinkligen Koordinaten x, y, z Lösungen von $\Delta\varphi = 0$. Es ist aber

$$\frac{\partial(r^{-1})}{\partial x} = -\frac{x}{r^3} = -\frac{\cos\vartheta}{r^2},$$

sofern wir $x = r\cdot\cos\vartheta$ wählen.

[1] Dies gilt im LORENTZschen Maßsystem. Im elektrostatischen Maßsystem ist das Moment gleich $a H^0$.

$\mathfrak{J}_\varphi$ ist danach negativ; die Strömung erfolgt *gegen* den Pfeil in Abb. 13. Die magnetischen Feldlinien haben im Inneren nach (11. 10) außer $\varphi = \text{const}$ die Gleichung

$$\frac{\partial}{\partial r}(r \sin\vartheta\, \mathfrak{J}_\varphi)\, d\, r + \frac{\partial}{\partial \vartheta}(r \sin\vartheta\, \mathfrak{J}_\varphi)\, d\, \vartheta = 0$$

$$\text{d. h. } r \sin\vartheta\, \mathfrak{J}_\varphi = \text{const oder } r\, f(r) \sin^2\vartheta = \text{const.}$$

c) Die Diskussion folgt dem in § 10c eingeschlagenen Verfahren. Für die große Kugel ($\beta R \gg 1$) und große Werte von βr geht aus (11. 9), (11. 10) und (11. 11) hervor:

$$\mathfrak{J}_\varphi = -\frac{3}{2}\frac{H^0}{\sqrt{\lambda}}\frac{R}{r} e^{-\beta(R-r)},$$
$$\mathfrak{H}_r = 0, \qquad \mathfrak{H}_\vartheta = -\tfrac{3}{2} H^0 \frac{R}{r} e^{-\beta(R-r)} \sin\vartheta. \tag{11. 12}$$

Dies bedeutet wiederum die Ausbildung einer Schutzschicht über dem feldfreien Inneren. Weiter schließen wir aus (11. 11) und (11. 6) auf

$$a = \frac{1}{2}\left(1 - \frac{3}{\beta R}\right) R^3. \tag{11. 13}$$

Setzt man die Klammer gleich 1, so geht aus (11. 8) in Übereinstimmung mit (11. 12) für $r = R$ hervor:

$$\mathfrak{H}_r = 0, \qquad \mathfrak{H}_\vartheta = -\tfrac{3}{2} H^0 \sin\vartheta. \tag{11. 14}$$

Das erste beweist, daß die Kugel in dieser Näherung nach außen wirkt, als wäre sie für die Kraftlinien ganz undurchdringlich; das zweite, daß die Feldverstärkung infolge der Feldverzerrung maximal auf das Anderthalbfache der ursprünglichen Feldstärke H^0 führt, wie wir schon in § 1g erwähnten. Abb. 5, obwohl für den Fall des Zylinders gezeichnet, gilt qualitativ auch für den Feldverlauf in einer Meridianebene bei der Kugel.

Für kleine βR-Werte jedoch wird nach (11. 5) $f(R) = \frac{1}{3}(\beta R)$, also nach (11. 11)

$$a = 0. \tag{11. 15}$$

Da zugleich $C = -\frac{3}{2} H^0/\sqrt{\lambda}$ wird, folgt aus (11. 9):

$$\mathfrak{J}_\varphi = -\frac{1}{2}\frac{H^0}{\sqrt{\lambda}} \beta\, r \sin\vartheta, \tag{11. 16}$$

und aus (11. 10):

$$\mathfrak{H}_r = H^0 \cos\vartheta, \qquad \mathfrak{H}_\vartheta = -H^0 \sin\vartheta. \tag{11. 17}$$

Nach den letzten Gleichungen hat $\mathfrak{H}$ die x-Richtung und den Betrag H^0*. Das magnetische Feld durchdringt, wie nach § 7f zu erwarten war, die Kugel ungehindert, während die Gl. (11. 16) für $\mathfrak{J}_\varphi$ unter die allgemeine Form von Gl. (7. 29) fällt. Wählt man dort etwa die den Supraleiter kennzeichnendeLänge L gleich dem Kugelradius A, so hat man, um zu (11. 16) zu gelangen, die reine, nur von der Lage des Aufpunkts innerhalb des Leiters abhängige Zahl

$$\tau_k = -\frac{1}{2}\frac{r}{R}\sin\vartheta \qquad \text{zu setzen.}$$

---

* Für den Kugelmittelpunkt $r = 0$ folgt aus (11. 10) ohne jede Vernachlässigung:

$$(\mathfrak{H}_r)_{r=0} = H^0 \frac{\beta R}{\mathfrak{Sin}(\beta R)} \cos\vartheta, \quad (\mathfrak{H}_\vartheta)_{r=0} = -H^0 \frac{\beta R}{\mathfrak{Sin}(\beta R)} \sin\vartheta.$$

Dies ergibt für $\mathfrak{H}$ die aus Symmetriegründen zu erwartende x-Richtung und den Betrag

$$H^0 \frac{\beta R}{\mathfrak{Sin}(\beta R)}$$

Man kann daran den Mittelwertsatz (7. 25) verifizieren.

Für beliebiges βR schließen wir aus der Reihenentwicklung von (11. 5) und aus der bekannten Reihe:

$$\mathfrak{Sin}(\beta R) = \beta R + \frac{(\beta R)^3}{3!} + \frac{(\beta R^5)}{5!} + \cdots + \frac{(\beta R)^{2m+1}}{(2m+1)!} + \cdots,$$

daß $\mathfrak{Sin}(\beta R)$, der Nenner des Bruchs in der Gl. (11. 11) für a, mit wachsendem βR schneller zunimmt als der Zähler $f(R)$. a wächst demnach monoton mit βR von 0 bis zu $\frac{1}{2}R^3$, das magnetische Moment von 0 bis $2\pi R^3 H^0$, das auf die Volumen- und Feldstärkeneinheit bezogene Moment von 0 bis $\frac{3}{2}$. Eine unmagnetische Schicht, z. B. aus Gelatine, mit eingestreuten kolloidalen Quecksilberkugeln muß sich daher unterhalb von 4,17°, der Sprungtemperatur, diamagnetisch verhalten, um so stärker, je größer das Moment pro Volumeneinheit der Kugeln ist.

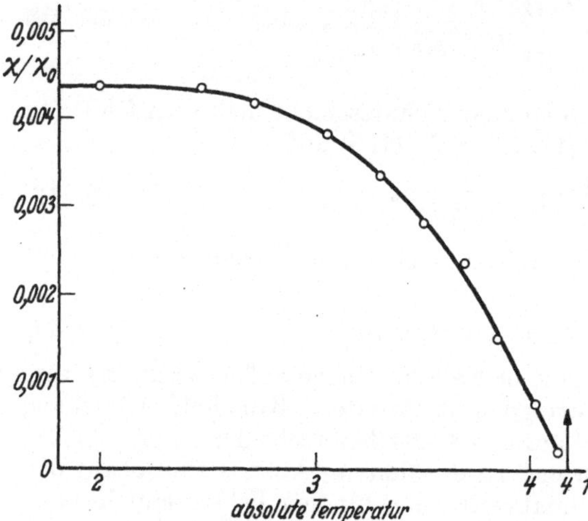

Abb. 14. Ordinate: Magnetische Susceptibilität einer Schicht mit eingestreuteu snpraleitenden Quecksilberkugeln nach SHOENBERG.

Liegen in der Volumeneinheit N Kugeln, so hat diese das magnetische Moment $4\pi a N H^0$; also ist die Permeabilität

$$\chi = 4\pi a N.$$

Hat jede der Kugeln den Radius R und erfüllen sie zusammen den Bruchteil V der Volumeneinheit, so ist $N = V/\frac{4}{3}\pi R^3$, also

$$\chi = \frac{3Va}{\pi R^3}.$$

Für große Werte von βR ist nun nach (11. 13) $a = \frac{1}{2}R^3$, also die zugehörige Permeabilität

$$\chi_\infty = \frac{3}{2\pi} V$$

und somit für $\beta R \ll 1$ in einer etwas besseren Näherung, als wir sie oben benutzten:

$$\frac{\chi}{\chi_\infty} = \frac{a}{\frac{1}{2}R^3} = 1 - \frac{3f(R)}{\mathfrak{Sin}(\beta R)} = \frac{1}{15}(\beta R)^2. \tag{11. 18}$$

d) Dies benutzte SHOENBERG (§ 1c) zu einer Bestimmung der Supraleitungskonstanten λ in Abhängigkeit von der Temperatur. Er kannte aus der Menge des eingebetteten Quecksilbers[1] die Susceptibilität χ_0 für den Fall, daß βR für die Kügelchen groß gegen 1 wäre. Tatsächlich war die Susceptibilität nur einige Tausendstel davon (s. Abb. 14) und sank bei Annäherung an den Sprungpunkt noch viel weiter herab. SHOENBERG wußte von den Radien der keineswegs gleich großen Kugeln nur, daß sie im Mittel etwa $0{,}5 \cdot 10^{-5}$ cm groß wären. Um eine Aussage über β zu gewinnen, ging er von Gl. (11. 18) aus.

Bezeichnet man mit dem Index 2,5 die auf $T = 2{,}5°$ bezogenen Werte von χ, β und λ, so gilt danach und nach (6. 7)

$$\frac{\chi}{\chi_{2,5}} = \left(\frac{\beta}{\beta_{2,5}}\right)^2 = \frac{\lambda_{2,5}}{\lambda}$$

Mittels dieser Beziehung konnte SHOENBERG seine Meßpunkte in die Abb. 15 eintragen, welche $\sqrt{\frac{\lambda}{\lambda_{2,5}}}$ als Funktion von T angibt. Sie passen vortrefflich

[1] Daß Quecksilber nicht kubisch kristallisiert, stört bei der Anwendung unserer Gleichungen wohl deswegen nicht, weil es sich hier nicht um Einkristalle handelt.

zu den von APPLEYARD (§ 1c) und seinen Mitarbeitern auf andere Weise (s. § 18e) gefundenen. λ wird bei T_s wie $(T_s - T)^{-1}$ unendlich, da in Abb. 14 ξ wie $(T_s - T)$ zu Null geht.

e) Kennzeichnet man eine Kraftlinie durch den Abstand C, welchen sie im ungestörten Teil des Feldes von der zentralen, auf den Kugelmittelpunkt hinzielenden Kraftlinie hat, so lauten ihre Gleichungen außerhalb der Kugel, wie man leicht aus (11. 6) ableitet:

$$r^2 - \frac{2a}{r} \sin^2\vartheta = C^2, \qquad \varphi = \text{const.}$$

Ein ungefähres Maß der Feldstörung durch die Kugel liefert der Wert C/R für diejenigen Kraftlinien, welche die Kugel gerade am Äquator berühren. Das Ergebnis zeigt die Tabelle.

Tabelle 3.

βR	C/R	a/R^3
∞	0	0,50
20	0,38	0,43
10	0,52	0,41
6	0,65	0,29
5	0,69	0,26
4	0,75	0,22
3	0,82	0,17
2	0,90	0,091
1	0,92	0,077

Die dritte Spalte zeigt die Abnahme des magnetischen Moments.

Alle Kraftlinien mit kleinerem C/R führen durch die Kugel hindurch, alle mit größerem gehen ganz an ihr vorüber.

f) Die Gl. (11.9), (11.10) und (11.11) bleiben für nichtkubisch kristallisierte Körper bestehen, sofern das Ellipsoid des Tensors $\lambda_{\alpha\beta}$ Rotationssymmetrie hat und mit der Rotationsachse in der x-Richtung liegt. Nur ist dann β zu ersetzen durch $\beta_1 = 1/c\sqrt{\Lambda_1}$, wobei Λ_1 den Hauptwert des Tensors für eine zur Symmetrieachse senkrechte Richtung bedeutet.

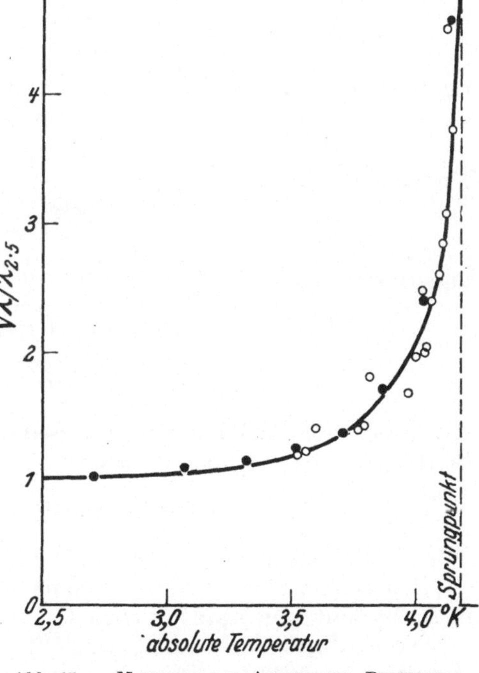

Abb. 15. • Messungen von APPLEYARD, BRISTOW u. H. LONDON. ○ Messungen von SHOENBERG. Die Supraleitungskonstante λ von Quecksilber als Funktion der Temperatur.

§ 12. Dauerströme.

a) Ein klassisches Hilfsmittel zur Behandlung elektromagnetischer Probleme bilden das Vektorpotential $\mathfrak{A}$ in Gemeinschaft mit dem skalaren Potential Φ. Im statischen Fall geht letzteres in das elektrostatische Potential über, hat aber darüber hinaus eine allumfassende Bedeutung. Man definiert $\mathfrak{A}$ und Φ, indem man fordert:

$$\mathfrak{B} = \text{rot}\,\mathfrak{A} \tag{12. 1}$$

$$\mathfrak{E} = -\frac{1}{c}\frac{\partial \mathfrak{A}}{\partial t} - \text{grad}\,\Phi. \tag{12. 2}$$

Daraus folgt nämlich sofort

$$\text{div}\,\mathfrak{B} = 0, \quad \frac{1}{c}\frac{\partial \mathfrak{B}}{\partial t} = \frac{1}{c}\,\text{rot}\frac{\partial \mathfrak{A}}{\partial t} = -\,\text{rot}\,\mathfrak{E},$$

was mit den Grundgleichungen I und III (§ 3) übereinstimmt. Um nun auch die Grundgleichungen II und IV zu erhalten, fügen wir noch eine Festsetzung über div $\mathfrak{A}$ hinzu; durch Angabe der Rotation ist ja kein Vektor vollständig bestimmt. Wir verlangen:

$$\operatorname{div} \mathfrak{A} + \frac{\varepsilon \mu}{c^2} \frac{\partial \Phi}{\partial t} = 0. \tag{12. 3}$$

Nunmehr wird nach (12. 2) und (3. 1)

$$\operatorname{div} \mathfrak{D} = \operatorname{div} (\varepsilon \mathfrak{E}) = \varepsilon \operatorname{div} \mathfrak{E} + (\mathfrak{E}, \operatorname{grad} \varepsilon) = -\frac{\varepsilon}{c} \frac{\partial}{\partial t} \operatorname{div} \mathfrak{A} - \varepsilon \Delta \Phi + (\mathfrak{E}, \operatorname{grad} \varepsilon)$$

$$= \frac{\varepsilon^2 \mu}{c^2} \frac{\partial^2 \Phi}{\partial t^2} - \varepsilon \Delta \Phi + (\mathfrak{E}, \operatorname{grad} \varepsilon);$$

und sofern wir Φ der Bedingung unterwerfen:

$$\Delta \Phi - \frac{2 \mu}{c^2} \frac{\partial^2 \Phi}{\partial t^2} = -\varrho + \frac{1}{\varepsilon} (\mathfrak{E}, \operatorname{grad} \varepsilon), \tag{12. 4}$$

ergibt sich Gl. IV ($\operatorname{div} \mathfrak{D} = \varrho$). Um aber auf Gl. II zu kommen, setzen wir einerseits nach (12. 1) und (12. 3) sowie der Rechnungsregel (6. 1)

$$\operatorname{rot} \mathfrak{B} = \operatorname{rot} \operatorname{rot} \mathfrak{A} = \operatorname{grad} \operatorname{div} \mathfrak{A} - \Delta \mathfrak{A} = -\operatorname{grad} \frac{\varepsilon \mu}{c^2} \frac{\partial \Phi}{\partial t} - \Delta \mathfrak{A}$$

$$= \frac{\varepsilon \mu}{c} \left\{ \frac{\partial \mathfrak{E}}{\partial t} + \frac{1}{c} \frac{\partial^2 \mathfrak{A}}{\partial t^2} \right\} - \frac{1}{c} \frac{\partial \Phi}{\partial t} \operatorname{grad} (\varepsilon \mu) - \Delta \mathfrak{A}, \tag{12. 5a}$$

andererseits nach (3. 2) und II

$$\operatorname{rot} \mathfrak{B} = \operatorname{rot} (\mu \mathfrak{H}) + \operatorname{rot} \mathfrak{M} = \mu \operatorname{rot} \mathfrak{H} + [\operatorname{grad} \mu, \mathfrak{H}] + \operatorname{rot} \mathfrak{M}$$

$$= \frac{\mu}{c} \frac{\varepsilon \partial \mathfrak{E}}{\partial t} + \mathfrak{J} + [\operatorname{grad} \mu, \mathfrak{H}] + \operatorname{rot} \mathfrak{M}. \tag{12. 5b}$$

Als notwendige und hinreichende Bedingung der Gültigkeit von II folgt durch Subtraktion der rechten Seiten von (12. 5a) und (12. 5b):

$$\Delta \mathfrak{A} - \frac{\varepsilon \mu}{c^2} \frac{\partial^2 \mathfrak{A}}{\partial t^2} = -\frac{\mu}{c} \mathfrak{J} - \operatorname{rot} \mathfrak{M} + \frac{1}{c} \frac{\partial \Phi}{\partial t} \operatorname{grad} (\varepsilon \mu) + [\mathfrak{H}, \operatorname{grad} \mu] \tag{12. 6}$$

Wir betrachten die Gl. (12. 4) und (12. 6) als gültig.

$\mathfrak{J}$ bedeutet hier stets die Summe aus Ohmschem und Suprastrom. Denn diese Beziehungen beanspruchen Geltung ausnahmslos für den ganzen Raum.

Die häufigste Anwendung von (12. 1) liegt in der Umformung des Integrals $\int_C \mathfrak{B}_n \, d\sigma$ für eine Fläche C in das Linienintegral $\int_C \mathfrak{A}_s \, ds$ für deren Randkurve gemäß dem STOKESschen Satz:

$$\int_C \mathfrak{B}_n \, d\sigma = \int_C \mathfrak{A}_s \, ds. \tag{12. 7}$$

Den Zusammenhang zwischen der Richtung der Flächennormale n und dem Umlaufssinn des Randintegrals zeigt Abb. 16. Die Berechtigung, Fläche und Randkurve mit demselben Buchstaben zu benennen, liegt darin, daß alle Flächen mit derselben Randkurve wegen $\operatorname{div} \mathfrak{B} = 0$ dasselbe Integral $\int \mathfrak{B}_n \, d\sigma$ ergeben.

b) Wir haben nun den Begriff des mehrfach zusammenhängenden Raumteils zu erklären. In einem einfach zusammenhängenden lassen sich zwei ganz in ihm verlaufende, geschlossene, sonst aber beliebige Kurven C und C' durch *stetige* Deformation, und ohne aus dem Raumteil hinauszutreten, ineinander überführen. Im besonderen läßt sich C auf einen Punkt zusammenziehen, zumal man ja C' als infinitesimalen Umlauf um diesen vorgeben kann. In einem zweifach zusammenhängenden Raumteil gibt es auch solche Kurven, wir nennen sie

Kurven erster Art, daneben aber Kurven zweiter Art, welche sich auf dem genannten Wege zwar ineinander umwandeln lassen, nicht aber in Kurven der ersten Art. Die Reduktion auf einen Punkt ist für sie unmöglich (Abb. 17a). Bei n-fachem Zusammenhange haben wir n-Kurvenarten zu unterscheiden[1]. Alle Kurven derselben Art lassen sich auf dem genannten Wege ineinander verwandeln, nicht aber in Kurven einer anderen Art. Die Möglichkeit der Reduktion auf einen Punkt bleibt den Kurven erster Art vorbehalten. *Allen Kurven einer Art schreiben wir denselben, nach Willkür gewählten, aber im folgenden stets festgehaltenen Umlaufssinn zu. Linienintegrale über solche Kurven sollen diesem Umlaufssinn folgen.*

Im einfach zusammenhängenden Raumteil ist jede endliche und stetige (skalare) Funktion Ψ eindeutig, wenn ihr Gradient eindeutig, etwa durch physikalische Größen, definiert ist; denn es gilt für jede geschlossene Kurve C in ihm

$$\int_C \operatorname{grad}_s \Psi \, ds = \int_C \operatorname{rot}_n \operatorname{grad} \Psi \, d\sigma$$

und die rechte Seite verschwindet wegen $\operatorname{rot} \operatorname{grad} \Psi = 0$. In einem zweifach zusammenhängenden Raumteil aber gilt dieser Schluß, sofern Ψ *nur* in diesem

Abb. 16. Erläuterungen zu Gleichung (12.7).

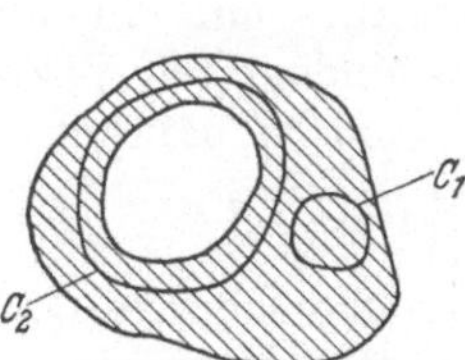

Abb. 17a. Die Kurven C_1 und C_2 in einem zweifach zusammenhängenden Raumteil.

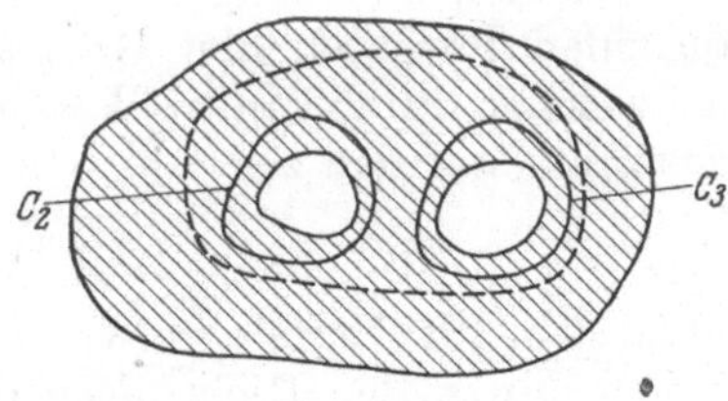

Abb. 17b. Die Kurven C_2 und C_3 in einem dreifach zusammenhängenden Raumteil. Die gestrichelte Kurve läßt sich auf ein C_2 und ein C_3 zurückführen.

Raumteil definiert ist, nur für Kurven erster Art; weil sie sich auf einen Punkt zusammenziehen lassen, kann man nämlich die von ihnen berandeten Flächen ganz in den erwähnten Raumteil verlegen. Für eine Kurve zweiter Art jedoch ragt eine solche Fläche notwendig zum Teil darüber hinaus; sonst wäre ja die Reduktion der Kurve auf einen Punkt möglich. Infolgedessen kann für eine Kurve zweiter Art C_2

$$\int_{C_2} \operatorname{grad}_s \Psi \, ds = S_{C_2}$$

von Null verschieden und sowohl positiv als negativ sein. Jedoch hat das Integral für alle Kurven C_2 den gleichen Wert; es gilt nämlich für zwei Kurven C_2 und C'_2.

$$\int_{C_2} \operatorname{grad}_s \Psi \, ds - \int_{C'_2} \operatorname{grad}_s \Psi \, ds = \int_{C-C'} \operatorname{rot}_n \operatorname{grad} \Psi \, d\sigma,$$

wobei das Flächenintegral sich auf eine von C_2 und C'_2 berandete, *ganz innerhalb liegende* Fläche bezieht und wegen der genannten Rechnungsregel Null ist. Im n-fach zusammenhängenden Raumteil hat $\int \operatorname{grad}_s \Psi ds$ für alle Kurven C_m ($m \leqq n$) einen gemeinsamen, aber für Kurven verschiedener Art verschiedene Werte; für Kurven erster Art ist es nach wie vor Null.

Einen zweifach zusammenhängenden Raumteil macht man einfach zusammenhängend durch einen Querschnitt Q, d. h. eine Fläche, welche jede Kurve C_2

[1] Kurven, die sich durch stetige Deformation innerhalb eines 3 fach zusammenhängenden Bereichs auf je eine Kurve C_2 und eine Kurve C_3 zurückführen lassen, ergeben keine neue Art; das Entsprechende gilt für n-fachen Zusammenhang (Abb. 17b).

einmal und nur einmal schneidet und so als geschlossene Kurve zerstört; denn nun gehören alle noch übrigen geschlossenen Kurven zum ersten Typ. Der Rand von Q liegt notwendig auf der Oberfläche des Raumteils; sonst zerschnitte Q nicht alle Kurven C_2. Im übrigen hat man weitgehende Freiheit bezüglich der Lage und Gestalt von Q. Bei n-fachem Zusammenhang braucht man n-1 Querschnitte Q_m ($m = 2, 3, \ldots n$), um einfachen Zusammenhang herzustellen. Q_m zerschneidet alle geschlossenen Kurven C_m. In dem so zerschnittenen Raumteil gibt es geschlossene Kurven nur noch von der Art C_1; der Skalar Ψ ist in ihm eindeutig. In zwei Punkten 1 und 2, welche zu beiden Seiten des Querschnitts Q_n sich gegenüber- und unmittelbar an Q_m anliegen, unterscheidet sich Ψ um

$$\Psi_2 - \Psi_1 = \int_1^2 \operatorname{grad}_s \Psi\, ds = \int_{C_m} \operatorname{grad} \Psi\, ds = S_{C_m}.$$

Die Punkte 1 und 2 sind dabei so gewählt, daß derjenige Weg von 1 zu 2, welcher nicht den Querschnitt Q_m durchschreitet, die Richtung des Umlaufssinns der Kurven C_m hat. Da S_{C_m} für alle Kurven C_m den gleichen Wert hat, ist dieser Sprung von Ψ für jede Stelle des Querschnitts derselbe.

Solche Zerschneidung ist notwendig, wenn man für einen mehrfach zusammenhängenden Raumteil den Gaussschen Satz auf einen Vektor $\Psi \mathfrak{S}$ anwenden will, welcher durch Multiplikation des eindeutigen Vektors $\mathfrak{S}$ mit Ψ entsteht. Angewandt auf den zerschnittenen Bereich ist nämlich

$$\int \operatorname{div} (\Psi \mathfrak{S})\, d\tau = -\int \Psi \mathfrak{S}_n\, d\sigma,$$

und zu dem Flächenintegral tragen alle Querschnitte Q_m bei, jeder zwei Anteile, die sich nur in den Richtungen der inneren Normale n_1 und n_2 unterscheiden. Für Q_m ergeben beide Anteile zusammen

$$-(\Psi_1 - \Psi_2) \int_{C_m} \mathfrak{S}_{n1}\, d\sigma = S_{C_m} \int \mathfrak{S}_{n1}\, d\sigma. \tag{12. 8}$$

Darin, daß sie sich im allgemeinen nicht fortheben, liegt die Notwendigkeit bewiesen, den Gaussschen Satz direkt nur auf einfach zusammenhängende Raumteile anzuwenden. Nach der Verabredung über die Punkte 1 und 2 hat die Normale n_1 die Richtung des Umlaufssinns der Kurven C_m.

c) Aus (12. 1) und aus der Grundgleichung X

$$\mathfrak{H} = -c \operatorname{rot} \mathfrak{G} \tag{12. 9}$$

folgt

$$\operatorname{rot} (c\,\mathfrak{G} + \mathfrak{A}) = 0.$$

Folglich gibt es einen Skalar Ψ, das Supraleitungspotential, für welchen gilt:

$$c\mathfrak{G} + \mathfrak{A} = \operatorname{grad} \Psi. \tag{12. 10}$$

Da es außerhalb des Supraleiters keinen Suprastrom gibt, ist Ψ nur für das Innere von Supraleitern definiert. *Das Integral*

$$S_C = \int_C \operatorname{grad}_s \Psi\, ds = \int_C (c\,\mathfrak{G}_s + \mathfrak{A}_s)\, ds = c \int_C \mathfrak{G}_s\, ds + \int_C \mathfrak{B}_n d\sigma, \tag{12. 11}$$

hat daher im einfach zusammenhängenden Supraleiter für jede geschlossene Kurve C den Wert Null, im zweifach zusammenhängenden (ringförmigen) ebenfalls für Kurven erster Art, für die der zweiten Art jedoch einen gemeinsamen, im allgemeinen von Null verschiedenen Wert S_{C_2}. Im n-fach zusammenhängenden ergibt die Integration für alle Kurven m-ter Art den gleichen Wert S_{C_m}. Das Leitungspotential Ψ ist periodisch mit den Perioden S_{C_m}.

Wir differentieren (12. 10) nach der Zeit und benutzen die Grundgleichung IX $\frac{\partial \mathfrak{G}}{\partial t} = \mathfrak{E}$, sowie (12. 2); es folgt:

$$-c \operatorname{grad} \Phi = \operatorname{grad} \frac{\partial \Psi}{\partial t}. \qquad (12.\,12)$$

Das Potential Φ existiert im ganzen Raum, ist daher eindeutig. Integration von (12. 12) über eine geschlossene, im Supraleiter verlaufende Kurve C_m ergibt also:

$$\frac{d}{d t}\Big(\int\limits_m \operatorname{grad}_s \Psi\, ds\Big) = \frac{d\, S_{C_m}}{d t} = 0. \qquad (12.\,13)$$

Die Integrale S_C sind unveränderlich, solange der Körper supraleitend bleibt. Der Beweis bleibt in Kraft, wenn sich bei einem Phasenübergang die supraleitende Substanz auf Kosten normalleitender vermehrt, der Ring etwas dicker wird, oder wenn sie sich vermindert.

Diese von F. LONDON stammenden Sätze enthalten die Theorie des Dauerstroms. Die Versuche darüber sind alle mit zweifach zusammenhängenden, d. h. ringförmigen Supraleitern gemacht; auch eine in sich geschlossene Spule stellt einen solchen dar. Zudem war der Probekörper stets dick gegenüber der Schutzschicht.

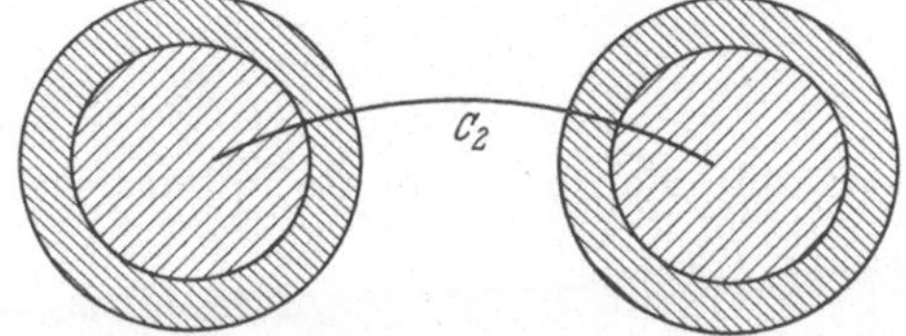

Abb. 18. Lage der Fläche C_2 bei einem supraleitenden Ring. Eng schraffiert: Schutzschicht; Weit schraffiert: Geschützter Bereich.

Verlegen wir nun die Kurve C_2 in sein feldfreies Innere, so ist auf ihr $\mathfrak{G} = 0$ und (12. 11) folgt:

$$S_C = \int_C \mathfrak{B}_n\, d\sigma \qquad (12.\,14)$$

Dann sagt (12. 13) aus: *Der Induktionsfluß durch eine Fläche, welche die Bohrung des Ringes schließt und* (was im allgemeinen wenig mehr hinzutut) *durch die Schutzschicht ins feldfreie Innere vorspringt, ist unveränderlich* (Abb. 18).

Hat man also den Ring oberhalb des Sprungpunktes in ein Magnetfeld gebracht und hat man bei nachfolgender Abkühlung bis zur Supraleitung einen bestimmten Induktionsfluß durch die Bohrung „eingefangen“, so bleibt dieser bis zur Aufhebung der Supraleitung bestehen, er ist „eingefroren“. Schaltet man das äußere Feld ab, so wirkt der Ring vermöge dieses Induktionsflusses als permanenter Magnet. Die große Leistung der LONDONschen Theorie besteht darin, daß sie dieses „Einfrieren“ logisch vereint mit dem Meißnereffekt, daß ein Feld im Inneren des Supraleiters nicht „einfriert“, sondern hinausgedrängt wird.

Bringt man den Ring supraleitend, aber stromfrei, in ein Magnetfeld, so gehen die Kraftlinien nach (12. 14) um ihn herum; seine Bohrung bleibt so gut wie feldfrei.

Es sei aber nochmals darauf hingewiesen, daß (12. 14) nur für „dicke“ Ringe gilt. Für „dünne“ ist das Linienintegral in S_C nicht zu vernachlässigen; in solchen friert der Induktionsfluß nicht ein. Nun ist dicht unterhalb des Sprungpunktes, wie schon oft dargelegt, jeder Körper „dünn“. Der Induktionsfluß, welchem Gl. (12. 14) Unveränderlichkeit zuspricht, ist daher nicht notwendig identisch mit dem, welcher durch die Bohrung ging, als der Ring noch nicht supraleitete.

Vom Ohmschen Strom war in diesen Erörterungen nicht die Rede. Das bedeutet nicht, daß er für die besprochenen Vorgänge Null wäre oder daß wir ihn vernachlässigt hätten. Vielmehr sind unsere Schlüsse ganz streng und unabhängig davon, wie stark er bei den in Betracht gezogenen Zustandsänderungen auftritt. Genau genommen muß er dabei stets seine Rolle als Energieverbraucher spielen, um so mehr, je schneller diese Änderungen vor sich gehen. Daß bei den tatsächlich ausgeführten Versuchen nichts davon zu spüren war, liegt nur an der relativ geringen Änderungsgeschwindigkeit[1].

d) Am Beispiel des Hohlzylinders aus kubisch kristallisiertem Material vom inneren Radius R und dem inneren Felde H_i (§ 9a) wollen wir unter der Annahme, daß er „dick“ ist, die Periode

$$S_C = \int \mathfrak{H}_n \, d\sigma = 2\pi \int_0^\infty r\, \mathfrak{H}_z \, dr$$

ausrechnen. Die Integration nach r sollte sich eigentlich bis zu einem im geschützten, feldfreien Raum im Supraleiter liegenden Kreise erstrecken. Rechnerisch kommt dies darin zum Ausdruck, daß wir die obere Grenze als unendlich groß betrachten.

Da nun für $r < R$ $\mathfrak{H}_z = H_i$, für $r > R$ aber nach (10. 6)

$$\mathfrak{H}_z = H_i \frac{\boldsymbol{H}_0(i\beta r)}{\boldsymbol{H}_0(i\beta R)}$$

ist, ergibt sich nach der Rechnungsregel

$$\int_x^\infty \zeta\, \boldsymbol{H}_0(\zeta)\, d\zeta = -x\, \boldsymbol{H}_1(x):$$

$$S_C = 2\pi R^2 H_i \left[\frac{1}{2} + \frac{1}{\beta R} \frac{(-\boldsymbol{H}_1(i\beta R))}{i\boldsymbol{H}_0(i\beta R)}\right].$$

Der zweite Summand der Klammer ist, wie es sein muß, positiv reell, weil dies schon für $i\boldsymbol{H}_0(i\beta R)$ und $-\boldsymbol{H}_1(i\beta R)$ gilt. Für große βR verschwindet er gegen den ersten, weil der Bruch mit den HANKELschen Funktionen dabei gleich 1 wird. Dafür überwiegt er bei kleinen βR, ja er wächst mit abnehmendem βR schließlich über alle Grenzen, denn dabei geht $-\boldsymbol{H}_1(i\beta R)$ in $\frac{2}{\pi}(\beta R)^{-1}$, $i\boldsymbol{H}_0(i\beta R)$ in $-\frac{2}{\pi}\log(\beta R)$ über. Es wird also

$$S_C = \frac{2\pi H_i}{\beta^2(-\log(\beta R))}. \qquad (12.\ 15)$$

[1] Im mehrfach zusammenhängenden Körper mit Dauerstrom ist das Supraleitungspotential Ψ dem Text zufolge sicher nicht überall Null. Verschwindet es aber vielleicht identisch für den einfach zusammenhängenden Supraleiter im statischen Magnetfeld?

Diese Frage ist zu verneinen, sofern wir unter $\mathfrak{A}$ das in a) eingeführte, das *ganze* Magnetfeld beschreibende Potential verstehen.

Das sieht man schon beim kubischen Kristall, bei welchem besonders einfache Verhältnisse vorliegen, weil $\mathfrak{J}^l$ und $\mathfrak{E}$ gleichgerichtet sind. Denn nach (12. 10) und der Grenzbedingung $\mathfrak{J}^l_n = 0$ (also auch $\mathfrak{E}_n = 0$) muß

$$\frac{\partial \Psi}{\partial n} = \mathfrak{A}_n$$

sein; und es ist bestimmt nicht allgemein $\mathfrak{A}_n = 0$.

Nun könnte man freilich unter Verzicht auf die Darstellung des gesamten Magnetfeldes für das Innere des Supraleiters allein ein Potential

$$\mathfrak{A}' = \mathfrak{A} - \operatorname{grad} \Psi$$

einführen, für welches gälte:

$$c\,\mathfrak{E} + \mathfrak{A}' = 0.$$

Gl. (12. 1) bliebe bestehen in der Form $\mathfrak{H} = \operatorname{rot} \mathfrak{A}'$. Während aber nach (12. 3) für stationäre Felder

$$\operatorname{div} \mathfrak{A} = 0$$

ist, ließe sich $\operatorname{div} \mathfrak{A}' = 0$ aus (12. 10) nur für kubische Kristalle folgern, weil für diese aus $\operatorname{div} \mathfrak{J}^l = 0$ auch $\operatorname{div} \mathfrak{E} = 0$ folgt. Schon aus dieser Beschränkung scheint uns hervorzugehen, daß dem Potential $\mathfrak{A}'$ keine besondere Bedeutung zukommt.

S_C verschwindet also bei $R = 0$, weil dann ja auch der Hohlzylinder in den einfach zusammenhängenden Vollzylinder übergeht.

Denkt man sich bei einem gegebenen Hohlzylinder die Temperatur gesteigert, so nimmt λ zu, β und βR folglich ab, und zwar bei Erreichung des Sprungpunktes T_s bis zu Null. Der Faktor von H_i in (12. 15) wächst dabei über alle Grenzen, und da S_C nach dem obigen unverändert bleibt, nimmt H_i entsprechend ab. Der physikalische Grund dafür liegt in der Zunahme der Eindringtiefe β^{-1}. Indem das Feld in den Supraleiter eindringt, breitet es sich über eine immer größere Fläche aus, muß also wegen der Konstanz des Induktionsflusses S_C an Stärke abnehmen.

Das Supraleitungspotential Ψ ist wegen der axialen Symmetrie der Anordnung proportional zum Polarwinkel ϑ; also

$$\Psi = \frac{\vartheta}{2\pi} S_C.$$

Danach genügt Ψ der Potentialgleichung[1] $\Delta\Psi = 0$. Dies muß nach (12. 10) und (12. 3) für alle stationären Strömungen in kubisch kristallisierenden Supraleitern so sein, weil für diese aus $\operatorname{div}\mathfrak{J} = 0$ folgt: $\operatorname{div}\mathfrak{E} = 0$.

e) Der Ring hat vermöge seines Dauerstroms ein magnetisches Moment. Hängt dessen Richtung noch davon ab, auf welche der verschiedenen möglichen Arten wir den Dauerstrom hergestellt haben? Auf diese und ähnliche Fragen antwortet der Eindeutigkeitssatz für einen Supraleiter im stationären Felde. Wir leiten ihn zunächst unter der Voraussetzung ab, daß ihm nirgends Ohmscher Strom von außen zugeführt wird.

Dazu multiplizieren wir (12. 10) skalar mit $\frac{1}{2c}\mathfrak{J}^l$ und integrieren über das Volumen eines beliebigen, homogenen oder inhomogenen Supraleiters, worauf der Index s unter dem Integralzeichen hinweisen mag. Dies ergibt

$$\frac{1}{2}\int_s (\mathfrak{J}^l\mathfrak{E})\, d\tau + \frac{1}{2c}\int_s (\mathfrak{A}\mathfrak{J}^l)\, d\tau = \frac{1}{2c}\int_s (\mathfrak{J}^l, \operatorname{grad}\Psi)\, d\tau. \qquad (12.\ 16)$$

Nach der Rechnungsregel

$$(\mathfrak{J}^l \operatorname{grad}\Psi) + \Psi \operatorname{div}\mathfrak{J}^l = \operatorname{div}(\Psi\mathfrak{J}^l)$$

läßt sich das Integral rechts umwandeln in

$$-\frac{1}{2c}\int_s (\Psi \operatorname{div}\mathfrak{J}^l)\, d\tau - \frac{1}{2c}\int \Psi\mathfrak{J}^l_n\, d\sigma.$$

Nun ist aber wegen der vorausgesetzten Stationarität im Inneren nach Grundgleichung VI $\operatorname{div}\mathfrak{J}^l = 0$, an der Oberfläche nach (3. 7) $\mathfrak{J}^l_n = 0$; es bleibt an dem Ausdruck nichts übrig, als der Anteil der unter Umständen anzubringenden Querschnitte. Wir nehmen den Supraleiter als zweifach zusammenhängend an, um zunächst nur einen davon in Betracht ziehen zu müssen. Nach (12. 8) ist sein Anteil

$$-\frac{1}{2c}(\Psi_1 - \Psi_2)\int_Q \mathfrak{J}^l_{n_1}\, d\sigma = \frac{1}{2c} S_C \int_Q \mathfrak{J}^l_{n_1}\, d\sigma. \qquad (12.\ 17)$$

Wir setzen

$$\int_Q \mathfrak{J}^l_{n_1}\, d\sigma = J^l. \qquad (12.\ 18)$$

Da n_1 die Richtung des Umlaufssinns der Kurven C_2 hat, *ist J^l, dessen Absolutwert die Stärke des Stroms im Ring angibt, positiv, falls dieser in der Richtung des*

[1] ϑ ist nämlich der imaginäre Teil der komplexen Funktion $\log(x + iy)$.

Umlaufssinns fließt, im anderen Fall negativ. Gl. (12. 16) verwandelt sich damit in

$$\frac{1}{2}\int_s (\mathfrak{J}^l\,\mathfrak{G})\,d\tau = \frac{1}{2c}\,S_C\,J^l \cdot - \frac{1}{2c}\int_s (\mathfrak{A}\,\mathfrak{J}^l)\,d\tau. \qquad (12.19)$$

Die magnetische Energie des Feldes ist andererseits nach (5. 8) und (3. 2)

$$\frac{1}{2}\int_r \mu\,\mathfrak{H}^2\,d\tau = \frac{1}{2}\int_r (\mathfrak{H}\,\mathfrak{B})\,d\tau - \frac{1}{2}\int_p (\mathfrak{H}\,\mathfrak{M})\,d\tau.$$

Wo der Index r steht, ist die Integration über den ganzen Raum, wo p steht, nur über die permanenten Magnete des Feldes zu erstrecken. Nach (12. 1) und der Rechnungsregel (5. 1) ist

$$\tfrac{1}{2}\int_r (\mathfrak{H}\,\mathfrak{B})\,d\tau = \tfrac{1}{2}\int_r (\mathfrak{H}\,\mathrm{rot}\,\mathfrak{A})\,d\tau = \tfrac{1}{2}\int_r (\mathfrak{A}\,\mathrm{rot}\,\mathfrak{H})\,d\tau - \tfrac{1}{2}\int [\mathfrak{A}\,\mathfrak{H}]_n d\,\sigma.$$

Das Oberflächenintegral verschwindet für die unendliche Kugel, weil sich schon $\mathfrak{H}$ auf ihr wie R^{-3} verhält. An Unstetigkeitsflächen sind die Tangentialkomponenten von $\mathfrak{H}$ und $\mathfrak{A}$ stetig, also auch die Normalkomponente $[\mathfrak{A}\,\mathfrak{H}]_n$, welche nur von ihnen abhängt, so daß auch diese nichts beitragen. Folglich gilt die Gleichung

$$\frac{1}{2}\int_r \mu\,\mathfrak{H}^2\,d\tau = \frac{1}{2c}\int_r (\mathfrak{A}\,\mathfrak{J})\,d\tau - \tfrac{1}{2}\int_p (\mathfrak{H}\,\mathfrak{M})\,d\tau. \qquad (12.20)$$

Elektrischer Strom fließt nun erstens im Supraleiter als Suprastrom, zweitens als Ohmscher Strom in den normalleitenden Spulen, welche das Feld neben den permanenten Magneten und dem Dauerstrom erregen; wir deuten auf sie hin mittels des Index e unter dem Integralzeichen. Die entsprechende Zerlegung der rechten Seite von (12. 20) ergibt:

$$\frac{1}{2}\int_r \mu\,\mathfrak{H}^2\,d\tau = \frac{1}{2c}\int_s (\mathfrak{A}\,\mathfrak{J}^l)\,d\tau + \frac{1}{2c}\int_e (\mathfrak{A}\,\mathfrak{J}^0)\,d\tau - \tfrac{1}{2}\int_p (\mathfrak{H}\,\mathfrak{M})\,d\tau.$$

Addiert man aber diese Gleichung zu (12. 19), so erhält man:

$$\frac{1}{2}\int_s (\mathfrak{J}^l\,\mathfrak{G})\,d\tau + \frac{1}{2}\int_r \mu\,\mathfrak{H}^2\,d\tau = \frac{1}{2c}\left\{S_c\,\mathfrak{J}^l + \int_e (\mathfrak{A}\,\mathfrak{J}^0)\,d\tau\right\} - \frac{1}{2}\int_p (\mathfrak{H}\,\mathfrak{M})\,d\tau. \qquad (12.21)$$

Links steht nach (5. 8) die gesamte Feldenergie U; sie ist notwendig positiv oder Null, letzteres nur dann, wenn *überall* $\mathfrak{J}^l = 0$ und $\mathfrak{H} = 0$ ist. Die Formel enthält den Satz: *Die Ringperiode S_C, sowie die Ohmschen Ströme und die permanenten Magnete bestimmen das Magnetfeld und die Suprasträmung eindeutig.* Denn nehmen wir zwei verschiedene, darin übereinstimmende Felder an, so verschwindet für das Differenzfeld, für welches ja auch die Differentialgleichungen der LONDONschen Theorie, also auch Gl. (12. 21) gelten, die rechte Seite dieser Gleichung.

Beim einfach zusammenhängenden Supraleiter fehlt rechts der erste Summand; er ist ohne äußere Felderregung stromfrei, und im anderen Fall bestimmt die felderregende Apparatur den Zustand eindeutig. Dies verbürgt die Eindeutigkeit der Lösungen auch derjenigen Beispiele in den §§ 10 und 11, welche nicht schon unter den Eindeutigkeitssatz von (7. 4) fallen. Für den Ring jedoch bestätigt Gl. (12. 21) die Möglichkeit eines selbständigen Dauerstroms. Dieser ist aber durch Angabe von S_C *in allen Einzelheiten* festgelegt; sein magnetisches Moment z. B. ist mit einem nur von der Form des Ringes und den Ortsfunktionen $\lambda_{\alpha\beta}$ abhängigen vektoriellen Faktor $\mathfrak{P}$ gleich $S_C \cdot \mathfrak{P}$. Es kann nur zwei entgegengesetzte Richtungen annehmen; welche, entscheidet das Vorzeichen von S_C. Die Stromrichtung bestimmt sich, sofern nur der Dauerstrom und nichts anderes das Feld erregt, so, daß $S_C J^l$ positiv ausfällt, d. h. fließt in Abb. 16 der Strom in Richtung des Umlaufssinns, so verlaufen die durch den Ring führenden magnetischen Feldlinien in der Richtung von n, also von unten auf den Beschauer zu. Bringt man aber den Ring mit Dauerstrom in ein fremdes Magnetfeld, so überlagert sich dem eigenen Strom ein induzierter Strom. Dann kann, trotz der Konstanz von S_C, die resultierende Stromstärke J^l zu Null werden oder in die entgegengesetzte Richtung umschlagen.

Bei der Erregung des Dauerstroms nach dem schon mehrfach erwähnten Verfahren, den Körper normalleitend einem Magnetfeld auszusetzen, dann zur Supraleitung abzukühlen und schließlich das Magnetfeld abzuschalten, hat man nach Eintritt der Supraleitung zunächst zwar einen erheblichen Induktionsfluß durch den Ring, aber keinen oder sehr schwachen Strom in ihm. Welche der beiden Möglichkeiten sich verwirklicht, hängt von den schwer übersehbaren Vorgängen während des Abkühlens ab. Beim Abschalten bleibt der Induktionsfluß unverändert, aber der Strom steigt bis zu der Stärke, welche durch den Induktionsfluß und die Form des Körpers gegeben ist.

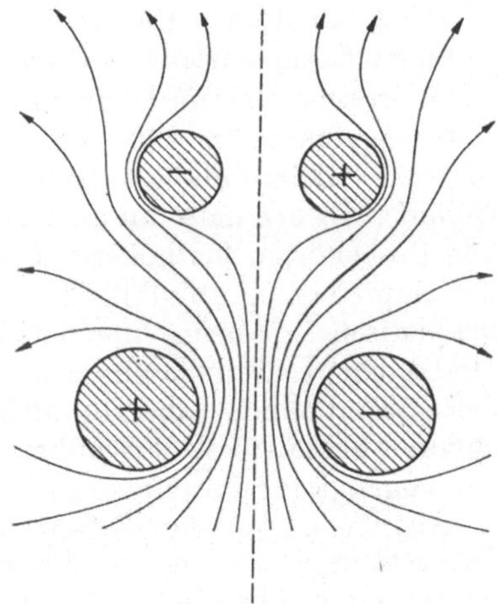

Abb. 19. Zwei supraleitende Ringe mit magnetischen Feldlinien.

Die Verallgemeinerung von (12. 21) auf einen n-fach zusammenhängenden Supraleiter ergibt einfach den Ersatz des einen Summanden $S_C J^l$ durch $n - 1$ derartige Summanden. Entsprechendes gilt, wenn mehrere getrennte Supraleiter am Felde beteiligt sind.

Jeder Supraleiter mit Dauerstrom erfährt vermöge seines magnetischen Moments in einem äußeren, homogenen Felde ein Drehmoment zusätzlich zu dem, welches er schon seiner Form wegen erfährt[1].

f) Zwei Supraleiter mit den Dauerströmen J und J' sollen sich langsam[2] gegeneinander bewegen. Die Kräfte zwischen ihnen leisten dabei Arbeit, und zwar mangels jeder anderen Energiequelle auf Kosten der Energie $S_C J^l + S'_C J'^l$; da nun S'_C und S_C nach (12. 14) konstant sind, ist eine Energieänderung nur infolge von Änderungen der Stromstärken möglich.

Die beiden Supraleiter mögen etwa jeder ein Ring sein, wie er durch Rotation eines Kreises um eine ihn nicht schneidende Symmetrieachse entsteht (Abb. 19). Sie mögen so zueinander liegen, daß ihre Symmetrieachsen zusammenfallen, und zunächst sehr großen Abstand voneinander haben. In diesem Zustand fließe im ersten Ring der Strom J_1, im zweiten keiner. Wir nähern die Ringe. Dann verlaufen die Kraftlinien, wie es die Abbildung qualitativ andeutet. Fließt der Strom J_1 auf der rechten Seite, bei dem Minuszeichen, nach unten, so fließt im zweiten Ring nun ein Strom J_2 auf der rechten Seite nach oben. Das folgt aus der Regel (§ 7c), daß innere Normale des Leiters, Strom und magnetische

[1] Warum gibt es in der Theorie der Ohmschen Ströme und ihrer Magnetfelder keinen der Gleichung (12. 21) entsprechenden Eindeutigkeitssatz? Weil sich bei ihnen die Frage der Stromverteilung eindeutig aus der Elektrostatik ergibt, und weil man nach Lösung dieses Problems eindeutig von den Stromdichten auf das Magnetfeld schließt. Eine solche Zerfällung des Problems in zwei unabhängig zu behandelnde Teile ist beim Supraleiter unmöglich.

[2] d. h. so, daß der Zustand in jedem Zeitpunkt quasistationär ist. Andernfalls könnten Ohmsche Ströme und Joulesche Wärme ins Spiel kommen.

Feldstärke ein Rechtssystem bilden. Die antiparallelen Ströme J_1 und J_2 stoßen sich ab, die Annäherung der Ringe erforderte Arbeitsaufwand und bewirkte Zunahme der Feldenergie $S_{C_1} \cdot J_1$, also Anwachsen von J_1. Aber auch J_2 nimmt dabei zu, weil die Kraftlinien sich am zweiten Ring um so stärker zusammendrängen, also eine um so größere Feldstärke hervorrufen, je geringer der Abstand ist.

Floß schon bei unendlichem Abstand im zweiten Ring der zu J_1 gleichgerichtete Strom J_2^0, so fließt bei geringerem Abstand der Strom $J_2^0 - J_2$, und je nachdem dieser Ausdruck positiv oder negativ ist, besteht zwischen den Ringen Anziehung oder Abstoßung. Es gibt unter Umständen eine Entfernung, bei der $J_2^0 - J_2 = 0$ ist. In ihr kompensieren sich Anziehung und Abstoßung. Es liegt ein stabiles Gleichgewicht vor, wenigstens gegenüber der Bewegung längs der Achse; denn weitere Annäherung führt zur Abstoßung, Vergrößerung der Entfernung zur Anziehung.

Auch in JUSTIs Dauerstrom-Elektromagneten nimmt die Stromstärke ab, wenn er Eisen anzieht, während der Induktionsfluß konstant bleibt (§ 1b).

g) In scheinbarem Widerspruch zu diesen Ausführungen steht ein berühmter Versuch vom Jahre 1924[1]: KAMERLINGH-ONNES rief nämlich einen Dauerstrom in einer Blei-Hohlkugel hervor, also in einem einfach zusammenhängenden Gebilde. Er erzeugte ihn mittels des schon öfter erwähnten Verfahrens, daß man den Probekörper bei höherer Temperatur in ein Magnetfeld bringt und dann bis zur Supraleitung abkühlt. Die Kugel zeigte nach Abschalten dieses Feldes ein magnetisches Moment und erfuhr in jedem fremden Felde das entsprechende Drehmoment. Daraus nun schloß jener große Forscher auf „Unverschiebbarkeit der Strombahnen“ im supraleitenden Körper. Wären diese durch die vom äußeren Felde auf sie ausgeübten Kräfte verschiebbar, so sagte er sich, so könnte die Kugel, deren Form ja keine Vorzugsrichtung hat, diesen Kräften nicht folgen.

Auf Grund späterer Erfahrungen kann man die folgende Deutung für diesen Tatbestand geben: Die Abkühlung der in flüssiges Helium getauchten Hohlkugel schritt nicht überall gleich schnell vor. Es wurde zunächst eine ringförmige Zone supraleitend (vielleicht auch mehrere) während der Rest der Kugel normalleitend blieb. Auch bei Erreichung des Temperaturgleichgewichts wurde nicht die ganze Kugel supraleitend; denn nachdem jene Zone einmal einen gewissen Induktionsfluß eingefangen hatte, blieb dieser unverändert in dem nicht-supraleitenden, im „Zwischenzustand“ (§ 19) befindlichen Rest; mit der fortschreitenden Zusammendrängung der Kraftlinien wuchs die Feldstärke, schließlich über den Schwellenwert H_k, und verhinderte die völlige Herstellung des supraleitenden Zustandes. Tatsächlich floß der Dauerstrom daher in einem Ring (oder mehreren Ringen). Sein magnetisches Moment haftete fest an dem Ring, daher auch an der Kugel, und so mußte diese sich in einem äußeren Felde einstellen. Dies folgt zwingend aus dem Eindeutigkeitssatz.

War somit KAMERLINGH-ONNES in der Deutung seines Versuchs fehlgegangen, so war doch seine Fragestellung, ob die Stromlinien sich im Supraleiter unter der Wirkung magnetischer Kräfte nicht verschieben, durchaus berechtigt. Davon handelt § 13.

h) Die Beispiele dieses Paragraphen und Abschnitt d setzten voraus, daß dem zweifach zusammenhängenden Supraleiter kein Ohmscher Strom von außen zugeführt wird. Jetzt aber wollen wir in den Punkten a und b seiner Oberfläche zwei normalleitende Drähte angelötet denken, durch welche ein Strom J bei a zu-, bei b abfließt (Abb. 20). Dieser verteilt sich im Supraleiter so, daß auf dem einen Wege von a nach b, welcher im Richtungssinn mit dem willkürlich, aber

[1] KAMERLING-ONNES, H.: Comm. Leiden, Suppl. 50a (1924). Vgl. die Anmerkung zu S. 27.

ein für allemal zu wählenden Umlaufssinn des Ringes übereinstimmen mag, ein Strom J' fließt, auf dem anderen ein Strom J''. Beide betrachten wir als positiv, wenn sie von a nach b fließen. Wir wissen aber aus § 2, daß der eine auch negativ sein kann. Dies gilt besonders dann, wenn sich dem zugeführten Strom J ein Dauerstrom überlagert. Auf alle Fälle ist

$$J' + J'' = J. \tag{12. 22}$$

Diese Abänderung unserer Annahmen wirkt sich nicht aus auf Gl. (12. 10). Deswegen bleiben auch die Gl. (12. 11) und (12. 13) samt den aus ihnen folgenden Sätzen bestehen. Aber das rechts in (12. 16) auftretende Integral

$$\frac{1}{2c}\int (\mathfrak{J}^l, \operatorname{grad} \Psi)\, d\tau = -\frac{1}{2c}\int_s \Psi \mathfrak{J}^l_n\, d\sigma$$

erhält jetzt einen anderen Wert, weil nicht mehr überall längs der Oberfläche $\mathfrak{J}^l_n = 0$ ist. Den Querschnitt, der einen Beitrag zu ihm liefert, denken wir uns

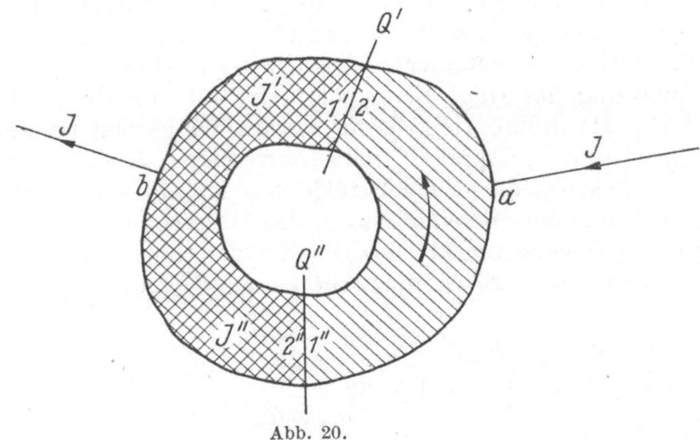

Abb. 20.

zuerst im Zweige des Stroms J' gezogen; er heiße Q', und die Funktion Ψ trage für diesen Fall ebenfalls den Strich als Kennzeichen (Ψ'). Dann ist dieses Integral gleich

$$-\frac{1}{2c}(\Psi'_a - \Psi'_b)\, J + \frac{1}{2c} S_C\, J'.$$

Verlegen wir aber den Querschnitt, der nun Q'' heiße, in den Zweig des Stroms J'', und nennen wir jetzt jene Funktion Ψ'', so können wir ebenso für das Flächenintegral schreiben:

$$-\frac{1}{2c}(\Psi''_a - \Psi''_b)\, J - \frac{1}{2c} S_C\, J''.$$

(Hier trägt J'' das Minuszeichen, weil ein positives J'' nach Annahme dem Umlaufsinn des Ringes entgegengerichtet ist.) Beide Werte sind einander gleich, weil ihre Differenz

$$\frac{1}{2c}[((\Psi'_a - \Psi''_a) - (\Psi'_b - \Psi''_b))\, J - (J' + J'')\, S_C] = 0$$

ist. Dies sieht man unter Berücksichtigung von (12. 22) am einfachsten, wenn man, die Unbestimmtheit einer additiven Konstanten in der Definition der Funktion Ψ ausnutzend, $\Psi'_a = \Psi''_a$ macht; dann stimmen nämlich Ψ' und Ψ'' in dem ganzen, in Abb. 20 einfach schraffierten Bereich zwischen den beiden Querschnitten, der den Punkt a enthält, überein, während in dem anderen, doppelt schraffierten Bereich zwischen den Querschnitten, dem Punkt b angehört, überall $\Psi'' - \Psi' = S_C$ ist.

An die Stelle von (12. 21) tritt jetzt:

$$\begin{aligned} &\frac{1}{2}\int_s (\mathfrak{J}^l\,\mathfrak{G})\,d\tau + \frac{1}{2}\int_r \mu\,\mathfrak{H}^2\,d\tau \\ &= \frac{1}{2c}\Big[(\Psi'_b - \Psi'_a)\,J + S_C\,J' + \int_e (\mathfrak{A}\,\mathfrak{J}^0)\,d\tau\Big] - \frac{1}{2}\int_p (\mathfrak{H}\,\mathfrak{M})\,d\tau \end{aligned} \qquad (12.\,23)$$

oder auch

$$\begin{aligned} &\frac{1}{2}\int_s (\mathfrak{J}^l\,\mathfrak{G})\,d\tau + \frac{1}{2}\int_r \mu\,\mathfrak{H}^2\,d\tau \\ &= \frac{1}{2c}\Big[(\Psi''_b - \Psi''_a)\,J - S_C\,J'' + \int_e (\mathfrak{A}\,\mathfrak{J}^0)\,d\tau\Big] - \frac{1}{2}\int_p (\mathfrak{H}\,\mathfrak{M})\,d\tau. \end{aligned}$$

Der S_C enthaltende Summand erhält das positive Vorzeichen, wenn der darin als Faktor auftretende Strom, sofern er als positiv zu rechnen ist, in der Umlaufsrichtung des Ringes fließt, sonst das negative. Das steht in Übereinstimmung mit dem Vorzeichen des entsprechenden Gliedes in (12. 21).

Diese Änderung überträgt sich aber nicht auf den Eindeutigkeitssatz, den wir an Gl. (12. 21) anknüpften. Denn zu den Ohmschen Strömen des Feldes gehört ja auch der dem Supraleiter zugeführte Strom J. Auch J wird Null, wenn man aus zwei Feldern, die in der Periode S_C, den Ohmschen Strömen und den permanenten Magneten übereinstimmen, das Differenzfeld bildet.

i) Für einen Dauerstrom als einzigen Erreger eines Feldes ist nach (12. 21) die Gesamtenergie $U = S_C J^l$. S_C aber ist zu J^l proportional, wir schreiben

$$\frac{1}{c}\,S_C = p^{ll}\,J^l. \qquad (12.\,24)$$

Dann ersehen wir aus der Gleichung

$$U = \tfrac{1}{2}\,p^{ll}\,J^{l2}, \qquad (12.\,25)$$

daß p^{ll} der Selbstinduktionskoeffizient des Ringes ist. Er unterscheidet sich von dem Selbstinduktionskoeffizienten eines Ohmschen Leiters dadurch, daß in U, also auch in p^{ll}, ein positiver Summand steckt, herrührend von der Energie des Suprastroms. Jedoch ist dieser meist ganz geringfügig gegen den Anteil der magnetischen Energie. Denn die Supraleitung findet meist nur in dünnen Schichten statt, in denen die Energiedichte wegen der Stetigkeit der Komponenten von $\mathfrak{H}$ und nach (7. 37) von höchstens derselben Größenordnung ist, wie in den anliegenden Teilen des Außenraumes[1]. Diesem vergrößernden Einfluß gegenüber aber steht der bei dicken Körpern weit mächtigere verringernde Einfluß der Feldverdrängung. Quantitativ läßt sich dieser Gedanke nur an Beispielen durchführen, da sich in der Regel auch das äußere Magnetfeld an einem Supraleiter von dem an einem Ohmschen Leiter unterscheidet.

Für dicke Supraleiter folgt aus (12. 14) und (12. 24) der Satz: *Der Selbstinduktionskoeffizient ist gleich dem durch die Lichtgeschwindigkeit c und die Stromstärke dividierten Induktionsfluß durch die eigene Strombahn.* Für dünne Supraleiter wäre er gemäß (12. 11) zu korrigieren. Für den Normalleiter gilt dieser Satz bekanntlich nicht, weil man den Induktionsfluß durch die eigene Strombahn nicht definieren kann, sofern man diese als räumlich auffaßt; faßt man sie aber als unendlich dünn auf, so ist der Induktionsfluß nicht mehr endlich.

---

[1] Bei einem supraleitenden Kabel freilich, dessen supraleitende Außenseite als Rückleitung dient, und von dem inneren Leiter nur geringen Abstand hat, könnte die Supraleitungsenergie fast die Hälfte des Selbstinduktionskoeffizienten bedingen.

Liegen außer dem Dauerstrom noch Ohmsche Ströme der Stärke J_α im Felde, so wird

$$S_C = p^{ll} J^l + \sum_a p^l_\alpha J_\alpha$$

eine lineare Funktion aller Stromstärken. Da ferner das Vektorpotential $\mathfrak{A}$ sich in jedem Raumpunkte aus Anteilen der einzelnen Stromstärken linear zusammensetzt, erhalten wir für die Feldenergie nach (12. 21), wo wir den auf die Magnete bezüglichen Teil fortlassen,

$$U = \frac{1}{2} \sum_{ik} p_{ik} J_i J_k$$

Die Summation erstreckt sich über alle Ohmschen Ströme und den Dauerstrom. Bei den gegenseitigen Induktionskoeffizienten des letzteren mit den Ohmschen Strömen gibt es dieselben zwei Einflüsse der Supraleitung, die wir beim Selbstinduktionskoeffizienten p^{ll} hervorhoben. Doch kann man jetzt nichts Allgemeines über das Vorzeichen des Feldverdrängungseinflusses aussagen.

Im übrigen werden auch die Selbstinduktionen und die gegenseitigen Induktionskoeffizienten Ohmscher Ströme durch die Anwesenheit eines Supraleiters beeinflußt, wie sie ja auch von der Verteilung der magnetischen Permeabilität in ihrer Nähe abhängen. Darauf beruht ein von H. G. B. CASIMIR[1] ersonnenes, von E. LAURMANN und D. SHOENBERG[2] erfolgreich benutztes Verfahren, die Eindringtiefe β^{-1}, und damit die Konstante λ, wenn nicht absolut zu messen, so doch ihren Gang mit der Temperatur zu bestimmen. Man wickelt um einen supraleitenden Zylinder ein langes Solenoid, eng um deren Mitte eine kürzere Induktionsspule und bestimmt mittels Wechselstrom den gegenseitigen Induktionskoeffizienten. Je größer die Eindringtiefe, um so größer ist der Induktionsfluß, den der Strom im Solenoid durch die Meßspule sendet, und um so größer der Induktionskoeffizient.

Daß dabei zwei verschiedene Quecksilberproben etwas verschiedene Resultate ergaben, ist ein Hinweis auf den Tensorcharakter der charakteristischen Konstanten λ.

§ 13. Die Maxwellschen und die Londonschen Spannungen.

a) KAMERLING-ONNES hat 1924 (s. § 12g) die Frage gestellt, ob sich die Suprströmung nicht unter dem Einfluß fremder Magnetfelder im Supraleiter verschiebt. Er ging jedenfalls von der Vorstellung aus, daß der sie tragende Mechanismus (im stationären Zustand) von der eigentlichen Materie, den Restatomen und den Trägern des Ohmschen Stroms, keine Kraft erfährt, da sonst Dauerströme nicht möglich wären. Allerdings war seine Fragestellung insofern inkonsequent, als ja der Suprastrom selbst mit dem Magnetfeld so eng verknüpft ist, daß es ein „fremdes" Magnetfeld gar nicht gibt (§ 7a). Die Vorstellungen über die Stromverteilung waren 1924 noch unentwickelt. Wir können jetzt auf Grund unserer Anschauung über die Konzentration der Strömung in der Schutzschicht und unserer Kenntnis, daß Strömung, Magnetfeld und innere Normale ein Rechtssystem bilden (§ 7), die Frage so stellen: Warum treibt das Magnetfeld, dessen Kraft pro Volumeneinheit $\frac{1}{c}\,[\mathfrak{J}^l\,\mathfrak{H}]$ ins Innere des Supraleiters weist (denn Strom, Feldstärke und Kraft bilden ebenfalls ein Rechtssystem), die Strömung nicht dorthin? Warum ist die Strömung in der dünnen Schutzschicht überhaupt beständig?

[1] CASIMIR, H. G. B.: Physica 7, 887 (1940).
[2] LAURMANN E., u. D. SHOENBERG: Nature **160**, 747 (1948).

Eine weitere Frage ist damit eng verbunden. Ein Stab, der einen Suprastrom J führt und in einem zu ihm senkrechten Magnetfeld H liegt, erfährt sicher pro Längeneinheit die Kraft $\frac{1}{c} J \cdot H$. Wo greift diese an? Wenn der Supraleitungsmechanismus keine Kräfte von der Materie erfährt, so übt er doch auch wegen des Satzes von der Gleichheit von actio und reactio keine Kräfte auf diese aus. Und die Kraft des Magnetfeldes wirkt zunächst doch gewiß auf diesen Mechanismus.

Die Antwort kann nur lauten: Diese Kräfte greifen die Materie an der Oberfläche an. Dort hat nämlich die im Inneren fehlende Wechselwirkung zwischen Suprastromträgern und Materie ihren Sitz. Fehlte sie auch dort, so könnten ja diese Träger ins Freie austreten, was doch sicher nicht zutrifft. Die Theorie beantwortet alle diese Fragen mittels der LONDONschen Spannungen. Wie mit dem Magnetfelde und mit dem elektrischen Felde MAXWELLsche Spannungen verbunden sind, aus deren Divergenz sich die Kräfte errechnen, die das Feld ausübt, so hängen die LONDONschen Spannungen allein von der Suprasträmung ab. Sie übernehmen die Kraft, welche das Magnetfeld auf den Suprastrommechanismus ausübt und übertragen sie, statt daß sie wie beim Ohmschen Strom an Ort und Stelle auf die Materie übergeht, an die Oberfläche. Wie eine Gardine mittels ihrer elastischen Spannungen an der Gardinenstange hängt und nicht, der Schwere folgend, herabfällt, so hängt der Suprastrommechanismus vermöge der LONDONschen Spannungen an der Oberfläche und gleitet nicht, der Kraft des Magnetfeldes folgend, ins Innere ab. Damit erhält die von KAMERLINGH-ONNES gestellte Frage ihre Antwort.

Es kommt also darauf an, einen nur von der Stromdichte $\mathfrak{J}^l$ abhängenden Spannungstensor zu finden, dessen Divergenz die aus den MAXWELLschen Spannungen des Magnetfeldes resultierende Kraft überall ausgleicht[1]. Um dies mathematisch durchzuführen, bedürfen wir der LONDONschen Grundgleichungen IX und X; diese erscheinen somit als die notwendigen und hinreichenden Bedingungen dafür, daß das LONDONsche Spannungssystem jene Kräfte gerade kompensiert. Die ganze Stromverteilung ist durch diese Gleichgewichtsforderung festgelegt. Daß, wie wir sehen werden, die Theorie eine solche Kompensation ermöglicht, dürfte ihre stärkste innere Stütze sein.

Diese Kompensation ist nicht voll erforderlich für inhomogene Supraleiter und nicht-stationäre Strömungsvorgänge. Die Diskussion der allgemein-gültigen Gleichung (13. 10) führt in der Tat zu ganz neuen Gesichtspunkten.

b) Zur Vorbereitung definieren wir aus zwei beliebigen, von Ort zu Ort veränderlichen Vektoren $\mathfrak{P}$ und $\mathfrak{Q}$ die 9 Ausdrücke

$$\Theta_{\alpha\beta}(\mathfrak{P}, \mathfrak{Q}) = \mathfrak{P}_\beta \mathfrak{Q}_\alpha - \tfrac{1}{2} \delta_{\alpha\beta} \sum_\gamma \mathfrak{P}_\gamma \mathfrak{Q}_\gamma \qquad (\alpha, \beta = 1, 2, 3) \qquad (13.\ 1)$$

Sie bilden die Komponenten eines Tensors zweiten Ranges, weil dies sowohl für die Summanden $\mathfrak{P}_\beta \mathfrak{Q}_\alpha$ als für $\delta_{\alpha\beta} \sum_\gamma \mathfrak{P}_\gamma \mathfrak{Q}_\gamma$ gilt. Unter $\delta_{\alpha\beta}$ verstehen wir nämlich eine Zahl, die gleich 1 ist, wenn $\alpha = \beta$, sonst aber gleich 0. Ausführlicher geschrieben lautet die Definition (13. 1):

$$\left.\begin{aligned} \Theta_{11}(\mathfrak{P}, \mathfrak{Q}) &= \tfrac{1}{2}\{\mathfrak{P}_1 \mathfrak{Q}_1 - \mathfrak{P}_2 \mathfrak{Q}_2 - \mathfrak{P}_3 \mathfrak{Q}_3\} \\ \Theta_{23} = \mathfrak{P}_3 \mathfrak{Q}_2, &\qquad \Theta_{32} = \mathfrak{P}_2 \mathfrak{Q}_3 \end{aligned}\right\} \qquad (13.\ 2)$$

usw. Von diesem Tensor bilden wir nun die Divergenz, d. h. den Vektor, dessen auf x_1 bezogene Komponente die Form hat:

$$\mathrm{Div}_1\, \Theta(\mathfrak{P}, \mathfrak{Q}) = \frac{\partial \Theta_{11}}{\partial x_1} + \frac{\partial \Theta_{12}}{\partial x_2} + \frac{\partial \Theta_{13}}{\partial x_3} \qquad (13.\ 3)$$

[1] Indem wir weiter unten ($-$ Div Θ) gleich einer auf die Materie wirkenden Kraft setzen, müssen wir ein positives $\Theta_{\alpha\alpha}$ für einen Druck, ein negatives für einen Zug erklären.

Die Durchrechnung ergibt die Identität:

$$\mathrm{Div}_1\, \Theta\,(\mathfrak{P}, \mathfrak{Q}) = \mathfrak{Q}_1 \,\mathrm{div}\, \mathfrak{P} - [\mathfrak{P}, \mathrm{rot}\, \mathfrak{Q}]_1 + \frac{1}{2}\left\{\sum_\gamma \mathfrak{P}_\gamma \frac{\partial \mathfrak{Q}_\gamma}{\partial x_1} - \sum_\gamma \mathfrak{Q}_\gamma \frac{\partial \mathfrak{P}_\gamma}{\partial x_1}\right\} \qquad (13.\,4)$$

Nun setzen wir $\mathfrak{P} = \mathfrak{J}^l$, $\mathfrak{Q} = \mathfrak{G}$, d. h. $\mathfrak{Q}_\alpha = \Sigma\, \lambda_{\alpha\beta}\, \mathfrak{J}^l_\beta$ (s. § 3, Gl. VIII); *dann heben sich wegen der Symmetriebeziehung* (3. 3) ($\lambda_{\alpha\beta} = \lambda_{\beta\alpha}$) *die beiden Summen fort*, wenigstens, falls die $\lambda_{\alpha\beta}$ von den x_α unabhängig sind. Sonst bleibt ein Term übrig

$$\frac{1}{2} \sum_{\alpha\beta} \mathfrak{J}^l_\alpha\, \mathfrak{J}^l_\beta \frac{\partial \lambda_{\alpha\beta}}{\partial x_1}\,.$$

Schreiben wir den Tensor dritten Ranges mit den Komponenten $\frac{\partial \lambda_{\alpha\beta}}{\partial x_\gamma}$ als $(\varDelta\, \lambda_{\alpha\beta})$, so folgt also die Vektorgleichung:

$$\mathrm{Div}\, \Theta\,(\mathfrak{J}^l, \mathfrak{G}) = \mathfrak{G}\, \mathrm{div}\, \mathfrak{J}^l - [\mathfrak{J}^l\, \mathrm{rot}\, \mathfrak{G}] + \tfrac{1}{2} \sum_{\alpha\beta} \mathfrak{J}^l_\alpha\, \mathfrak{J}^l_\beta\, \varDelta\, (\lambda_{\alpha\beta})\,. \qquad (13.\,5)$$

Jetzt machen wir von der Kontinuitätsgleichung VI und der Grundgleichung X Gebrauch und erhalten

$$\mathrm{Div}\, \Theta\,(\mathfrak{J}^l, \mathfrak{G}) = -\,\mathfrak{G} \frac{\partial \varrho^l}{\partial t} + \frac{1}{2} [\mathfrak{J}^l\, \mathfrak{H}] + \frac{1}{2} \sum_{\alpha\beta} \mathfrak{J}^l_\alpha\, \mathfrak{J}^l_\beta\, \varDelta\, (\lambda_{\alpha\beta})\,. \qquad (13.\,6)$$

Schließlich setzen wir noch im Hinblick auf IX

$$-\,\mathfrak{G} \frac{\partial \varrho^l}{\partial t} = -\frac{\partial}{\partial t} (\varrho^l\, \mathfrak{G}) + \varrho^l \frac{\partial \mathfrak{G}}{\partial t} = -\frac{\partial}{\partial t} (\varrho^l\, \mathfrak{G}) + \varrho^l\, \mathfrak{E};$$

so finden wir:

$$\mathrm{Div}\, \Theta\,(\mathfrak{J}^l, \mathfrak{G}) = \varrho^l\, \mathfrak{E} + \frac{1}{2} [\mathfrak{J}^l\, \mathfrak{H}] + \frac{1}{2} \sum_{\alpha\beta} \mathfrak{J}^l_\alpha\, \mathfrak{J}^l_\beta\, \varDelta\, (\lambda_{\alpha\beta}) - \frac{\partial}{\partial t} (\varrho^l\, \mathfrak{G})\,. \qquad (13.\,7)$$

Bilden wir andererseits für das Innere des Supraleiters, wo wir zwischen $\mathfrak{D}$ und $\mathfrak{E}$, $\mathfrak{B}$ und $\mathfrak{H}$ nicht zu unterscheiden haben, die MAXWELLschen Spannungstensoren

$$T\,(\mathfrak{E}) = -\,\Theta\,(\mathfrak{E}, \mathfrak{E}), \qquad T\,(\mathfrak{H}) = -\,\Theta\,(\mathfrak{H}, \mathfrak{H}), \qquad (13.\,8)$$

so folgt für sie aus (13. 4) im Hinblick auf die MAXWELLschen Gleichungen Is bis IVs:

$$\begin{aligned} -\,\mathrm{Div}\left\{T\,(\mathfrak{E}) + T\,(\mathfrak{H})\right\} &= \mathfrak{E}\, \mathrm{div}\, \mathfrak{E} - [\mathfrak{E}\, \mathrm{rot}\, \mathfrak{E}] + \mathfrak{H}\, \mathrm{div}\, \mathfrak{H} - [\mathfrak{H}\, \mathrm{rot}\, \mathfrak{H}] \\ &= \varrho\, \mathfrak{E} + \frac{1}{c} [\mathfrak{J}\, \mathfrak{H}] + \frac{1}{c} \frac{\partial}{\partial t} [\mathfrak{E}\, \mathfrak{H}]. \end{aligned} \qquad (13.\,9)$$

Hier ist ϱ die Gesamtdichte $\varrho^0 + \varrho^l$, $\mathfrak{J}$ der Gesamtstrom $\mathfrak{J}^0 + \mathfrak{J}^l$. Substraktion von (13. 7) ergibt also

$$\begin{aligned} &-\,\mathrm{Div}\left\{T\,(\mathfrak{E}) + T\,(\mathfrak{H}) + \Theta\,(\mathfrak{J}^l, \mathfrak{G})\right\} \\ &= \varrho^0\, \mathfrak{E} + \frac{1}{c} [\mathfrak{J}^0\, \mathfrak{H}] - \frac{1}{2} \sum_{\alpha\beta} \mathfrak{J}^l_\alpha\, \mathfrak{J}^l_\beta\, \varDelta\, (\lambda_{\alpha\beta}) + \frac{\partial}{\partial t} \left\{\frac{1}{c} [\mathfrak{E}\, \mathfrak{H}] + \varrho^l\, \mathfrak{G}\right\} \end{aligned} \qquad (13.\,10)$$

Diese Gleichung enthält den Impulssatz.

Im stationären Zustand verschwinden $\mathfrak{E}$ und $\mathfrak{J}^0$ (§. 7), und für den homogenen Körper verschwindet die Doppelsumme. *Im stationären Zustand üben also die* MAXWELL*schen Spannungen des Magnetfeldes und die* LONDON*schen Spannungen des Suprastroms zusammen keine Kräfte auf das Innere eines homogenen Supraleiters aus, wie wir es verlangten. Als notwendige und hinreichende Bedingung dafür tritt uns die Symmetrie des Tensors $\lambda_{\alpha\beta}$ entgegen. Bei zeitlich veränderlichen Feldern jedoch überträgt der Ohmsche Strommechanismus die Kraft $\varrho^0\, \mathfrak{E} + \frac{1}{c} [\mathfrak{J}^0 \mathfrak{H}]$ auf die Volumeneinheit eines homogenen Supraleiters*; *sie dient zur Veränderung* *des* (auf die Volumeneinheit bezogenen) *mechanischen Impulses. Außerdem aber resultiert aus der Kraftwirkung der drei Spannungstensoren noch eine Vergrößerung des wohlbekannten elektromagnetischen Impulses* $\frac{1}{c}[\mathfrak{E}\,\mathfrak{H}]$ *und eines mit der Suprаströmung verknüpften Impulses, der pro Volumeneinheit gleich* $\varrho^l\,\mathfrak{G}$ *ist.* (Aus diesem Grunde nannten wir $\mathfrak{G}$ den Supraimpuls). Die Diskussion der Doppelsumme im Impulssatz (13. 10) verschieben wir auf später.

Hier enthüllt sich auch, warum wir, auch im stationären Zustand, in welchem nach §§ 4 und 5 die Gesamtdichte $\varrho = 0$ ist, die Supraleitungsdichte ϱ^l nicht Null setzen dürfen. Denn der Impuls $\varrho^l\,\mathfrak{G}$ ist zweifellos bei stationärer Strömung stets vorhanden.

c) Auf die Oberfläche des Supraleiters wirken die MAXWELLschen Spannungen nicht ein, abgesehen von dem hier nicht zu betrachtenden Fall, daß Körper mit einer von 1 abweichenden Dielektrizitätskonstanten oder Permeabilität unmittelbar daran grenzen. Denn da dann alle Komponenten von $\mathfrak{E}$ und $\mathfrak{H}$ nach den Grenzbedingungen von § 3c stetig sind, haben die Tensoren $T\,(\mathfrak{E})$ und $T\,(\mathfrak{H})$ zu beiden Seiten dieselben Komponenten, also keine Flächendivergenz. Aber der LONDONsche Tensor $\Theta\,(\mathfrak{J}^l, \mathfrak{G})$ hat dort eine solche, weil die Suprаströmung daselbst aufhört. Nennen wir die negative Flächendivergenz, einen Vektor, $\mathfrak{P}_n$, wobei der Index n auf die innere Normale der Oberfläche hinweist, so hat dieser den Komponenten

$$\mathfrak{P}_{n\alpha} = -\sum_{\beta} \Theta_{\alpha\beta} \cos(n\, x_\beta).\quad (\alpha = 1, 2, 3) \tag{13. 11}$$

Wenn wir von der Definition (13. 1) Gebrauch machen, und den Einheitsvektor $\mathfrak{n}$ in der Richtung n einführen, können wir vektoriell schreiben:

$$\mathfrak{P}_n = -\mathfrak{J}^l_n\,\mathfrak{G} + \tfrac{1}{2}(\mathfrak{J}^l\,\mathfrak{G})\cdot\mathfrak{n} \tag{13. 12}$$

$\mathfrak{P}_n$ *ist die Kraft, welche der Suprastrom pro Flächeneinheit auf die Oberfläche ausübt; nur durch sie wirkt das Strömungsfeld ponderomotorisch.*

An allen Stellen also, an denen kein Strom ein- oder austritt, ($\mathfrak{J}^l_n = 0$) *wirkt somit der Zug* $\frac{1}{2}(\mathfrak{J}^l\,\mathfrak{G})$ *ins Innere.* An Zuleitungsstellen allerdings treten, herrührend von dem ersten Summanden in (13. 12), auch Tangentialkomponenten der Kraft auf.

Beim kubischen Kristall hat $\mathfrak{G} = \lambda\,\mathfrak{J}^l$ überall die Richtung von $\mathfrak{J}^l$. Dann ist die Stromlinie als einzige ausgezeichnete Richtung eine Hauptachse des Tensors $\Theta\,(\mathfrak{J}^l, \mathfrak{G})$. Wie aus den Gleichungen

$$\Theta_{11} = \tfrac{1}{2}\lambda\left\{\mathfrak{J}^{l^2}_1 - \mathfrak{J}^{l^2}_2 - \mathfrak{J}^{l^2}_3\right\},\quad \Theta_{23} = \Theta_{32} = \lambda\,\mathfrak{J}^l_2\,\mathfrak{J}^l_3 \tag{13. 13}$$

ersichtlich ist, wird dieser Tensor dann symmetrisch. Legt man noch die x_1-Richtung zur Strömung parallel, so verschwinden die $\Theta_{\alpha\beta}$ mit gemischten Indices und es wird

$$\Theta_{11} = \tfrac{1}{2}\lambda\,\mathfrak{J}^{l^2},\quad \Theta_{22} = \Theta_{33} = -\tfrac{1}{2}\lambda\,\mathfrak{J}^{l^2}. \tag{13. 14}$$

Dann herrscht also längs der Stromlinie ein Druck, senkrecht dazu ein Zug vom Betrage $\frac{1}{2}\lambda\,\mathfrak{J}^{l^2}$. Er äußert sich an der Oberfläche, wo $\mathfrak{J}^l_n = 0$ ist, in dem ins Innere weisenden Zug $\frac{1}{2}\lambda\,\mathfrak{J}^{l^2}$.

Die Deutung der Doppelsumme in (13. 10) geben wir am kubischen Kristall, für den sie sich zu

$$-\tfrac{1}{2}\mathfrak{J}^{l^2}\operatorname{grad}\lambda \tag{13. 15}$$

vereinfacht. Wo zwei Supraleiter mit verschiedenem λ zusammenstoßen, ergeben die Spannungen eine Kraft auf die Trennungsfläche. Und zwar, falls der Strom senkrecht durch diese tritt, bekommen wir übereinstimmend aus dem

Ausdruck (13. 15) und der Differenz der längs der Stromlinie herrschenden Drucke, weil dann $(\mathfrak{J}_n^l)_1 = (\mathfrak{J}_n^l)_2$ ist,

$$\tfrac{1}{2}\,\mathfrak{J}_n^{l^2}\,(\lambda_1 - \lambda_2).$$

Wo aber die beiden Strömungen zur Grenzfläche parallel fließen, gilt nach (3. 9) $\lambda_1\,(\mathfrak{J}^l)_1 = \lambda_2\,(\mathfrak{J}^l)_2 = C$, und die Integration von (13. 15) über die Dicke der Übergangsschicht ergibt übereinstimmend mit der Differenz der beiderseitigen Zugkräfte

$$\frac{1}{2}\,C^2\left(\frac{1}{\lambda_2} - \frac{1}{\lambda_1}\right).$$

In allen Fällen ist nach (13. 15) diese Kraft in den besseren Supraleiter, den mit dem kleineren λ, hinein gerichtet.

d) Besonders einfach gestaltet sich das Spannungssystem in der vollständig ausgebildeten Schutzschicht eines dicken kubischen Leiters. Nach (7. 9) und (7. 10) gilt in einem Koordinatensystem, dessen z-Achse innere Normale ist:

$$\mathfrak{H}_x = \mathfrak{H}_z = 0, \quad \mathfrak{J}_y^l = \mathfrak{J}_z^l = 0, \quad \mathfrak{H}_y = \sqrt{\lambda}\,\mathfrak{J}_x^l.$$

Also heben sich in der z-Richtung der Druck $\tfrac{1}{2}\,\mathfrak{H}^2$ des Magnetfeldes und der Zug $\tfrac{1}{2}\,\lambda\,\mathfrak{J}^{l^2}$ des Strömungsfeldes Punkt für Punkt auf. In der Stromrichtung freilich addieren sich die Drucke $\tfrac{1}{2}\,\mathfrak{H}^2$ und $\tfrac{1}{2}\,\lambda\,\mathfrak{J}^{l^2}$, in der Feldrichtung ebenso die gleichgroßen Züge. Da sie aber nicht von z abhängen, ergibt sich daraus keine resultierende Kraft, in Übereinstimmung mit (13. 10).

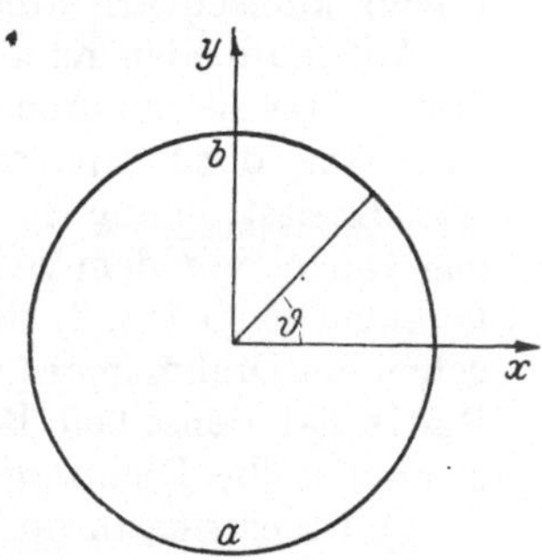

Abb. 21. Z-Achse und Strom J nach oben. Feld H^0 in der x-Richtung.

e) Zur Beantwortung einer Frage aus Abschnitt a berechnen wir nun aus den LONDONschen Spannungen die Kraft, welche ein supraleitender Zylinder aus kubischem Material in einem zu ihm senkrechten Magnetfelde H^0 erfährt, wenn ihn ein Strom J durchfließt. Stellen wir in Abb. 21 einen Querschnitt des Zylinders dar, und liegt H^0 in der x Richtung, so fließt nach der Rechte-Hand Regel von § 7c bei a ein von diesem Felde herrührender Strom nach oben, bei b nach unten. Überlagert sich dem der nach oben fließende Strom J, so ergibt sich bei a eine größere Stromdichte, als bei b; der in a und seiner Umgebung stärkere Zug nach innen ergibt eine Kraft in der Richtung von a nach b, also in der y-Richtung der Abbildung; J, H^0 und diese Kraft bilden, wie es sein muß, ein Rechtssystem.

Quantitativ können wir die Berechnung nach § 8a und § 10c durchführen. Nach (8. 9) ist für $r = R$ die vom Strom J herrührende Stromdichte

$$\mathfrak{J}_z^{(1)} = \frac{\beta J}{2\pi R}\,\frac{i\,\boldsymbol{I}_0(i\beta R)}{\boldsymbol{I}_1(i\beta R)}$$

nach (10. 15) die vom Felde H^0 stammende

$$\mathfrak{J}_z^{(2)} = \frac{2}{\sqrt{\lambda}}\,H^0\,\frac{i\,\boldsymbol{I}_1(i\beta R)}{\boldsymbol{I}_0(i\beta R)}\,\sin\vartheta.$$

Der Zug nach innen hat also die Stärke

$$\tfrac{1}{2}\,\lambda\,(\mathfrak{J}_z^{(1)} + \mathfrak{J}_z^{(2)})^2$$

und ergibt, mit $(-\sin\vartheta)$ multipliziert einen Beitrag zu $\mathfrak{K}_y$. Im ganzen ist

$$\mathfrak{K}_y = -\tfrac{1}{2}R\,\lambda\int_0^{2\pi}(\mathfrak{J}_z^{(1)2} + \mathfrak{J}_z^{(2)2} + 2\,\mathfrak{J}_z^{(1)}\,\mathfrak{J}_z^{(2)})\sin\vartheta\,d\vartheta.$$

Da nun $\int_0^{2\pi}\sin\vartheta\, d\vartheta = \int_0^{2\pi}\sin^3\vartheta\, d\vartheta = 0$ und $\int_0^{2\pi}\sin^2\vartheta\, d\vartheta = \pi$ ist, reduziert sich dies auf

$$\mathfrak{K}_y = -R\lambda\int_0^{2\pi}\mathfrak{J}_z^{(1)}\mathfrak{J}_z^{(2)}\sin\vartheta\, d\vartheta = \frac{1}{c} J H^0,$$

wie zu erwarten war.

f) Ein Beispiel für die Tangentialkomponenten der Kraft $\mathfrak{P}_n$ gibt das BARLOwsche Rad aus kubisch kristallisiertem, supraleitenden Material. Es besteht aus einer Kreisscheibe, die durch ihre Achse den Strom J empfängt und an der Peripherie an einen normalleitenden Stromabnehmer abgibt. Sie liegt in einem zur Achse parallelen Felde H^0, das ohne die Scheibe homogen wäre. Ist die Scheibe dick gegen die Eindringtiefe, so ist das Feld durch den Meissner-Effekt deformiert und an der Peripherie bedeutend verstärkt. Durch eine dünne Scheibe geht das Feld jedoch nach § 7g ziemlich ungestört hindurch. Das Material sei wieder kubisch kristallisiert.

Auf die beiden Kreisflächen der Scheibe wirken die oben besprochenen Zugkräfte. Da sie zur Achse parallel sind, ergeben sie kein Drehmoment um diese. Aber längs der Peripherie fließt außer der austretenden Strömung $\mathfrak{J}_n$ eine tangentiale Kreisströmung $\mathfrak{J}_\vartheta$, die zu H^0 proportional ist und beim dicken Supraleiter das Innere vor dem Felde schützt. Wo außerdem noch der Strom J austritt, kommen nach (13. 2) die tangentialen Kräfte $\Theta_{r\vartheta} = \lambda\mathfrak{J}_r^i\mathfrak{J}_\vartheta^i$ ins Spiel und ergeben ein Drehmoment. Dieses hat, wie die Durchrechnung zeigt, für ein dünnes Rad sogar denselben Betrag, wie für Normalleiter; für ein dickes Rad hat es zwar dieselbe Richtung, ist aber viel schwächer[1].

g) Da es sich in den obigen Beispielen um die Gesamtkraft und das Drehmoment auf einen praktisch starren Körper handelt, hätten wir dabei auch statt von den LONDONschen Spannungen in seinem Inneren von den außerhalb herrschenden magnetischen Spannungen T ($\mathfrak{H}$) ausgehen können. Was für Spannungen im Inneren liegen, ist bei einer solchen Berechnung belanglos, sofern die Spannungstensoren symmetrisch sind.

Um dies durchzuführen, erinnern wir an zwei bekannte Integralsätze aus der Theorie der Tensoren. Für einen beliebigen, unsymmetrischen Tensor $t_{\alpha\beta}$ verwandelt man durch partielle Integration gewisse Raum- in Oberflächenintegrale. Es ist nämlich, wenn n wieder die innere Normale bedeutet, erstens

$$\int\left\{\frac{\partial t_{11}}{\partial x_1} + \frac{\partial t_{12}}{\partial x_2} + \frac{\partial t_{13}}{\partial x_3}\right\} d\tau = -\int\left\{t_{11}\cos(n x_1) + t_{12}\cos(n x_2) + t_{13}\cos(n x_3)\right\} d\sigma \tag{13. 16}$$

zweitens

$$\int\left\{x_2\left[\frac{\partial t_{31}}{\partial x_1} + \frac{\partial t_{32}}{\partial x_2} + \frac{\partial t_{33}}{\partial x_3}\right] - x_3\left[\frac{\partial t_{21}}{\partial x_1} + \frac{\partial t_{22}}{\partial x_2} + \frac{\partial t_{23}}{\partial x_3}\right]\right\} d\tau = \int (t_{32} - t_{23})\, d\tau$$
$$-\int\left\{x_2\left[t_{31}\cos(n x_1) + t_{32}\cos(n x_2) + t_{33}\cos(n x_3)\right]\right.$$
$$\left. - x_3\left[t_{21}\cos(n x_1) + t_{22}\cos(n x_2) + t_{23}\cos(n x_3)\right]\right\} d\tau \tag{13. 17}$$

Die Kraft, die der Tensor T ($\mathfrak{H}$) auf die Flächeneinheit irgendeiner Oberfläche ausübt, hat nun die Komponenten

$$\mathfrak{p}_{n\alpha} = \Sigma\, T_{\alpha\beta}\cos(n x_\beta) \tag{13. 18}$$

[1] Siehe W. HEISENBERG u. M. v. LAUE: Z. Phys. **124,** 514 (1948).
Man kann beim heutigen Stande unserer Kenntnisse über Suprastrom und Oberflächen vielleicht zweifeln, ob dieses Drehmoment an dem Rade oder an dem normalleitenden Stromabnehmer angreift. Aber diesen könnte man ja auch durch eine an der Peripherie ansetzende Entladung durch den leeren Raum ersetzen. Die Entscheidung über diese Frage könnte erst eine atomare Theorie bringen.

was man in die Vektorgleichung

$$\mathfrak{p}_n = -\mathfrak{H}_n \mathfrak{H} + \frac{1}{n} \mathfrak{H}^2 \cdot \mathfrak{n} \tag{13. 19}$$

zusammenfassen kann[1]. Der Vorzeichenunterschied zwischen den rechten Seiten von (13. 18) und (13. 11) rührt daher, daß die MAXWELLschen Spannungen, von denen wir sprechen, außerhalb der betrachteten Raumteiles, die LONDONschen aber innerhalb sitzen. Nach Gl. (13. 16) ist also die Gesamtkraft auf diesem Raumteil

$$-\int \mathrm{Div}\, T(\mathfrak{H})\, d\tau = \int \mathfrak{p}_n\, d\sigma, \tag{13. 20}$$

und nach Gl. (13. 17) das Drehmoment der MAXWELLschen Spannungen

$$-\int [\mathfrak{r}, \mathrm{Div}\, T(\mathfrak{H})]\, d\tau = \int [\mathfrak{r}\, \mathfrak{p}_n]\, d\sigma \tag{13. 21}$$ [2]

Man berechnet z. B. nach (13. 20) leicht aus den Kräften $\mathfrak{p}_n$ die Kraft $\frac{1}{c} J \cdot H^0$ auf den stromdurchflossenen Zylinder im Magnetfeld, von dem Abschnitt e) handelte.

Wir wollen nun zeigen, unter welchen Bedingungen die Gesamtkraft und das Drehmoment der MAXWELLschen Spannungen im Außenraum mit der Gesamtkraft und dem Drehmoment der LONDONschen Spannungen im Inneren des Supraleiters zusammenfallen. In (13. 17) rechts fällt das Raumintegral für die MAXWELLschen Spannungen fort, weil nach (13. 2) der Tensor $T(\mathfrak{H}) = -\Theta(\mathfrak{H}, \mathfrak{H})$ symmetrisch ist. Es fällt auch fort für den Tensor $\Theta(\mathfrak{J}^l, \mathfrak{G})$ *in einem kubisch kristallisierten Supraleiter*, weil bei ihm $\mathfrak{G} = \lambda \mathfrak{J}^l$ ist. Und so schließen wir aus (13. 16) und (13. 17) gemäß (13. 11) durch Integration über den Raum des Supraleiters:

$$-\int \mathrm{Div}\, \Theta(\mathfrak{J}^l, \mathfrak{G})\, d\tau = -\int \mathfrak{P}_n\, d\sigma \tag{13. 22}$$

$$-\int [\mathfrak{r}, \mathrm{Div}\, \Theta(\mathfrak{J}^l, \mathfrak{G})]\, d\tau = -\int [\mathfrak{r}\, \mathfrak{P}_n]\, d\sigma \tag{13. 23}$$

Nach (13. 10) ist für den homogenen Supraleiter im stationären Zustand $\mathrm{Div}\, T(\mathfrak{H}) = -\mathrm{Div}\, \Theta(\mathfrak{J}^l, \mathfrak{G})$. Also gilt

$$\int \mathfrak{p}_n\, d\sigma = \int \mathfrak{P}_n\, d\sigma, \qquad \int [\mathfrak{r}\, \mathfrak{p}_n]\, d\sigma = \int [\mathfrak{r}\, \mathfrak{P}_n]\, d\sigma \tag{13. 24}$$

Für einen beliebigen Supraleiter läßt sich die Gesamtkraft gleichermaßen aus den MAXWELL*schen Spannungen im Außenraum wie aus den* LONDON*schen Spannungen im Inneren berechnen; für das Drehmoment stimmen beide Verfahren nur überein, wenn der Supraleiter kubisch kristallisiert ist.* Dies gilt stets, obwohl nur für dicke Supraleiter und, wo kein Strom ein- oder austritt, die Einzelkräfte $\mathfrak{p}_n$ und $\mathfrak{P}_n$ einen gemeinsamen Wert, nämlich $\mathfrak{p}_n = \mathfrak{P}_n = \frac{1}{2} \mathfrak{H}^2 \cdot \mathfrak{n}$ haben [vgl. (13. 12), (13. 19) und (7. 37)].

Wenn wir aber in §§ 14 und 17 von der Arbeit sprechen, welche das magnetische Feld bei einer beliebigen Verrückung der Phasengrenze zwischen Normal- und Supraleiter leistet, so müssen wir an die Kräfte $\mathfrak{P}_n$ der LONDONschen Spannungen anknüpfen. Denn nur diese geben die wahre Kraft auf jedes Stück der Oberfäche an.

h) Wir müssen uns noch mit dem Summanden $\int (t_{32} - t_{23})\, d\tau$ in (13. 17) in Anwendung auf den Tensor $\Theta(\mathfrak{J}^l, \mathfrak{G})$ befassen. Zunächst geht aus der Gleichung hervor, deren andere Summanden Drehmomente darstellen, daß $t_{23} - t_{32}$

---

[1] Denn nach (13. 8) und (13. 1) ist $T_{\alpha\beta}(\mathfrak{H}) = -\mathfrak{H}_\alpha \mathfrak{H}_\beta + \frac{1}{2} \partial_{\alpha\beta} \mathfrak{H}^2$.

[2] $\mathfrak{r}$ bedeutet den Vektor, dessen Komponenten die x_α sind.

die x_1-Komponente eines axialen Vektors ist. Führen wir daraufhin den Vektor mit den Komponenten

$$\mathfrak{D}_1 = \Theta_{23} - \Theta_{32}, \quad \mathfrak{D}_2 = \Theta_{31} - \Theta_{13}, \quad \mathfrak{D}_3 = \Theta_{12} - \Theta_{21} \tag{13.25}$$

ein, den wir nach (13. 2) auch vektoriell

$$\mathfrak{D} = [\mathfrak{G}\,\mathfrak{J}^l] \tag{13.26}$$

setzen können, so ist Gl. (13. 23) jetzt offenbar zu ergänzen zu:

$$-\int [\mathfrak{r}, \operatorname{Div} \Theta\,(\mathfrak{J}^l, \mathfrak{G})]\, d\tau = -\int [\mathfrak{r}\,\mathfrak{P}_n]\, d\sigma + \int \mathfrak{D}\, d\tau \tag{13.27}$$

Und zwar können wir dies nicht nur auf den ganzen Bereich des Supraleiters anwenden, sondern auch für jeden Teil davon, wenn wir nur bedenken, daß dann die Kräfte $\mathfrak{P}_n$ nicht wirksam, vielmehr von den außerhalb des Integrationsbereiches liegenden LONDONschen Spannungen völlig kompensiert werden. Folglich sagt Gl. (13. 27) aus: *Die LONDONschen Spannungen ergeben im nichtkubischen Supraleiter das Drehmoment $\mathfrak{D}$ auf die Volumeneinheit.* Wegen der Gleichheit von actio und reactio muß aber die Materie im stationären Fall das Drehmoment $\mathfrak{D}' = -\mathfrak{D}$ auf den Mechanismus der Supraleitung ausüben. Dies Ergebnis erscheint zunächst höchst befremdlich.

Es gibt aber schon in der klassischen Mechanik Fälle, in denen zur Aufrechterhaltung einer gleichförmigen Bewegung ein Drehmoment erforderlich ist. Bewegt sich z. B. ein starrer Körper in einer Flüssigkeit, so zwingt er, sofern nicht gerade gewisse Symmetriebedingungen erfüllt sind, die letztere, zum Teil seitlich, d. h. senkrecht zu seiner Bewegungsrichtung auszuweichen. Dann ist aber mit seiner Bewegung eine zur Geschwindigkeit $\mathfrak{v}$ senkrechte Impulskomponente verknüpft. Da sich der Impuls mit dem Körper verlagert, so nimmt (s. Abb. 21a) der Drehimpuls pro Zeiteinheit um $[\mathfrak{v}\,\mathfrak{P}]$ zu, wobei $\mathfrak{P}$ den Impuls des Körpers bezeichnet. Erfährt der Körper nicht ein Drehmoment dieser Richtung und Größe, so kann er nicht in gleichförmiger Bewegung verharren.

Nun zeigte uns Abschnitt b, daß mit der Suprasträmung ein Impuls $\varrho^l\,\mathfrak{G}$ bezogen auf die Volumeneinheit, verbunden ist. Der Begriff der Geschwindigkeit $\mathfrak{v}$ der Suprasträmung ist zwar der phänomenologischen Theorie fremd. Aber, soweit er einen Sinn hat, ist doch sicher

$$\varrho^l\,\mathfrak{v} = \mathfrak{J}^l.$$

Dann aber wird das pro Volumeneinheit erforderliche Drehmoment gleich

$$\mathfrak{D}' = [\mathfrak{v}, \varrho^l\,\mathfrak{G}] = [\mathfrak{J}^l\,\mathfrak{G}]$$

also in der Tat gleich $-\mathfrak{D}$.

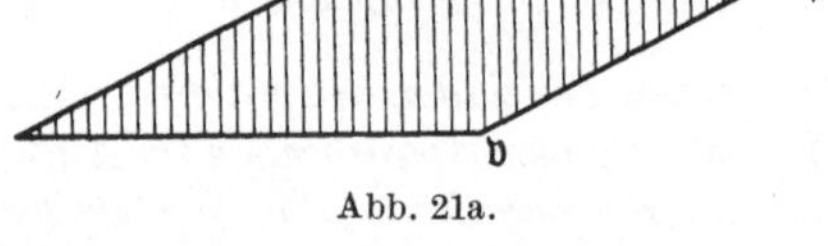

Abb. 21a.

Für den ganzen Supraleiter ergibt die Kombination von (13. 27) und (13. 10) an Stelle der zweiten Formel (13. 24):

$$\int [\mathfrak{r}\,\mathfrak{p}_n]\, d\sigma = \int [\mathfrak{r}\,\mathfrak{P}_n]\, d\sigma + \int \mathfrak{D}'\, d\tau \tag{13.28}$$

Das Drehmoment der MAXWELLschen Spannungen im Außenraum $\int [\mathfrak{r}\,\mathfrak{p}_n]\, d\sigma$, d. h. das Drehmoment aller von außen auf den Supraleiter wirkenden Kräfte, dient nach dieser Gleichung nicht nur zur Vergrößerung des mechanischen Drehimpulses des Supraleiters (und aller mit ihm fest verbundenen Körper), welches durch $\int [\mathfrak{r}\,\mathfrak{P}_n]\,d$ gegeben ist, sondern wird zum Teil auf den Mechanismus der Supraleitung übertragen.

h) Die Ergebnisse dieses Paragraphen über die ponderomotorische Kraft und das Drehmoment des Feldes sind für das Folgende so wichtig, daß wir sie im nächsten Paragraphen durch Zurückführung auf ein „elektrodynamisches Potential" wenigstens für den stationären Fall bestätigen wollen. Dieses Potential selbst gewinnen wir durch plausible Verallgemeinerung aus dem in der MAXWELLschen Theorie üblichen Potential-Ausdruck.

§ 14. Das elektrodynamische Potential.

a) Unter der unwesentlichen Beschränkung, daß nur ein Supraleiter im Felde liegt, und der wesentlicheren, daß ihm kein Ohmscher Strom zugeführt wird, wollen wir den Satz beweisen:

Bei allen quasistationären Änderungen des Feldes, die als Folge von Verrückungen der Materie stattfinden, ist die vom Felde geleistete Arbeit $\partial \boldsymbol{A}$ gleich der Abnahme $(-\partial \boldsymbol{V})$ des elektrodynamischen Potentials

$$\boldsymbol{V} = \frac{1}{c} S J - \int_r d\tau \left\{ \frac{1}{2} \mu \mathfrak{H}^2 + (\mathfrak{M} \mathfrak{H}) + \frac{1}{2} (\mathfrak{J}^l \mathfrak{G}) \right\} \qquad (14.\ 1)^1$$

Wie in § 12 ist J die Stärke des in dem Supraleiter, falls er einen Ring bildet, fließenden Stroms, S die zeitlich unveränderliche Periode des Supraleitungspotentials Ψ; ist der Supraleiter einfach zusammenhängend, so fällt der erste Summand fort. Die Integration ist (wie der Index r andeutet) über den ganzen Raum zu erstrecken. Jedoch kommt für den Summanden $(\mathfrak{M} \mathfrak{H})$ nur Integration über den Raum der permanenten Magnete in Betracht, für den Summanden $\frac{1}{2} \mathfrak{J}^l \mathfrak{G}$ nur über den Raum des Supraleiters. Beide Räume schließen sich gegenseitig aus; die Erfahrung, daß kein Ferromagneticum supraleitend wird, wird in dem folgenden Beweise zu einem wesentlichen Punkt. Elektrische Feldvektoren treten nicht auf, weil laut Voraussetzung der Zustand in jedem Augenblick einem stationären unendlich nahe liegt.

Die von Ort zu Ort stetig wechselnde Verrückung der Materie nennen wir ∂u. Der Beweis für den obigen Satz ist geführt, sobald wir die Potentialabnahme in der Form

$$-\partial \boldsymbol{V} = \int_r \{ (\mathfrak{K}\, \partial u) + \tfrac{1}{2} (\mathfrak{D}, \operatorname{rot} \partial u) \}\, d\tau \qquad (14.\ 2)$$

dargestellt haben, wobei $\mathfrak{K}$ die durch wohlbekannte elektrodynamische Gesetze bestimmte Kraft pro Volumeneinheit und $\mathfrak{D}$ das Drehmoment aus Gl. (13. 26) bedeutet. Denn rechts steht hier die Arbeit $\partial \boldsymbol{A}$ des Feldes. Nebenbedingungen dabei sind, daß alle Materialkonstanten, also die $\lambda_{\alpha\beta}$ und μ, ihre Werte in einem materiellen Punkte nicht ändern, daß ferner der Ohmsche Strom durch jede materielle Fläche vor und nach der Verrückung mit derselben Stärke $\int \mathfrak{J}_n^0\, d\sigma'$ fließt, und daß auch für die permanente Magnetisierung $\int \mathfrak{M}_n\, d\sigma'$ unverändert bleibt[2]. Es soll also gelten:

$$\partial \int \mathfrak{J}_n^0\, d\sigma' = 0, \qquad \partial \int \mathfrak{M}_n\, d\sigma' = 0 \qquad (14.\ 3)$$

Die Bedingung der konstanten Ohmschen Stromstärken denken wir uns so verwirklicht, daß alle Induktionswirkungen, die infolge der Verrückungen eintreten, durch geeignete Veränderungen der elektromotorischen Kräfte kompensiert werden. Für den Ringstrom im Supraleiter können wir eine solche Bedingung nicht einführen; für ihn bleibt (§ 12) die Periode S, nicht die Stromstärke J, unverändert, und für die Stromdichte $\mathfrak{J}^l$ oder den Supraimpuls $\mathfrak{G}$ gilt überall Gleichung (12. 10):

$$c\, \mathfrak{G} + \mathfrak{A} = \operatorname{grad} \Psi \qquad (14.\ 4)$$

b) Um die besprochenen Voraussetzungen mathematisch zu formulieren, machen wir zunächst von einigen bekannten Formeln Gebrauch. Bezeichnet $d\mu$ für den Skalar μ die Änderung in einem materiellen Punkt, $\partial \mu$ die in einem festen Raumpunkt, so besteht die Relation:

$$d\mu = \partial \mu + (\partial u, \operatorname{grad} \mu).$$

---

[1] Laue, M. v.: Z. Phys. **125**, 517 (1949).

[2] $d\sigma'$ ist im Gegensatz zu $d\sigma$ eine an der Verrückung teilnehmende Fläche.

Wenn $d\mu = 0$ sein soll, haben wir im folgenden

$$\partial \mu = -(\partial u, \operatorname{grad} \mu) \tag{14.5}$$

zu setzen. Ferner ist im allgemeinen die Änderung des Flusses eines beliebigen Vektors durch eine materielle Fläche

$$\partial \int \mathfrak{P}_n \, d\sigma' = \int \{\partial \mathfrak{P} + \operatorname{div} \mathfrak{P}.\ \partial u - \operatorname{rot} [\partial u, \mathfrak{P}]\} \, d\sigma'.$$

Die Bedingungen (14. 3) sagen also aus, wenn wir bedenken, daß hier, im stationären Zustand, $\operatorname{div} \mathfrak{J}^0 = 0$ ist:

$$\partial \mathfrak{J}^0 = \operatorname{rot} [\partial u, \mathfrak{J}^0] \tag{14.6}$$

und

$$\partial \mathfrak{M} = -\operatorname{div} \mathfrak{M}\, \partial u + \operatorname{rot} [\partial u, \mathfrak{M}]. \tag{14.7}$$

Während wir uns bei dieser Überlegung auf bekannte Formeln stützen konnten[1], müssen wir im mathematischen Anhang dieses Buches beweisen, daß unter der Annahme, daß die $\lambda_{\alpha\beta}$ sich in einem materiellen Punkte nicht ändern, für die Änderungen $\partial \lambda_{\alpha\beta}$ in einem festen Raumpunkte die Gleichung gilt

$$\tfrac{1}{2} \sum_{\alpha\beta} \mathfrak{J}^l_\alpha \mathfrak{J}^l_\beta \, \partial \lambda_{\alpha\beta} = -\tfrac{1}{2} \sum_{\alpha\beta} \mathfrak{J}^l_\alpha \mathfrak{J}^l_\beta \, (\partial u \, \Delta \, \lambda_{\alpha\beta}) + \tfrac{1}{2} (\operatorname{rot} \partial u, [\mathfrak{G} \mathfrak{J}^l]). \tag{14.8}$$

Selbstverständlich ist überall im Inneren des Supraleiters

$$\operatorname{div} \mathfrak{J}^l = 0 \tag{14.9}$$

und an seiner Grenzfläche

$$\mathfrak{J}^l_n = 0. \tag{14.10}$$

Von Unstetigkeitsflächen ziehen wir nur eine in Betracht, die Oberfläche des Supraleiters; sonst denken wir uns alle Übergänge stetig, insbesondere die permanente Magnetisierung $\mathfrak{M}$ stetig zu Null übergehend, wenn wir uns aus dem Inneren der Magnete heraus bewegen. Die besonderen Verhältnisse an solchen Flächen lassen sich nachträglich durch Grenzübergang erledigen.

c) Wir schreiten zum Beweise. Nach (14. 1) ist

$$-\delta V = -\frac{1}{c} S \, \partial J + \partial \int_r d\tau \left\{ \frac{1}{2} \mu \mathfrak{H}^2 + (\mathfrak{M} \mathfrak{H}) + \frac{1}{2} (\mathfrak{J}^l \mathfrak{G}) \right\}.$$

Die rechte Seite läßt sich in 6 Summanden in der folgenden Art zerlegen:

$$-\partial V = \sum_1^5 \partial I_n - \frac{1}{c} S \, \partial J$$

$$\partial I_1 = \int_r d\tau \, (\mathfrak{B} \, \partial \mathfrak{H}), \quad \partial I_2 = \int_p d\tau \, (\mathfrak{H} \, \partial \mathfrak{M}), \quad \partial I_3 = \tfrac{1}{2} \int_r d\tau \, H^2 \, \partial \mu, \tag{14.11}$$ [2]

$$\partial I_4 = \int_s d\tau \, (\mathfrak{G} \, \partial \mathfrak{J}^l), \quad \partial I_5 = \tfrac{1}{2} \int_s d\tau \sum_{\alpha\beta} \mathfrak{J}^l_\alpha \mathfrak{J}^l_\beta \, \partial \lambda_{\alpha\beta};$$

denn es ist wegen der Symmetrie des Tensors $\lambda_{\alpha\beta}$

$$\tfrac{1}{2} \partial (\mathfrak{J}^l \mathfrak{G}) = \tfrac{1}{2} \partial \Big(\sum_{\alpha\beta} \mathfrak{J}^l_\alpha \mathfrak{J}^l_\beta \lambda_{\alpha\beta}\Big) = \sum_{\alpha\beta} \lambda_{\alpha\beta} \mathfrak{J}^l_\beta \, \partial \mathfrak{J}^l_\alpha + \tfrac{1}{2} \sum_{\alpha\beta} \mathfrak{J}^l_\alpha \mathfrak{J}^l_\beta \, \partial \lambda_{\alpha\beta}$$

und

$$\tfrac{1}{2} \int_s d\tau \, \partial (\mathfrak{J}^l \mathfrak{G}) = \partial I_4 + \delta I_5$$

Nun formen wir nach (12. 1), der Rechnungsregel (5. 1) und der Grundgleichung II ∂I_1 um:

$$\partial I_1 = \int_r d\tau \, (\operatorname{rot} \mathfrak{A}, \partial \mathfrak{H}) = \int_r d\tau \, (\operatorname{rot} \partial \mathfrak{H}, \mathfrak{A}) = \frac{1}{c} \int_r d\tau \, \{(\mathfrak{A}, \partial \mathfrak{J}^0) + (\mathfrak{A}, \partial \mathfrak{J}^l)\}$$

---

[1] Siehe etwa E. Madelung, die mathematischen Hilfsmittel des Physikers. Berlin 1936, S. 129, Formel (6).

[2] Wie früher bedeuten die Indices s und p, daß die Integration über den Supraleiter oder die permanenten Magnete zu erstrecken ist.

Folglich nach (14. 4):

$$\partial I_1 + \partial I_4 = \frac{1}{c}\{\int_r d\tau\,(\mathfrak{A}, \delta \mathfrak{J}^0) + \int_s d\tau\,(\operatorname{grad} \Psi, \partial \mathfrak{J}^l)\}$$

Es ergibt aber partielle Integration über den Supraleiter

$$\frac{1}{c}\int_s d\tau\,(\operatorname{grad} \Psi\, \partial \mathfrak{J}^l) = -\frac{1}{c}\int_s d\tau\, \Psi \operatorname{div} \delta \mathfrak{J}^l - \frac{1}{c}\int \Psi\, \partial \mathfrak{J}^l_n\, d\sigma;$$

der erste Summand verschwindet wegen (14. 9) und wegen (14. 10) ergibt die Oberfläche ebenfalls keinen Beitrag. Aber bei einem zweifach zusammenhängenden Körper liefert ein Querschnitt Q den Anteil am Flächenintegral

$$-\frac{1}{c}\int_Q \Psi\, \partial \mathfrak{J}^l_n\, d\sigma = \frac{1}{c}(\Psi_2 - \Psi_1)\, \partial J = \frac{1}{c} S\, \partial J$$

[s. (12. 17)]. Das Vorzeichen bestimmt sich aus der Verabredung in § 12, daß ein positiver Strom J den Querschnitt in der Richtung $2 \rightarrow 1$ durchfließt. Andererseits ist nach (14. 6) und (12. 1):

$$\frac{1}{c}\int_r d\tau\,(\mathfrak{A}, \partial \mathfrak{J}^0) = \frac{1}{c}\int_r d\tau\,(\mathfrak{A}, \operatorname{rot}[\partial u, \mathfrak{J}^0]) = \frac{1}{c}\int_r d\tau\,(\mathfrak{B}, [\partial u\, \mathfrak{J}^0])$$

$$= \frac{1}{c}\int_r d\tau\,(\partial u\,[\mathfrak{J}^0\, \mathfrak{B}])$$

Folglich ergibt sich:

$$\partial I_1 + \partial I_4 = \frac{1}{c} S\, \partial J + \int_r d\tau\,(\partial u \cdot [\mathfrak{J}^0\, \mathfrak{B}]) \qquad (14.\ 12)$$

Weiter formen wir nach (14. 8) unter Benutzung von (13. 26) um

$$\partial I_, = \tfrac{1}{2}\int_s d\tau\{-\sum_{\alpha\beta} \mathfrak{J}^l_\alpha \mathfrak{J}^l_\beta\, \Delta\, \lambda_{\alpha\beta} + (\mathfrak{D}, \operatorname{rot} \partial u)\} \qquad (14.\ 13)$$

Ferner wird nach (14. 7), der Rechnungsregel (5. 1) und der Grundgleichung III, *in welcher aber hier, für das Innere der permanenten Magnete, der Suprastrom* $\mathfrak{J}^l$ *nach dem oben Gesagten fortfällt*:

$$\begin{aligned} \partial I_2 &= \int_p d\tau\,(\mathfrak{H}, (\operatorname{rot}[\partial u\, \mathfrak{M}] - \partial u \operatorname{div} \mathfrak{M})) \\ &= \int_p d\tau \left\{\frac{1}{c}([\partial u\, \mathfrak{M}], \mathfrak{J}^0) - (\partial u, \mathfrak{H} \operatorname{div} \mathfrak{M})\right\} \\ &= \int_p d\tau \left\{-\frac{1}{c}(\delta u \cdot [\mathfrak{J}^0\, \mathfrak{M}]) - (\delta u, \mathfrak{H} \operatorname{div} \mathfrak{M})\right\} \end{aligned} \qquad (14.\ 14)$$

Schließlich folgt aus (14. 5)

$$\partial I_3 = -\tfrac{1}{2}\int d\tau\, H^2\,(\partial u, \operatorname{grad} \mu) \qquad (14.\ 15)$$

Addieren wir die Gleichungen (14. 12) bis (14. 15) so ergibt sich nach (14. 11):

$$-\partial V = \int_r d\tau\{(\mathfrak{K}\, \partial u) + \tfrac{1}{2}(\mathfrak{D}, \operatorname{rot} \partial u)\} \qquad (14.\ 16)$$

mit dem Wert des Vektors $\mathfrak{K}$:

$$\mathfrak{K} = \frac{1}{c}[\mathfrak{J}^0, \mu\, \mathfrak{H}] - \mathfrak{H} \operatorname{div} \mathfrak{M} - \frac{1}{2} H^2 \operatorname{grad} \mu - \frac{1}{2}\sum \mathfrak{J}^l_\alpha \mathfrak{J}^l_\beta\, \Delta\, \lambda_{\alpha\beta} \qquad (14.\ 17)$$

Dies aber ist der allgemeinste Ausdruck für die Kraft, welche das stationäre Magnetfeld pro Volumeneinheit auf die Materie ausübt. Denn der erste Summand ergibt die Wirkung der Feldstärke auf einen Ohmschen Strom, der zweite die Wirkung auf die durch $-\operatorname{div} \mathfrak{M}$ gemessene Dichte des permanenten Magnetismus, der dritte die ebenfalls wohlbekannte Kraft auf Stellen magnetischer Inhomogenität, und der vierte die in (13. 10) auftretende Kraft auf einen inhomogenen Supraleiter. In den Gleichungen (14. 16) und (14. 17) liegt folglich der Beweis des obigen Satzes. Für den homogenen Supraleiter ist, wie nach (13. 10) $\mathfrak{K} = 0$.

d) Der Satz $\partial \boldsymbol{A} = -\partial \boldsymbol{V}$ stammt aus der MAXWELLschen Theorie, und unsere Definition (14. 1) ist nur eine plausible Erweiterung der aus jener Theorie stammenden. Daß wir hier auf einem den Spannungsbegriff umgehenden Wege zu genau denselben Folgerungen für die Kraft $\mathfrak{K}$ und das Drehmoment $\mathfrak{D}$ kommen, wie in § 13 auf dem Wege über die LONDONschen Spannungen, erscheint uns als eine wertvolle Bestätigung für den Wahrheitsgehalt dieser Theorie. Zudem erscheint dabei die Erfahrung, daß die Ferromagnetica der Supraleitung nicht fähig sind, in einem neuen Lichte. Wir hätten sonst in Gl. (14. 14) einen Summanden

$$-\frac{1}{c}(\partial u\, [\mathfrak{J}^l\, \mathfrak{M}])$$

gefunden, der auch in die Kraft $\mathfrak{K}$ eingegangen wäre und im Widerspruch stände zu unserer auf die Tatsache des Dauerstromes gegründeten Forderung, daß im homogenen Supraleiter $\mathfrak{K} = 0$ ist. Es scheint danach, als schlössen sich permanenter Magnetismus und Supraleitung nicht nur bei den bisher erreichten Temperaturen, sondern grundsätzlich aus.

e) Nach (12. 21) ist die gesamte freie Feldenergie

$$\boldsymbol{U} = \frac{1}{2}\int\limits_r d\tau\{\mu\,\mathfrak{H}^2 + (\mathfrak{J}^l\,\mathfrak{G})\} = \frac{1}{2c}\{S\,J + \int\limits_r d\tau\,(\mathfrak{A}\,\mathfrak{J}^0)\} - \frac{1}{2}\int\limits_p d\tau\,(\mathfrak{H}\,\mathfrak{M}). \tag{14. 18}$$

Somit wird nach (14. 1):

$$\boldsymbol{V} = \frac{1}{2c}\{S\,J - \int\limits_r d\tau\,(\mathfrak{A}\,\mathfrak{J}^0)\} - \frac{1}{2}\int\limits_p d\tau\,(\mathfrak{H}\,\mathfrak{M}). \tag{14. 19}$$

Wird das Feld nur durch einen Ringstrom J und permanente Magnete erregt, so ist danach $\boldsymbol{V} = \boldsymbol{U}$ und die Arbeit $\partial \boldsymbol{A} = -\partial \boldsymbol{U}$. Sind umgekehrt nur Ohmsche Ströme die Erreger des Feldes, so ist $\boldsymbol{V} = -\boldsymbol{U}$ und $\partial \boldsymbol{A} = +\partial \boldsymbol{U}$; den Arbeitsbetrag $2\,\partial \boldsymbol{A}$ müssen dann die die Ströme konstant haltenden elektromotorischen Kräfte leisten. Dieser zweite Satz unterscheidet sich von dem gleichlautenden der MAXWELLschen Theorie dadurch, daß hier auch Supraleiter — aber ohne Ringstrom — im Felde liegen können.

Eliminiert man aus (14. 1) den Summanden $1/c\; S \cdot J$ mit Hilfe von (12. 19), so erhält man eine neue Darstellung für $\boldsymbol{V}$, von der wir sogleich Gebrauch machen werden, nämlich:

$$\boldsymbol{V} = \frac{1}{c}\int\limits_s d\tau\,(\mathfrak{A}\,\mathfrak{J}^l) + \frac{1}{2}\int\limits_s d\tau\,(\mathfrak{J}^l\,\mathfrak{G}) - \int d\tau\left\{\frac{1}{2}\,\mu\,\mathfrak{H}^2 + (\mathfrak{M}\,\mathfrak{H})\right\} \tag{14. 20}$$

f) Mit Hilfe des Potentials $\boldsymbol{V}$ wollen wir jetzt den Satz von § 13c bestätigen, daß an allen Stellen, an denen kein Strom ein- oder austritt, die Oberfläche des Supraleiters einen Zug $\frac{1}{2}(\mathfrak{J}^l\,\mathfrak{G})$ ins Innere des Supraleiters erfährt. Wir sehen dazu von allen Verrückungen der Materie ab, verschieben aber die Grenzfläche zwischen einer supraleitenden und der ihr chemisch gleichen normalleitenden Phase so, daß jedem Flächenstück $d\sigma$ die Verrückung ∂n senkrecht zu $d\sigma$ zukommt. Wir rechnen ∂n positiv, wenn sich $d\sigma$ dabei ins Innere des Supraleiters bewegt. Nahm dieser vorher den Raum s ein, so erfüllt er danach den kleineren Raum s'. In der Schicht $s - s'$ findet also eine endliche Veränderung statt; Suprastrom und Supraimpuls gehen plötzlich auf Null herunter. Aber weil diese Schicht nur unendlich dünn ist, sind die Wirkungen in allen anderen

Teilen des Raumes unendlich klein. In diesen ändern sich μ und die $\lambda_{\alpha\beta}$ überhaupt nicht, das gleiche gilt, da wir auch hier wieder die Ohmschen Ströme konstant halten, von der Stromdichte $\mathfrak{J}^0$.

Anknüpfend an (14. 20) zerlegen wir die Änderung $-\partial \boldsymbol{V}$ in 5 Teile:

$$-\partial \boldsymbol{V} = \sum_1^5 \partial I_\alpha$$

$$\partial I_1 = -\frac{1}{c}\int_s d\tau\, \partial(\mathfrak{A}\,\mathfrak{J}^l), \quad \partial I_2 = -\int_s d\tau\,(\mathfrak{G}\,\partial\mathfrak{J}^l), \quad \partial I_3 = \int_r d\tau\,(\mathfrak{B}\,\partial\mathfrak{H}),$$

$$\partial I_4 = \int_{s-s'} d\tau\,(\mathfrak{A}\,\mathfrak{J}^l), \quad \partial I_5 = \tfrac{1}{2}\int_{s-s'} d\tau\,(\mathfrak{J}^l\,\mathfrak{G}). \qquad (14.\ 21)$$

Die Umformung verläuft wie folgt:

Nach (14. 4) wird zunächst

$$\partial I_1 + \partial I_2 = -\frac{1}{c}\int_s d\tau\,\{(\operatorname{grad}\Psi, \partial\mathfrak{J}^l + (\mathfrak{J}^l\,\partial\mathfrak{A})\}.$$

Machen wir von (12. 1) und der Rechnungsregel (5. 1) Gebrauch, berücksichtigen wir ferner, daß trotz des unendlich kleinen $\partial\mathfrak{H}$ in der Schicht $s - s'$, um welche sich der Supraleiter verkleinert,

$$\operatorname{rot}\partial\mathfrak{H} = -\frac{1}{c}\mathfrak{J}^l$$

endlich ist, daß aber überall $\partial\mathfrak{J}^0 = 0$ ist, so folgt

$$\partial I_3 = \frac{1}{c}\Big\{\int_s d\tau\,(\mathfrak{A}, \partial\mathfrak{J}^l) - \int_{s-s'} d\tau\,(\mathfrak{A}\,\mathfrak{J}^l)\Big\}.$$

Fassen wir nunmehr ∂I_1 bis ∂I_4 zusammen, so fallen die Anteile der Schicht $s - s'$ fort; es bleibt, wieder unter Berücksichtigung von (14. 4):

$$\sum_1^4 \partial I_\alpha = \frac{1}{c}\int_s d\tau\,\{((\mathfrak{A} - \operatorname{grad}\Psi), \partial\mathfrak{J}^l) - (\mathfrak{J}^l\,\partial\mathfrak{A})\}$$

$$= \int_s d\tau\left\{(\mathfrak{G}\,\partial\mathfrak{J}^l) \mid \frac{1}{c}(\mathfrak{J}^l\,\partial\mathfrak{A})\right\}.$$

Nun ist der wegen der Symmetrie des Tensors $\lambda_{\alpha\beta}$, die sich auch hier wieder als wesentliche Bedingung einstellt,

$$(\mathfrak{G}\,\partial\mathfrak{J}^l) = \sum_{\alpha\beta}\lambda_{\alpha\beta}\,\mathfrak{J}^l_\beta\,\partial\mathfrak{J}^l_\alpha = \sum_{\alpha\beta}\lambda_{\beta\alpha}\,\partial\mathfrak{J}^l_\alpha\,\mathfrak{J}^l_\beta = (\mathfrak{J}^l\,\partial\mathfrak{G}),$$

also nach (14. 4), (14. 9) und dem Satz von der Konstanz von $S = \Psi_2 - \Psi_1$

$$\sum_1^4 \partial I_\alpha = -\int_s d\tau\left(\mathfrak{J}^l, \partial\big(\mathfrak{G} + \frac{1}{c}\mathfrak{A}\big)\right) = -\frac{1}{c}\int_s d\tau\,(\mathfrak{J}^l, \operatorname{grad}\partial\Psi)$$

$$= \frac{1}{c}\int_s d\tau\,\Psi\operatorname{div}\mathfrak{J}^l - J\,\partial(\Psi_2 - \Psi_1) = 0.$$

Es bleibt also in (14. 21) nur ∂I_5 zu berücksichtigen. In der Schicht $s - s'$ aber können wir das Volumenelement $\partial\tau = d\sigma\cdot\partial n$ setzen und erhalten mittels einer Flächenintegration

$$\partial \boldsymbol{A} = -\partial\boldsymbol{V} = \tfrac{1}{2}\int d\sigma\,(\mathfrak{J}^l\,\mathfrak{G})\,\partial n. \qquad (14.\ 22)$$

Hieraus lesen wir ab, daß in der Tat $\frac{1}{2}(\mathfrak{J}^l\,\mathfrak{G})$ der auf $d\sigma$ wirkende Zug ins Innere des Supraleiters ist.

g) Aus Abschnitt f läßt sich noch der folgende Satz entnehmen: *Sind gegeben die Lagen aller Körper zueinander, der Ohmschen Ströme in ihnen, der permanente Magnetismus und die Periode S eines etwaigen Ringstroms* (oder bei mehreren

Ringströmen alle ihre Perioden), *so stellt sich das stationäre Feld auf ein Minimum des elektrodynamischen Potentials ein.* Sehen wir nämlich von der Verrückung ∂n ab, so fallen in (14. 21) die Integrale ∂I_4 und ∂I_5 fort; (14. 22) ergibt dann

$$-\partial \boldsymbol{V} = \sum_1^3 \partial I_\alpha = 0.$$

Haben keine Ohmschen Ströme am Felde teil, so ist nach Abschnitt e) $\boldsymbol{V} = U$; das Feld stellt sich auf ein Minimum der freien Energie ein.. Auch ein Dauerstrom für sich allein entspricht einem Minimum an freier Energie, natürlich unter der Nebenbedingung der vorgegebenen Periode S. Ohne eine solche Bedingung aber läßt sich der Satz vom Minimum der freien Energie nicht begründen; er gilt ja auch in anderen Gebieten der Physik nur unter gewissen Nebenbedingungen.

§ 15. Elektrische Wellen in kubischen Supraleitern.

a) Zeitliche Veränderungen rufen im Supraleiter nach IX stets eine elektrische Feldstärke $\mathfrak{E}$ hervor, nach VIIa also neben dem Supra- einen Ohmschen Strom $\mathfrak{J}^0$ und nach der Energiegleichung (5. 5) Joulesche Wärme. Dadurch unterscheiden sie sich von Grund aus von den statischen Feldern. Zur Beschreibung periodischer Schwingungen, die wir durch ihre Frequenz ν kennzeichnen (so daß die Schwingungszahl $\nu/2\pi$ wird), verwenden wir im folgenden stets komplexe Ausdrücke für die Feldstärken und alle mit ihnen linear verknüpften Größen; wir setzen sie alle proportional zu $e^{i\nu t}$. Dann folgt aus VIIa und IX für kubische Supraleiter

$$\mathfrak{J}^0 = \sigma\,\mathfrak{E} = i\nu\sigma\lambda\,\mathfrak{J}^l = \nu\sigma\lambda\,\mathfrak{J}^l \cdot e^{i\frac{\pi}{2}}. \tag{15. 1}$$

Der Suprastrom $\mathfrak{J}^l$ ist danach hinter dem Ohmschen und hinter der Feldstärke $\mathfrak{E}$ in der Phase um eine Viertelperiode zurück. Für das Verhältnis der Schwingungsamplituden aber gilt

$$\frac{|\mathfrak{J}^0|}{|\mathfrak{J}^l|} = \nu\sigma\lambda. \tag{15. 2}$$

Je größer ν, um so mehr kommt $\mathfrak{J}^0$ neben $\mathfrak{J}^l$ in Betracht. Die reine Zahl $\nu\,\sigma\,\lambda$, welche uns hier zum erstenmal begegnet, wird in allen folgenden Rechnungen eine fundamentale Rolle spielen.

Der Gesamtstrom $\mathfrak{J}$ ist mit der Feldstärke durch die Beziehung verknüpft:

$$\mathfrak{J} = \mathfrak{J}^0 + \mathfrak{J}^l = \frac{\nu\sigma\lambda - i}{\nu\lambda}\,\mathfrak{E} = \frac{1 + i\nu\sigma\lambda}{i\nu\lambda}\,\mathfrak{E}. \tag{15. 3}$$

b) Wegen der unvermeidlichen Erzeugung Joulescher Wärme kann sich im Supra- wie im Normalleiter keine Welle ungedämpft ausbreiten. Wir machen für eine ebene, in der $+z$-Richtung fortschreitende, linear polarisierte Welle den Ansatz

$$\mathfrak{E}_x = E\,e^{i\nu\left(t - \frac{n - i\varkappa}{c}z\right)}, \quad \mathfrak{E}_y = \mathfrak{E}_z = 0. \tag{15. 4}$$

Die Bedingung $\operatorname{div}\mathfrak{E} = 0$ ist dabei erfüllt. Gemäß der Grundgleichung I folgt daraus:

$$\mathfrak{H}_x = 0, \quad \mathfrak{H}_y = (n - i\varkappa)\;E\,e^{i\nu\left(t - \frac{n - i\varkappa}{c}\right)z}, \quad \mathfrak{H} = 0. \tag{15. 5}$$

Danach stehen bei den Wellen im Supraleiter, wie bekanntlich auch sonst, elektrische, magnetische Feldstärke und Fortpflanzungsrichtung zueinander senkrecht und bilden in dieser Reihenfolge ein Rechtssystem. Aber im Gegensatz zu den Wellen im Nichtleiter schwingen $\mathfrak{E}$ und $\mathfrak{H}$ nicht in Phase; vielmehr bleibt $\mathfrak{E}$ hinter $\mathfrak{H}$ in der Phase zurück. Die Amplitude klingt mit zunehmendem z ab wie $e^{-\frac{\nu\varkappa}{c}z}$, die Energiedichte wie $e^{-2\frac{\nu\varkappa}{c}z}$. Man nennt $\varkappa$ den Extinktionskoeffizienten, n den Brechungsindex. Beide sind reine Zahlen und Funktionen von ν.

Setzt man nämlich den $\mathfrak{E}$-Wert aus (15. 4) in die Telegraphengleichung $W(\mathfrak{E}) = 0$ ein (s. § 6; man kann ebensogut den $\mathfrak{H}$-Wert von (15.5) in $W(\mathfrak{H}) = 0$ einsetzen), so erhält man, da

$$W(\mathfrak{E}) = \Delta\,\mathfrak{E} - \frac{1}{c^2}\frac{\partial^2 \mathfrak{E}}{\partial t^2} - \frac{\sigma}{c^2}\frac{\partial \mathfrak{E}}{\partial t} - \frac{1}{c^2\lambda}\mathfrak{E}$$

ist:

$$(n - i\varkappa)^2 = \frac{\nu^2\lambda - 1 - i\nu\sigma\lambda}{\nu^2\lambda}. \tag{15. 6}$$

Die beiden reellen Zahlen n und $\varkappa$ bestimmen sich daraus zu:

$$\begin{aligned} n &= \frac{1}{\nu\sqrt{\lambda}}\sqrt{\tfrac{1}{2}\left[(\nu^2\lambda - 1) + \sqrt{(\nu^2\lambda - 1)^2 + (\nu\sigma\lambda)^2}\right]} \\ \varkappa &= \frac{1}{\nu\sqrt{\lambda}}\sqrt{\tfrac{1}{2}\left[-(\nu^2\lambda - 1) + \sqrt{(\nu^2\lambda - 1)^2 + (\nu\sigma\lambda)^2}\right]}. \end{aligned} \tag{15. 7}$$

Ist $\nu^2\lambda < 1$, so ist $n < \varkappa$ und die Wellenlänge $\frac{2\pi c}{\nu n}$ größer als die Abklingungsstrecke $\frac{2\pi c}{\nu\varkappa}$, auf welcher sich die Amplitude um den Faktor $e^{-2\pi}$, also auf weniger als 2 Promille verringert. Eine Welle kommt dann eigentlich gar nicht zustande; das Feld ist quasistatisch und ähnelt in seiner räumlichen Verteilung einem statischen. Sind sogar $\nu^2\lambda$ und $\nu\sigma\lambda$ kleine Zahlen, so gilt die Näherung

$$n = \tfrac{1}{2}\sigma\sqrt{\lambda}, \quad \varkappa = \frac{1}{\nu\sqrt{\lambda}} \gg n, \tag{15. 8}$$

wie man am einfachsten durch Bildung von $n^2 - \varkappa^2$ und $2n\varkappa$ und Vergleich mit (15. 6) einsieht. Da in diesem Fall $\frac{\varkappa\nu}{c} = \beta$ ist, sinkt die Amplitude genau wie im statischen Fall wie $e^{-\beta z}$ ab.

Ist hingegen $\nu^2\lambda > 1$, so ist nach (15. 7) $n > \varkappa$, die Wellenlänge kleiner als die Abklingungsstrecke; so daß eine Reihe von Wellenlängen mit nur allmählich abklingender Amplitude zustandekommen. Ist gar $\nu^2\lambda \gg 1$, so spielt im Zähler von (15. 6) die 1 keine Rolle mehr und wir schließen auf die Näherungswerte:

$$n = 1 + \frac{1}{8}\left\{\frac{\sigma}{\nu}\right\}^2, \quad \varkappa = \frac{1}{2}\frac{\sigma}{\nu}. \tag{15. 9}$$

Von der Supraleitungskonstanten λ hängen sie nicht mehr ab.

Aber ein solcher Zustand läßt sich wohl nur unter dem Sprungpunkt erreichen, wo λ verhältnismäßig groß ist. Sobald λ bei etwas tieferen Temperaturen Werte wie 10^{-31} sec^2 angenommen hat, ist er kaum noch möglich, da wir unserer Theorie so wenig wie der MAXWELLschen Gültigkeit für beliebig hohe Frequenzen zuschreiben können. Betrachten wir einmal die Verhältnisse für Quecksilber[1], für das ja (§§ 1c und 11d) direkte Bestimmungen der Größenordnung von β, also auch von λ vorliegen. Bei Zimmertemperatur ist dessen Leitfähigkeit σ im LORENTZschen Maßsystem (4π-mal größer als im elektrostatischen) ungefähr 10^{17} sec^{-1}; dicht oberhalb des Sprungpunktes ist sie rund 500mal größer, also 10^{19} sec^{-1}. Infolgedessen ist

für $\nu = 10^{10}$ sec^{-1} $\nu^2\lambda = 10^{-11}$, $\nu\sigma\lambda = 10^{-2}$ (kurze Hertzsche Wellen),
für $\nu = 10^{14}$ sec^{-1} $\nu^2\lambda = 10^{-3}$, $\nu\sigma\lambda = 10^{+2}$ (ultrarote Schwingungen).

---

[1] Daß Quecksilber nicht kubisch kristallisiert, spielt hier keine Rolle; um so weniger, als die Versuche nicht an Einkristallen gemacht sind.

Im ersten Fall ist nach (15. 2) der Ohmsche Strom rund hundertmal kleiner als der Suprastrom, im zweiten Fall hundertmal größer. In Übereinstimmung damit überwiegt im Zähler von (15. 6) im ersten Fall die 1, im zweiten die Zahl $i\,\nu\,\sigma\,\lambda$, so daß, ganz wie beim Normalleiter,

$$n - i\varkappa = (1 - i)\sqrt{\frac{\sigma}{2\nu}} \qquad (15.10)$$

wird. Dies bedeutet völlige Übereinstimmung zwischen Normal- und Supraleiter bei optischen Vorgängen. Gäbe es nur Suprastrom, so wäre der Supraleiter durchsichtig. Darin, daß er sich vom Normalleiter fürs Auge nicht unterscheidet (§ 1), liegt der zwingende Beweis für die Existenz des Ohmschen Stroms.

Der Größenordnung nach ergibt (15. 10) für $\nu = 10^{14}\ \text{sec}^{-1}$ und $\sigma = 10^{19}\ \text{sec}^{-1}$ für n und $\varkappa$ Werte von $10^2 - 10^3$.

c) Wenn $\nu = 10^{10}\ \text{sec}^{-1}$ ist, so liegen nach den obigen Zahlen die Bedingungen für die Gültigkeit von (15. 8) vor. Der Brechungsindex n bekommt für Hertzsche Schwingungen die Größenordnung 10^3, der Extinktionskoeffizient $\varkappa$ 10^6. Nach einer bekannten optischen Formel berechnet sich nun das Reflexionsvermögen des Körpers für eine senkrecht aus dem leeren Raum einfallende Welle zu

$$\frac{(n-1)^2 + \varkappa^2}{(n+1)^2 + \varkappa^2},$$

und dieser Ausdruck vereinfacht sich unter den vorliegenden Umständen zu

$$\left(1 + \left(\frac{n-1}{\varkappa}\right)^2\right) \cdot \left(1 - \left(\frac{n+1}{\varkappa}\right)^2\right) = 1 - \frac{4n}{\varkappa} = 1 - 2\,\nu^2\sigma\lambda^3/_2. \qquad (15.11)^1$$

Folglich wird der durch den zweiten Summanden gegebene Teil der auftreffenden Energie im Supraleiter absorbiert; er ergibt sich aus den zugrunde gelegten Zahlen zu etwa 10^{-8}.

§ 16. Der Hochfrequenzwiderstand der Supraleiter.

a) Beim normalleitenden Zylinder erfüllt ein Gleichstrom den Querschnitt gleichförmig; aber Schwingungen ziehen sich mit wachsender Frequenz mehr und mehr auf eine dünne Schutzschicht an der Oberfläche zusammen; die Induktion des eigenen Magnetfeldes schützt das Innere vor dem Eindringen der Strömung. Darin besteht der Skineffekt, der auch bei anderen Formen des Leiters eintritt. Beim Supraleiter besteht schon bei Gleichstrom eine Tendenz dazu infolge der Koppelung des Suprastromes mit dem Magnetfeld, welche Gl. X ausspricht. Für schnellen Wechselstrom verstärken sich dieser Meißner- und der Skineffekt gegenseitig. Die Eindringtiefe des Feldes ist dann noch geringer als beim Normalleiter für die gleiche Frequenz oder beim Supraleiter für Gleichstrom.

Beim Normalleiter bedingt der Skineffekt eine unter Umständen sehr wesentliche Verringerung des stromführenden Querschnitts, daher eine manchmal sehr bedeutende Vergrößerung des Widerstandes. Beim Supraleiter weckt nach §§ 7 und 15 erst die Veränderlichkeit des Feldes überhaupt einen Widerstand, dieser aber nimmt mit wachsender Schwingungszahl nicht nur wegen der Querschnittsverkleinerung zu, sondern auch wegen der nach (15. 2) zunehmenden Ausschaltung des Suprastroms zugunsten des Ohmschen Stroms. Diese Zunahme wollen wir für kubisch kristallisiertes Material quantitativ beschreiben.

---

[1] Wegen der Deutung des Produkts $\nu^2\sigma\lambda^3/_2$ siehe die Diskussion von (16. 18).

b) Zuerst ist die Stromdichte als Funktion des Ortes zu bestimmen. Die Telegraphengleichung von § 6 lautet für den Gesamtstrom:

$$W(\mathfrak{J}) = \Delta\mathfrak{J} - \frac{1}{c^2}\frac{\partial^2\mathfrak{J}}{\partial t^2} - \frac{\sigma}{c^2}\frac{\partial\mathfrak{J}}{\partial t} - \frac{1}{c^2\lambda}\mathfrak{J} = 0.$$

Sie geht für periodische Vorgänge über in

$$\Delta\mathfrak{J} - \frac{1}{c^2}(\nu^2 + i\nu\sigma + \lambda^{-1}) = 0.$$

Da wir uns aber auf Frequenzen $\nu \gtreqless 10^{10}\,\mathrm{sec}^{-1}$ beschränken, ist mit $\sigma = 10^{19}\,\mathrm{sec}^{-1}$ (s. § 15) der erste Summand der Klammer klein gegen den zweiten. Wir vernachlässigen ihn und setzen:

$$\Delta\mathfrak{J} - k^2\mathfrak{J} = 0,$$
$$k = \frac{1}{c\sqrt{\lambda}}\sqrt{1 + i\nu\sigma\lambda}. \quad \text{(Für den Supraleiter).} \tag{16. 1}$$[1]

Da der vernachlässigte Summand von dem Glied $\frac{\partial\mathfrak{E}}{\partial t}$ in der Grundgleichung IIs herrührt, bedeutet dies Vernachlässigung des Verschiebungs- gegen den Leitungsstrom. Wir präzisieren die Definition von k dahin, daß beide Wurzeln das positive Zeichen tragen, daß also Real- und Imaginärteil von k positiv sind.

Der Grenzübergang zu $\lambda = \infty$ führt zum Normalleiter; denn dabei verschwindet der letzte Summand von $W(\mathfrak{J})$, und wir haben statt mit (16. 1) mit der Differentialgleichung zu tun:

$$\Delta\mathfrak{J} - k_n^2\mathfrak{J} = 0, \quad k_n = \frac{1}{c}\sqrt{i\nu\sigma}. \quad \text{(Für den Normalleiter.)} \tag{16. 2}$$

In beiden Fällen sind die Nebenbedingungen $\operatorname{div}\mathfrak{J} = 0$, und die der Endlichkeit und Stetigkeit von $\mathfrak{J}$ im Inneren zu erfüllen, an der Oberfläche ferner, da es sich um quasistationäre Strömung handelt, die Bedingung $\mathfrak{J}_n = 0$, und schließlich die Forderung, daß die Integration von $\mathfrak{J}$ über einen Querschnitt die Stromstärke $J\,e^{i\nu t}$ ergibt. Wir betrachten J als reelle Größe.

Aus der Stromdichte erhalten wir das magnetische Feld gemäß der Grundgleichung II, welche unter Fortlassung des Verschiebungsstroms

$$\operatorname{rot}\mathfrak{H} = \frac{1}{c}\mathfrak{J} \tag{16. 3}$$

lautet. Für den Außenraum tritt die Forderung hinzu, daß $\mathfrak{H}$ der negative Gradient eines der Gleichung $\Delta\varphi = 0$ gehorchenden Potentials ist. Nebenbedingungen sind außer der Divergenzfreiheit von $\mathfrak{H}$ noch seine Endlichkeit und Stetigkeit, auch an der Oberfläche des Leiters, und hinreichend schnelles Abklingen im Unendlichen. Diese Berechnung erfolgt für Supra- und Normalleiter in derselben Art, nur daß man im einen Fall mit dem k von (16. 1), im anderen mit dem k_n von (16. 2) zu tun hat.

Aus der Stromdichte können wir aber auch das elektrische Feld im Leiter erschließen. Dazu haben wir beim Normalleiter die Grundgleichung VIIa

$$\mathfrak{E} = \frac{\mathfrak{J}}{\sigma} \quad \text{(im Normalleiter),}$$

für den Supraleiter aber Gl. (15. 3)

$$\mathfrak{E} = \frac{i\nu\lambda}{1 + i\nu\sigma\lambda}\mathfrak{J}. \quad \text{(im Supraleiter).}$$

---

[1] Mit dem Brechungsindex und dem Extinktionskoeffizienten $\varkappa$ (§ 15) besteht der Zusammenhang $k = \frac{i\nu}{c}(n - i\varkappa)$.

Aus der Feldstärke für den Normalleiter bekommen wir also die für den Supraleiter durch Multiplikation mit dem Faktor

$$\frac{i\nu\sigma\lambda}{1+i\nu\sigma\lambda}. \tag{16. 4}$$

Der letzte Schritt besteht dann in der Ermittelung des POYNTINGschen Energieströmungs-Vektors $c\,[\mathfrak{E}\,\mathfrak{H}]$. Die Divergenz seines zeitlichen Mittelwertes gibt die Joulesche Wärme pro Volumen und Zeiteinheit, das Oberflächen-Integral $c \int [\mathfrak{E}\,\mathfrak{H}]_n\, d\,\sigma$ daher diese Wärme pro Zeiteinheit für das eingeschlossene Volumen. Aus den komplexen Lösungen für $\mathfrak{E}$ und $\mathfrak{H}$, die wir auf die angegeben Art erhalten, berechnen wir den zeitlichen Mittelwert als den reellen Teil von $\frac{1}{2}\,c\,[\mathfrak{E}\,\mathfrak{H}^*]$[1]. $\mathfrak{H}^*$ ist zu $\mathfrak{H}$ konjugiert komplex. *Haben wir also* $\frac{1}{2}\,c\,[\mathfrak{E}\,\mathfrak{H}^*]$ *für den Normalleiter berechnet, so übertragen wir die Berechnung auf den Supraleiter, indem wir* k_n *durch* k *ersetzen und den Faktor* (16. 4) *hinzufügen.* Aus dem Realteil davon ziehen wir dann den Schluß auf die Joulesche Wärme Q und den Widerstand

$$W = \frac{Q}{J^2}. \tag{16. 5}$$

Da der Faktor (16. 4) *beim Übergang zu* $\lambda = \infty$ *gleich* 1 *wird und* k *in* k_n *geht, schließt sich der Widerstand des Supraleiters beim Sprungpunkt der Temperatur, sofern sich nicht dort die Leitfähigkeit* σ *unstetig ändert, stetig an den Widerstand des Normalleiters an.*

Die einfachsten Lösungen der Differentialgleichungen (16. 1) und (16. 2) welche den schon in § 15 besprochenen ebenen Wellen entsprechen, lauten

$$\mathfrak{H} = \mathfrak{H}_0\, e^{-kz} \text{ und } \mathfrak{H} = \mathfrak{H}_0\, e^{-k_n z}.$$

Man sieht daran, daß die Abnahme mit wachsendem z durch den reellen Teil von k bzw. k_n bestimmt wird. Nun lauten die obigen Gleichungen für k und k_n wenn man die reellen von den imaginären Teilen trennt:

$$k = \frac{1}{c\sqrt{2\lambda}}\left\{\sqrt{1+\sqrt{1+(\nu\sigma\lambda)^2}} + i\sqrt{-1+\sqrt{1+(\nu\sigma\lambda)^2}}\right\}, \tag{16. 6}$$

$$k_n = \frac{(1+i)}{c}\sqrt{\frac{\nu\sigma}{2}}. \tag{16. 7}$$

Also ist der Realteil von k größer als der von k_n; im Supraleiter klingen die Wellen ceteris paribus nach dem Inneren schneller ab als im Normalleiter, wie wir schon in Abschnitt a behaupteten.

c) Nach dem obigen Schema berechnen wir nun den Wechselstromwiderstand eines vom Strom $J \cdot e^{i\nu t}$ durchflossenen Kreiszylinders vom Radius R, zunächst für den Normalleiter. Wir benutzen dieselben Zylinderkoordinaten wie in § 8. Da sich die Differentialgleichung (16. 2) von $\Delta\, u - \beta^2 u = 0$ nur in der Bezeichnung der Konstanten unterscheidet, übernehmen wir Gl. (8. 9) für die Strömung, indem wir β durch k_n und J durch $J \cdot e^{i\nu t}$ ersetzen:

$$\mathfrak{J}_r = 0,\ \mathfrak{J}_\vartheta = 0,\ \mathfrak{J}_z = \frac{i\,k_n\,J}{2\,\pi\,R}\,\frac{I_0(i\,k_n\,r)}{I_1(i\,k_n\,R)}\,e^{i\nu t}. \tag{16. 8}$$

[1] Hat man für zwei Feldgrößen A und B die komplexen Darstellungen

$$A = A_0\, e^{i\nu t} = |A_0|\, e^{i(\nu t - \varphi)}, \quad B = B_0\, e^{i\nu t} = |B_0|\, e^{i(\nu t - \psi)},$$

so repräsentieren diese zwei reelle Darstellungen, von denen die eine heißt:

$$A = |A_0| \cos(\nu\, t - \varphi), \qquad B = |B_0| \cos(\nu\, t - \psi).$$

Der zeitlich gemittelte Wert des Produkts $A\,B$ ergibt sich daraus zu

$$\tfrac{1}{2}\,|A_0|\,|B_0| \cos(\varphi - \psi).$$

Dies erhält man aus der komplexen Darstellung am einfachsten als

$$\tfrac{1}{2}\,\mathfrak{Re}\,(A\,B^*).$$

Die Gl. (16. 3) erfüllen wir durch Übertragung von (8. 11):

$$\mathfrak{H}_r = 0,\ \mathfrak{H}_\vartheta = \frac{J}{2\pi c R}\frac{\boldsymbol{I}_1(i k_n r)}{\boldsymbol{I}_1(i k_n R)} e^{i\nu t},\ \mathfrak{H}_z = 0. \tag{16. 9}$$

Für „dünne" Zylinder ($k_n R \ll 1$) schließen wir wie in § 8 aus den Näherungswerten $\boldsymbol{I}_0(x) = 1$, $\boldsymbol{I}_1(x) = \frac{1}{2}x$ [s. die Reihen (8. 6)], daß sie die Strömung gleichmäßig über den Querschnitt verteilt. Für „dicke" Zylinder ($k_n R \gg 1$) folgt aus den Näherungen

$$\begin{aligned} \boldsymbol{I}_0(i k_n r) &= \sqrt{\frac{1}{2\pi i k_n r}}\left(1 + \frac{1}{8 k_n r}\right) e^{k_n r + i\frac{\pi}{4}} \\ \boldsymbol{I}_1(i k_n r) &= \sqrt{\frac{1}{2\pi i k_n r}}\left(1 - \frac{3}{8 k_n r}\right) e^{k_n r + i\frac{3\pi}{4}}, \end{aligned} \tag{16. 10}$$[1]

daß $\mathfrak{J}$ und $\mathfrak{H}$ mit abnehmenden r exponentiell abklingen. Es gibt in diesem Fall eine Schutzschicht von der Dicke $(\mathfrak{Re}\,(k_n))^{-1}$, der Skineffekt ist stark ausgeprägt.

Der Poyntingsche Energiestrom hat hier nur eine r-Komponente vom Betrage $-\, c\, \mathfrak{E}_z \mathfrak{H}_\vartheta = -\frac{c}{\sigma}\mathfrak{J}_z \mathfrak{H}_\vartheta$. In den Zylinder strömt daher pro Längeneinheit im Zeitmittel die Energie

$$Q = 2\pi R \cdot \tfrac{1}{2}\frac{c}{\sigma}\mathfrak{Re}\,(\mathfrak{J}_z \mathfrak{H}_\vartheta^*)_{r=R}.$$

Definieren wir Z so, daß

$$Q = J^2\, \mathfrak{Re}\,(Z) \tag{16. 11}$$

wird, so ist nach (16. 5) der Widerstand pro Längeneinheit

$$W = \mathfrak{Re}\,(Z). \tag{16. 12}$$

Aus (16. 8) und (16. 9) aber ergibt sich:

$$Z = \frac{1}{\sigma\pi R^2}\frac{i k_n R}{2}\frac{\boldsymbol{I}_0\, i\,(k_n R)}{\boldsymbol{I}_1(i k_n R)} \quad \text{(für den Normalleiter).} \tag{16. 13}$$

Der erste Bruch gibt den Gleichstromwiderstand des Normalleiters. Für dünne Zylinder geben die beiden anderen Brüche nach (8. 6) den Faktor 1.

Diese altbekannte Formel für den Wechselstromwiderstand des normalleitenden Zylinders übertragen wir nun auf den Supraleiter, indem wir k statt k_n schreiben und den Faktor (16. 4) hinzufügen. Dessen Widerstand wird also der Realteil von

$$Z = \frac{1}{\sigma\pi R^2}\frac{i\nu\sigma\lambda}{1 + i\nu\sigma\lambda}\frac{i k R}{2}\frac{\boldsymbol{I}_0(i k R)}{\boldsymbol{I}_1(i k R)} \quad \text{(für den Supraleiter).} \tag{16. 14}$$

d) Die Diskussion dieser Formel beschränken wir auf den Fall eines „dicken" Zylinders ($|k|\, R \gg 1$). Aus (16. 10) folgt in diesem Fall:

$$\frac{\boldsymbol{I}_0(i k R)}{\boldsymbol{I}_1(i k R)} = -i\left(1 + \frac{1}{2 k R}\right). \tag{16. 15}$$

Damit vereinfacht für (16. 14) in Hinblick auf (16. 1) zu

$$Z = \frac{1}{2\pi c R}\frac{i\nu\sqrt{\lambda}}{\sqrt{1 + i\nu\sigma\lambda}}\left(1 + \frac{c\sqrt{\lambda}}{2\sqrt{1 + i\nu\sigma\lambda}\, R}\right). \tag{16. 16}$$

Zunächst nehmen wir hier $\nu\sigma\lambda \ll 1$ an, was bei $\nu \gtreqless 10^{10}\,\text{sec}^{-}$ und $\lambda = 10^{-31}\,\text{sec}^2$ sicher zutrifft (§ 15). Reihenentwicklung der Nenner in (16. 10) ergibt dann:

$$Z = \left\{\frac{\nu^2\sigma\lambda^{3/2}}{4\pi c R} + \frac{\nu^2\sigma\lambda^2}{4\pi R^2}\right\} + i\left\{\frac{\nu\lambda^{1/2}}{2\pi c R} + \frac{\nu\lambda}{4\pi R^2}\right\}. \tag{16. 17}$$

---

[1] Hier ist von Bedeutung, daß $\mathfrak{Re}\,(k_n) > 0$ ist.

Wir erörtern den reellen Teil davon, den Widerstand W. Er ist bis auf einen Zusatz, der sich zum ersten Glied wie $c\sqrt{\lambda} : R$ verhält ($c\sqrt{\lambda}$ ist die Eindringtiefe), gleich

$$W = \frac{\nu^2 \sigma \lambda^{3/2}}{4\pi c R} = \frac{(\nu\sigma\lambda)^2}{4\pi\sigma R c\sqrt{\lambda}}. \tag{16. 18}$$

Er ist proportional zu $(\sigma\nu\lambda)^2$, weil die Zahl $\nu\sigma\lambda$ nach (15. 2) das Maß der Beteiligung des Ohmschen Stroms $\mathfrak{J}^0$ an der Leitung darstellt, und die Joulesche Wärme zu $\mathfrak{J}^{0\,2}$ proportional ist. Im Nenner steht das Produkt aus dem Zylinderumfang $2\pi R$ mit der Eindringtiefe $c\sqrt{\lambda}$, welches ein ungefähres Maß des Querschnitts der stromführenden Oberflächenschicht bildet; außerdem steht dort noch σ, weil es auf das Produkt aus σ und einem solchen Querschnitt ankommt. Daß wir als Eindringtiefe $c\sqrt{\lambda}$ bezeichnen dürfen und nicht das Reziproke des Realteils von k, liegt daran, daß in dieser Näherung der Suprastrom den Ohmschen weit überwiegt.

Formel (16. 18) ist für alle Temperaturen anwendbar, die mindestens einige Zehntelgrad unter dem Sprungpunkt liegen; denn dort hat λ die vorausgesetzte Größenordnung $10^{-31}\,\mathrm{sec}^2$. Mit steigender Temperatur wächst λ, mit ihm der Widerstand. Aber wenige Zehntelgrad unter dem Sprungpunkt wird λ so groß, daß jene Gleichung versagt. Um die Abhängigkeit des Widerstandes von der Temperatur im ganzen zu übersehen, führen wir daher durch die Definition

$$\nu\sigma\lambda = \operatorname{tg}\Theta \qquad \left(0 > \Theta \gtreqless \frac{\pi}{2}\right) \tag{16. 19}$$

eine Hilfsgröße Θ ein. Indem wir in (16. 16) den zweiten, kleinen Summanden in der Klammer fortlassen, erhalten wir die folgende Umrechnung:

$$2\pi c R Z = i\,\nu\sqrt{\lambda\cos\Theta}\; e^{-{}^1/_2 i\Theta}.$$

Danach ist der reelle Teil der rechten Seite

$$2\pi c R W = \sqrt{\frac{\nu}{\sigma}}\cdot\sqrt{\nu\sigma\lambda\cos\Theta}\,\sin\left(\tfrac{1}{2}\Theta\right) = \sqrt{\frac{\nu}{\sigma}}\sqrt{\sin\Theta}\,\sin\left(\tfrac{1}{2}\Theta\right).$$

Am Sprungpunkt ist $\lambda = \infty$, daher $\Theta = \frac{1}{2}\pi$. Da dort die Leitfähigkeit vielleicht einen anderen Wert σ_s besitzt, als bei tieferen Temperaturen, haben wir zu setzen:

$$2\pi c R W_s = \sqrt{\frac{\nu}{\sigma_s}}\,\frac{1}{\sqrt{2}}. \tag{16. 20}$$

Division der letzten Gleichungen ergibt:

$$\sqrt{\frac{\sigma}{\sigma_s}}\,\frac{W}{W_s} = \sqrt{2\sin\Theta}\,\sin\left(\tfrac{1}{2}\Theta\right). \tag{16. 21}$$

Der Ableitung nach gibt (16.20) den Widerstand des Normalleiters von der Leitfähigkeit σ_s unter der Voraussetzung des stark ausgeprägten Skineffekts ($\mathfrak{Re}\,(k_n R) \gg 1$); man bestätigt dies leicht an (16. 13) unter Hinblick auf (16. 15). Formel (16. 21) zeigt demnach wiederum den stetigen Anschluß des Hochfrequenzwiderstandes beim Supraleiter an den des Normalleiters.

e) Aus Gl. (16. 21) ist jede den Supraleiter geometrisch kennzeichnende Größe fortgefallen. In der Tat gilt sie auch für andere Formen als den geraden Kreiszylinder.

Geben wir, um dies einzusehen, einem Normalleiter irgendeine längliche Gestalt, an deren um die Strecke L voneinander entfernten Enden zwei Stromzuführungen sitzen. Es kann z. B. ein zur Spule gewickelter Draht sein. Sein Gleichstromwiderstand wäre $L/\sigma F$, wo F einen mittleren Querschnitt bezeichnet. Bei Wechselstrom und stark ausgeprägtem Skineffekt erfüllt der Strom aber gar nicht den vollen Querschnitt, sondern nur eine dünne Oberflächenschicht, deren Dicke durch $(\Re e\,(k_n))^{-1}$ gemessen wird. Längs der Oberfläche habe ihr Querschnitt eine Erstreckung, die wir durch die Länge S charakterisieren. So wird der Widerstand $W = L\,(\Re e\,(k_n))/\sigma\,S$. Die Rechnung führt, wie das Beispiel des Zylinders dartut, zunächst auf eine komplexe Größe Z, deren Realteil W ist; da sie Real- und Imaginärteil von k_n nicht gesondert behandelt, kann die Gleichung für Z nicht anders lauten als $Z = L \cdot k_n/\sigma\,S$. In der Tat hat Gl. (16.13) diese Form, wenn man in ihr den Quotienten der Besselfunktionen gemäß (16. 15) gleich $-i$ setzt, und bedenkt, daß sie sich auf $L = 1$ bezieht. Der Übergang zum Supraleiter, der Ersetzung des k_n durch k und Multiplikation mit dem Faktor (16. 4) erfordert, liefert dann

$$Z = \frac{L}{S}\left(\frac{k}{\sigma}\,\frac{i\nu\sigma\lambda}{1 + i\nu\sigma\lambda}\right).$$

Wir bestätigen an (16. 14), daß der Faktor von L/S hier gleich dem dortigen Faktor von $(2\,\pi\,R)^{-1}$ ist, wenn man nur wiederum von (16. 15) Gebrauch macht. Dies aber bedeutet, daß sich die an Gl. (16. 19) anschließende Umformung genau auf die Ausdrücke

$$\frac{c\,S\,Z}{L} \quad \text{und} \quad \frac{c\,S\,W}{L}$$

überträgt, also wieder zur Formel (16. 21) führt[1].

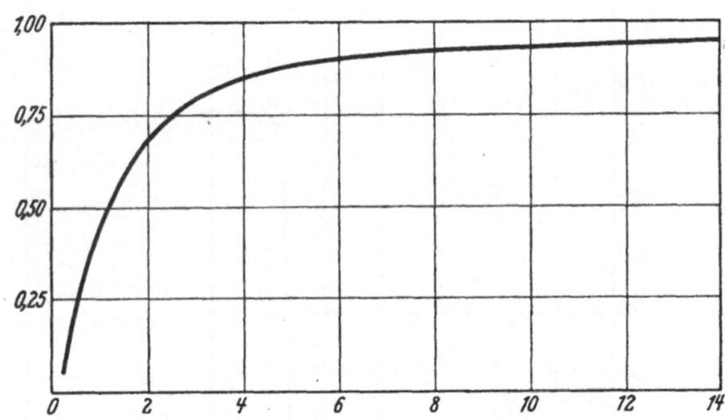

Abb. 22. Ordinate $\sqrt{2 \sin \Theta}\, \sin^{1}/_{2}\Theta$, Abscisse tg Θ.

Dabei ist, um es zu wiederholen, wesentliche Voraussetzung, daß schon beim Normalleiter der Skineffekt stark ausgeprägt ist; nur wenn für den kleinsten Wert von $|k|$, nämlich $|k_n|$, die Bedingung $|k|\;R \gg 1$ erfüllt ist, läßt sich (16. 21) anwenden.

f) Wir senken die Temperatur T vom Sprungpunkt T_s an. Dabei nimmt mit λ nach (16. 19) Θ monoton ab, desgleichen die Funktion $\sqrt{2 \sin \Theta}\, \sin \frac{1}{2}\,\Theta$ (Abb. 22). Ist schließlich infolge Abnahme von λ die Zahl $\nu\,\sigma\,\lambda$ klein gegen 1 geworden, so ist auch $\Theta \ll 1$ und $\sqrt{2 \sin \Theta}\, \sin \frac{1}{2}\,\Theta$ hat den Wert $\frac{1}{\sqrt{2}}\;(\nu\,\sigma\,\lambda)^{3}/_{2}$; also gilt nach (16. 21):

$$W = W_s \sqrt{\frac{\sigma_s}{2\nu}\,\nu^2\,\sigma\,\lambda^{3}/_{2}},$$

in Übereinstimmung mit (16. 17). Zwischen W_s und diesem Wert sollte sich W monoton verringern, wäre die Leitfähigkeit σ konstant. Aber die Kurve, in welcher McLennan und seine Mitarbeiter (§ 1c) den Widerstand des Tantal für $\nu = 2\,\pi \cdot 1{,}14 \cdot 10^7\ \mathrm{sec}^{-1}$ als Funktion der Temperatur darstellen, nämlich die obere Kurve der Abb. 23, zeigt zunächst ein Maximum, bei welchem W 4% über W_s liegt, um dann erst den erwarteten steilen Absturz zu zeigen. Das läßt sich, sofern dieses Maximum reell ist, nur dahin deuten, daß am Sprungpunkt die Leitfähigkeit σ abzusinken beginnt. Denn das Produkt $\sqrt{\sigma}\;W$ muß nach (16. 21) sogleich unterhalb T_s kleiner werden.

[1] Für den zur Spule gewickelten, normalleitenden Draht berechnet A. Sommerfeld, Ann. Phys. (4) **24**, 609 (1907) die an (15. 13) anzubringende Korrektur. Bei starkem Skineffekt besteht sie in einem reellen, nur von der Ganghöhe der Spule und dem Drahtradius abhängenden Faktor. Dieser tritt auch zu $W = \Re e\,(Z)$ hinzu, überträgt sich unverändert auf den supraleitenden Draht und hebt sich in (16. 21) bei der Bildung des Quotienten W/W_s heraus.

Selbstverständlich kann man aus der einen empirischen Kurve nicht σ und λ als Funktionen von T bestimmen. Aber man kann feststellen, ob ein plausibler Ansatz für σ als Funktion von T in Verbindung mit der empirischen Kurve für W zu einer Kurve für λ als Funktion von T führt, welche einen ähnlichen steilen Abfall der λ-Werte dicht unter T_s zeigt, wie ihn die Messungen von APPLEYARD und Mitarbeitern, sowie die von SHOENBERG beim Quecksilber ergeben haben (§ 1c). Denn sind W und σ für ein T gegeben, so ordnet Gl. (16. 21) diesem T einen Θ-Wert zu, und (16. 18) diesem ein λ. Wir versuchen es etwa mit dem Ansatz

$$\frac{\sigma}{\sigma_s} = 0{,}6 + 0{,}4 \cdot e^{-5(T_s - T)}, \qquad (16.\,22)$$

demzufolge σ innerhalb eines Grades auf $0{,}6\,\sigma_s$ absinkt, um dann konstant zu bleiben. Für σ_s schwanken die empirischen Daten; MCLENNANs und seiner

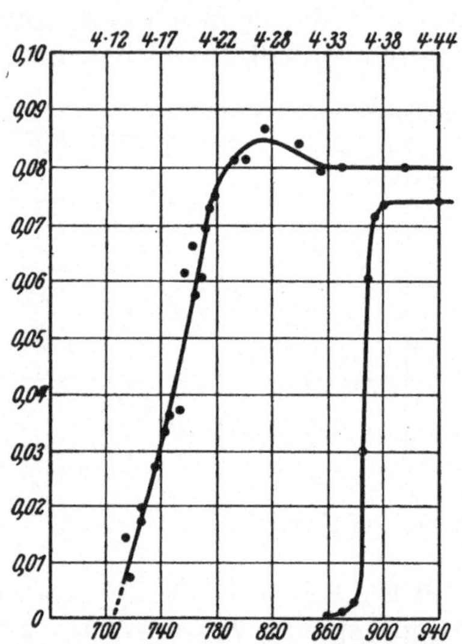

Abb. 23. Ordinate der oberen Kurve ist das Quadrat des an Tantal gemessenen Hochfrequenzwiderstandes in einer belanglosen Einheit. Die Abscissenwerte der Temperatur geben die Zahlen am oberen, die dazugehörigen Dampfdrucke des Helium die Zahlen am unteren Rande der Abbildung. Die untere Kurve gibt den gemessenen Gleichstromwiderstand in einer anderen Einheit. (MCLENNAN und Mitarbeiter.)

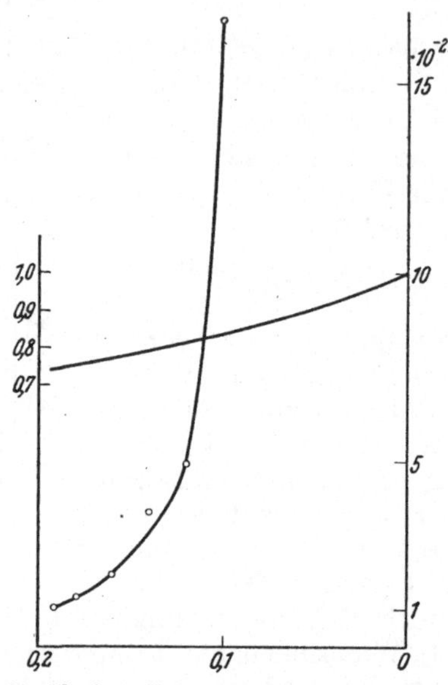

Abb. 24. Abscisse: Temperaturdifferenz $T_s - T$, nach links wachsend. Ordinate für die steilere Kurve ist die Supraleitungskonstante in sec²; dazu gehört der Maßstab rechts. Ordinate für die flache Kurve ist $\sigma/\sigma\,\beta$ gemäß der Annahme (15. 22); dazu gehört der Maßstab links.

Mitarbeiter Angabe, daß der Gleichstromwiderstand des Tantal bei T_s 0,07 des Widerstands bei 0° C betrüge, führt (für das LORENTZsche Maßsystem) auf $\sigma_s = 1{,}30 \cdot 10^{19}\,\text{sec}^{-1}$. Mit diesem Wert rechnen wir; sollte er um den Faktor α falsch sein, so multiplizieren sich alle σ mit α und alle λ mit α^{-1}, was die Gestalt der λ-Kurve nicht änderte. Das Ergebnis dieser Rechnung zeigt Abb. 24. In der Tat hat die Kurve den erwarteten Verlauf. Zum Vergleich gibt Abb. 15 in § 11 die Messungen von λ am Quecksilber wieder.

Nimmt man dies als genügende Bestätigung der Theorie, so kann man weiter fragen, wie sich die Kurve für W veränderte, wenn man zu höheren Frequenzen überginge. Bei den tiefsten Temperaturen, bei denen W noch gerade merklich ist, muß sich wegen des Faktors ν^2 in (16. 18) die Kurve bedeutend heben. Sie muß sich auch bei höheren Temperaturen heben, weil nach (16. 19) bei gegebener Temperatur, also festgehaltenem σ und λ, mit ν auch Θ wächst, und damit die rechte Seite von (16. 21). Aber diese Zunahme macht um so weniger aus, je zweier fester Phasen ineinander durch einen Dampf vermittelt, indem die eine verdampft und sich auf der anderen dieselbe Menge Substanz niederschlägt, größer $\nu \sigma \lambda$ schon ist, je näher T also an T_s liegt; und für T_s selbst hat Θ, wie wir schon sahen, für jede Frequenz den Maximalwert $\pi/2$, so daß $W = W_s$ bleibt. Der Anstieg der W-Kurve bis zu W_s wird also bei höherer Frequenz weniger steil ausfallen, die Kurve wird noch bei niedrigeren Temperaturen als in Abb. 23 merklich über dem Nullniveau liegen.

Ist unsere Interpretation der Hochfrequenzkurve richtig, so muß man als Sprungpunkt des Tantal 4,33° betrachten. Die untere Kurve von Abb. 23 gibt nun die gemessenen Gleichstromwiderstände wieder; sie geht genau bei dieser Temperatur zu Null. Die übliche Angabe des Sprungpunktes wäre etwa 4,36°, die Temperatur nämlich, bei welcher die Gleichstromkurve auf die Hälfte ihrer ursprünglichen Höhe abgesunken ist. Es scheint danach, als wären alle Sprungpunkte in der Literatur um einige hundertstel Grad zu hoch angegeben. Darauf wiesen wir schon in § 1a hin.

g) H. London (§ 1c) maß den Widerstand des supraleitenden Zinn bei Schwingungszahlen um 10^{10} sec^{-1} herum, indem er Wirbelströme in einem ellipsoidischen Körper erregte und die erzeugte Wärme aus der Verdampfungsgeschwindigkeit des Heliumbades ermittelte. Auch er findet beim Sprungpunkt stetigen Anschluß an den Hochfrequenzwiderstand des Normalleiters, dann bei sinkender Temperatur steilen Abfall, aber ohne das Maximum der McLennanschen Kurve.

Die Überlegungen dieses Paragraphen verlieren (wie die Maxwell-Londonsche Theorie überhaupt) ihre Bedeutung, wenn die freie Weglänge der Elektronen vergleichbar oder gar groß wird gegen die hier berechnete Eindringungstiefe. Dieser Fall tritt nach Pippard[1] gelegentlich ein.

§ 17. Die Thermodynamik des Übergangs vom Normal- zum Supraleiter.

a) Es war der Meißnereffekt, der zu der Auffassung führte, der supra- und normalleitende Zustand wären verschiedene Phasen desselben Stoffes, in demselben Sinn, wie Diamant und Graphit verschiedene Phasen des Kohlenstoffs bilden. Vorher, als man annahm, jedes beliebige Magnetfeld könne im Supraleiter „einfrieren" (s. § 1f), mußte man an eine unendliche Fülle supraleitender Zustände glauben, welche diesen Gedanken ausschloß. Seitdem aber wissen wir, daß das Innere eines hinreichend kompakten Supraleiters im stationären Zustand feldfrei ist, geschützt durch dünne Schutzschichten an der Oberfläche, und daß, wenn das Metall zu dünn ist, um diese auszubilden, doch das Feld in ihm eindeutig durch die Bedingungen bestimmt ist, welche das augenblicklich in seiner Umgebung herrschende Magnetfeld ihm auferlegt, ohne Rücksicht auf die Vorgeschichte. Dieses Feld betrachten wir stets als stationär, alle Zustandsänderungen als quasistationär, wie es die Thermodynamik ja bei allen ihren Betrachtungen tut.

Aber freilich sind sich die supra- und die normalleitende Phase viel ähnlicher, als Diamant und Graphit. Sie stimmen nämlich bei jeder Temperatur völlig überein im Raumgitter, nicht nur in dessen kristallographischem Typus, sondern auch in der Größe seiner drei Translationen; Form und Volumen bleiben daher beim Phasenübergang völlig erhalten. Und dies ist eine notwendige Voraussetzung für die folgende Anwendung der Thermodynamik. Wird der Übergang

---

[1] Pippard, A. B.: Proc. roy. Soc. (A) **191**, 385 und 399 (1947); Reuter, S. E. H., u. E. H. Sondheimer: Proc. roy. Soc. (A) **195**, 336 (1948).

so kommt es nicht darauf an. Aber im vorliegenden Falle geht eine feste Phase unvermittelt in die andere, sie berührende über; nur die Übereinstimmung der Raumgitter verhütet, daß dabei eine Aufsplitterung in mehr oder minder kleine Bruchstücke eintritt, welche natürlich jede Umkehrbarkeit des Vorgangs ausschlösse.

Im übrigen haben KEESOM und KOK am Tellur, VAN LAER und KEESOM[1] am Zinn die Wärmetönungen für den Übergang vom Supra- zum Normalleiter und umgekehrt experimentell miteinander verglichen und als entgegengesetzt gleich befunden, wie es die Reversibilität des Vorganges erfordert.

Eine weitere, freilich durch die Ausführungen von § 5 wohlgestützte Voraussetzung ist, daß sich die freie Energie des magnetischen Feldes, einschließlich der Supraleitungsenergie, zur freien Energie des Körpers addiert, daß es also keine freie Energie der Wechselwirkung gibt. Dies ermöglicht nämlich die folgende Auffassung: Das Feld einschließlich der Supraströmung ist eine „Maschine", welche auf den Supraleiter die nach § 13 von den LONDONschen Spannungen herrührenden Oberflächenkräfte ausübt. In dem Maße, wie sich diese verschiebt, leisten diese Kräfte Arbeit; bei isothermer Verrückung dient diese der Veränderung der freien Energie der Materie. Die freie Energie des Feldes geht in eine solche Rechnung nicht ein; denn die inneren Veränderungen der „Maschine" sind für die Energiebilanz des Körpers belanglos.

Wo kein Strom die Grenzfläche durchsetzt, die Stromlinien also zu dieser parallel verlaufen, ist nach §§ 13 und 14 jene Kraft des Feldes ein Zug ins Innere des Supraleiters vom Betrage $\frac{1}{2}(\mathfrak{J}^l\,\mathfrak{G})$. Mit diesem rechnen wir zunächst.

b) Um diesen Plan durchzuführen, bezeichnen wir mit f_S und f_N die freien Energien pro Mol des Supra- und des Normalleiters, mit V das beiden Phasen gemeinsame Molvolumen, mit $d\sigma$ ein Element der Oberfläche des Supraleiters und mit δn eine virtuelle Verrückung dieses Elements in Richtung seiner Normalen. Führt die Verrückung ins Innere des Supraleiters, so soll δn wie in § 14f als positiv gelten. Es ist notwendig positiv, wenn der Supraleiter an leeren Raum oder einen von ihm chemisch verschiedenen Körper stößt; grenzt er aber an den ihm chemisch gleichen Normalleiter, so kann δn auch negativ sein. Bei positivem δn verwandeln sich $d\sigma\,\delta n/V$ Mole des Supraleiters in Normalleiter; der Zug der LONDONschen Spannungen leistet die Arbeit $\frac{1}{2}(\mathfrak{J}^l\,\mathfrak{G})\,\delta n\,d\sigma$, während die freie Energie der Materie um $(f_N - f_S)\,\frac{d\sigma\,\delta n}{V}$ zunimmt. Bei negativem δn geht die entsprechende Zahl von Molen des Normalleiters in den supraleitenden Zustand über; die Arbeit jener Kräfte wird negativ. Natürlich kann sich nicht ein einzelnes Element $d\sigma$ verschieben, da doch der Zusammenhang der Grenzfläche gewahrt bleiben soll. Vielmehr gehört zu jedem Element $d\sigma$ eine Verrückung δn, die längs der Fläche noch beliebig variiert; die übergehende Molzahl beträgt $\int \delta n\,d\sigma/V$, die Arbeit der Kräfte ist

$$\delta A = \tfrac{1}{2}\int (\mathfrak{J}^l\,\mathfrak{G})\,\delta n\,d\sigma, \tag{17.1}$$

die zugehörige Änderung der freien Energie

$$\delta F = \frac{f_N - f_S}{V}\int \delta n\,d\sigma. \tag{17.2}$$

Die Thermodynamik folgert aus ihren beiden ersten Hauptsätzen, daß für jeden tatsächlich eintretenden, isothermen Vorgang $\delta A > \delta F$ ist. Hinreichende Bedingung für das Nicht-Eintreten ist folglich:

$$\delta A \leqq \delta F.$$

[1] KEESOM, W. H. u. J. A. KOK: Physica 1, 503 (1934); LAER, P. H. VAN, u. W. H. KEESOM: Physica 5, 993 (1938).

Angewandt auf die Verschiebung der Grenzfläche lautet dies:

$$\tfrac{1}{2}\int (\mathfrak{J}^l\,\mathfrak{G})\,\delta n\,d\sigma \leqq \frac{f_N - f_S}{V}\int \delta n\,d\sigma.$$

Ist nun δn beider Vorzeichen fähig, so muß das Gleichheitszeichen gelten; denn ist für eine bestimmte Wahl der δn die rechte Seite die größere, so ist sie für die entgegengesetzt gleichen δn die kleinere. Da im übrigen δn eine willkürliche Ortsfunktion längs der Grenzfläche ist, muß, an jeder Stelle

$$\tfrac{1}{2}(\mathfrak{J}^l\,\mathfrak{G}) = \frac{f_N - f_S}{V} \tag{17.3}$$

sein. *Dies also ist die Gleichgewichtsbedingung für die Grenze zwischen Supra- und Normalleiter.* Ist jedoch δn notwendig positiv, so gilt als *Bedingung für die Erhaltung der Supraleitung in einem an leeren Raum oder einen Fremdkörper grenzenden Metall:*

$$\tfrac{1}{2}(\mathfrak{J}^l\,\mathfrak{G}) \leqq \frac{f_N - f_S}{V}. \tag{17.4}$$

In dieser Form gelten beide Bedingungen sowohl für den „dicken“ Supraleiter mit seinen voll ausgebildeten Schutzschichten, als auch für einen „dünnen“, in welchen das Magnetfeld mehr oder minder vollständig eindringt. Meist formuliert man sie, da die Versuche sich fast alle mit „dicken“ Supraleitern beschäftigen, so daß man gemäß der für „dicke“ Körper geltenden Formel (7. 37) vom Suprastrom zum Betrage H der magnetischen Feldstärke übergeht, welche an derselben Stelle der Grenzfläche herrscht. Definiert man den *Schwellenwert* des Magnetfeldes H_k durch die Forderung

$$\tfrac{1}{2} H_k^2 = \frac{f_N - f_S}{V}, \tag{17.5}$$

so lautet dann Gl. (17. 3) für die Grenze zwischen Supra- und Normalleiter

$$H = H_k\,, \tag{17.6}$$

und die Bedingung (17. 4) für eine Grenzfläche gegen leeren Raum oder einen Fremdkörper:

$$H \leqq H_k. \tag{17.7}$$

Darin liegt die Berechtigung, die Feldstärke H_k als Schwellenwert zu bezeichnen. Die Tatsache, daß dessen Überschreitung an irgendeinem Punkt einer freien Oberfläche eines „dicken“ Supraleiters die Supraleitung zerstört, ergibt sich hier als notwendige Folge der Theorie.

Sind es nur permanente Magnete und Ringströme in Supraleitern, was das Magnetfeld hervorruft, so ist nach § 14e die Arbeit ∂A des Feldes gleich der Abnahme ($-\partial U$) der freien Energie des Feldes. Gl. (17. 3) besagt dann, daß die Summe aus den freien Energien des Feldes und der Materie bei der reversiblen Phasenumwandlung erhalten bleibt. Aber diese Aussage gilt nicht, wenn auch Ohmsche Ströme oder solche allein die Erreger des Feldes sind; denn dann ist das System Feld + Körper gar nicht abgeschlossen, sondern es bedarf noch elektromotorischer Kräfte, um die Bedingung der konstanten Ohmschen Stromstärken zu erfüllen. Will man den Satz von der Konstanz der freien Energie anwenden, so muß man sich also zunächst die Art der Felderregung klar machen[1].

c) Für den „dicken“ Supraleiter lassen sich diese Schlüsse auch aus den Volumenkräften $1/c\,[\mathfrak{J}\,\mathfrak{H}]$ ziehen, welche die MAXWELLschen Spannungen auf den Supraleitungsmechanismus ausüben. Zwar sind diese Kräfte über die Dicke der Schutzschicht verteilt; da diese Schicht jedoch die Verrückung δn bei einem „dicken“ Körper als Ganzes, ohne Änderung ihrer Feld- und Stromverteilung

[1] LAUE, M. v.: Z. Phys. **125**, 517 (1949).

mitmacht, kann man die Arbeit dieser Kräfte pro Flächeneinheit der Oberfläche als Produkt aus der pro Flächeneinheit resultierenden Kraft mit δn berechnen. Die resultierende Kraft aber ist nach § 13, da auf der Innenseite der Schutzschicht kein Feld besteht, gleich dem Druck $\frac{1}{2} H^2$ der Kraftlinien auf der Außenseite. So gelangt man zu der Gleichgewichtsbedingung:

$$\delta A = \tfrac{1}{2} \int H^2 \, \delta n \, d\sigma \leqq \frac{f_N - f_S}{V} \int \delta n \, d\sigma$$

und damit zu den Formeln (17. 6) und (17. 7). Auf „dünne" Körper jedoch, bei denen sich Feld- und Stromverteilung mit der Verrückung δn der Oberfläche in verwickelter Art verändert, wäre dieser Schluß nicht leicht zu übertragen.

Diese Ableitung hat den Vorteil, daß sie unmittelbarer als die erste an den Meißnereffekt, die Tatsache einer Schutzschicht, anknüpft, aber jene hat den Vorteil der größeren Allgemeinheit, insofern sie auch auf „dünne" Körper anwendbar ist.

d) Die freien Energien f_N und f_S sind Funktionen der Temperatur T. Ihre Abhängigkeit von elastischer Beanspruchung oder allseitigem Druck lassen wir hier außer Betracht, da die meisten Versuche ohne solche Beanspruchung gemacht sind, und ein allseitiger Druck von weniger als einer Atmosphäre, wie er dabei meist auf den Probekörpern lastet, die freie Energie eines festen Körpers nicht merklich beeinflußt. Nach (17. 5) ist auch der Schwellenwert H_k Funktion von T. Aus der Thermodynamik entnehmen wir die Beziehung

$$s = -\frac{d f}{d T} \tag{17. 8}$$

zwischen der freien Energie und der Entropie s pro Mol und erhalten aus (17. 5), indem wir die bei so tiefen Temperaturen nach dem NERNSTschen Wärmetheorem minimale Veränderlichkeit von V vernachlässigen:

$$s_N - s_S = -\tfrac{1}{2} V \frac{d\,(H_k^2)}{d T} = - V H_k \frac{d H_k}{d T}. \tag{17. 9}$$

Dies ist die Entropiezunahme, welche bei Überführung eines Mol vom supra- zum normalleitenden Zustand eintritt. Multiplizieren wir sie mit T, so erhalten wir die bei diesem Übergang zuzuführende Wärmemenge

$$Q = -\tfrac{1}{2} V T \frac{d\,(H_k^2)}{d T} = - V T H_k \frac{d H_k}{d T}. \tag{17. 10}$$

Ferner führt zu den Mol-Wärmen (bei konstantem Druck) die Relation:

$$c = T \frac{d s}{d T} = - T \frac{d^2 f}{d T^2}. \tag{17. 11}$$

Also folgt aus (17. 9):

$$c_N - c_S = -\tfrac{1}{2} V T \frac{d\,(H_k^2)}{d T^2} = - V T \left[\left(\frac{d H_k}{d T} \right)^2 + H_k \frac{d^2 H_k}{d T^2} \right]. \tag{17. 12}$$

e) Diese zuerst von CASIMIR und GORTER[1] angegebenen Beziehungen diskutieren wir nun, indem wir in Abb. 25 die freien Energien f_N und f_S durch Kurven in ihrer Abhängigkeit von T darstellen. Die Richtungen ihrer Tangenten geben nach (17. 8) die zugehörigen Entropien. Beim Sprungpunkt T_s ist entsprechend

[1] CASIMIR, H.: Physica **1**, 306 (1934). Gl. (17. 12) findet sich schon vorher im Anhang zu einer Veröffentlichung von PAUL EHRENFEST, Proceedings Amsterdam **36**, 153 (1933), der von A. J. RUTGERS stammt. Diese Ableitungen setzen als empirische Tatsache den temperaturabhängigen Schwellenwert der magnetischen Feldstärke voraus, während dies im Text aus der Theorie folgt. Die auch für „dünne" Supraleiter gültige Formulierung der Gleichgewichtsbedingungen in (17. 3) und (17. 4) gab M. v. LAUE: Ann. Phys. **32**, 71 und 253 (1938); **2**, 183 (1948).

seiner Definition $H_k = 0$, nach (17. 5) also $f_N = f_S$; dort haben beide Kurven einen gemeinsamen Punkt. Da erfahrungsgemäß $d\,H_k/d\,T$ dort endlich ist, haben sie nach (17. 8) aber auch eine gemeinsame Tangente; sie unterscheiden sich hingegen nach (17. 12) im zweiten Differentialquotienten, also in der Krümmung. Für $T < T_s$ ist nach (17. 5) stets $f_N > f_S$.

Zu Temperaturen über T_s läßt sich die Kurve f_S nicht verfolgen. Der Supraleiter existiert dort nicht, auch nicht als eine nur gegenüber dem Normalleiter instabile Phase. Das schließen wir erstens aus der Tatsache, daß die Supraleitungskonstante λ bei T_s über alle Grenzen wächst; welche Werte sollte man ihr für noch höhere Temperaturen zuschreiben? Zweitens folgern wir es daraus, daß eine Reihenentwicklung von $f_N - f_S$ nach Potenzen von $T - T_s$ mit der zweiten Potenz nach dem obigen beginnen müßte, der gemeinsame Punkt beider Kurven also ein Berührungspunkt wäre und f_N auch oberhalb T_s über f_S läge, was zur sonstigen Vorstellung von Phasenübergängen nicht stimmt. Die Kurve der freien Energie, von hohen Temperaturen kommend, gabelt sich bei T_s, und zwar so, daß beide dort entspringenden Äste in T_s dieselbe Tangente haben.

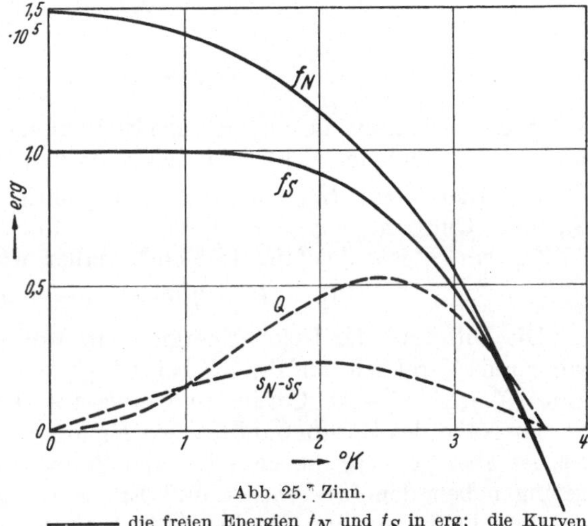

Abb. 25. Zinn.

——— die freien Energien f_N und f_S in erg; die Kurven trennen sich bei 3,7°, dem Sprungpunkt. Da eine additive Konstante willkürlich ist, hat nur die Differenz $f_N - f_S$ physikalische Bedeutung.

— — — obere Kurve: Die dem Supraleiter bei der Umwandlung in den Normalleiter zuzuführende Wärme Q in erg.

— — — untere Kurve: Die Entropiedifferenz $s_N - s_S$ in erg/grad. Alle Größen bezogen auf das Mol. Die benutzten Zahlen stammen aus den Gleichungen (17. 17) und (17. 18). In Formeln ist

$$f_N = -2{,}54 \,.\, 10^2\, T^4 - 8{,}40 \,.\, 10^3\, T^2 + 1{,}50 \cdot 10^5 \text{ erg}$$
$$f_S = -5{,}92 \,.\, 10^2\, T^4 + 1{,}00\; 10^5 \text{ erg}$$
$$s_N - s_S = -1{,}35 \,.\, 10^3\, T^3 + 1{,}68 \,.\, 10^4\, T \text{ erg/grad}$$
$$Q = -1{,}35 \,.\, 10^3\, T^4 + 1{,}68\;\; 10^4\, T^2 \text{ erg}$$

Erfahrungsgemäß wächst H_k mit abnehmender Temperatur monoton; dasselbe gilt nach (17. 5) für $f_N - f_S$. Bei $T = 0$ muß nach dem NERNSTschen Wärmetheorem $s_S = s_N$ werden; daraus folgt nach (17. 9):

$$\frac{d\,H_k}{d\,T} = 0.$$

Dieser Forderung, sowie der, daß $\frac{d\,H_k}{d\,T}$ bei T_s endlich bleibt, genügt die in Abb. 4 in § 1e für H_k gezeichnete Parabel, ohne daß diese Kurvenform damit schon festgelegt wäre. Sonst ist $\frac{d\,H_k}{d\,T} < 0$, nach (17. 10) also $Q > 0$. *Übergang vom Supra- zum Normalleiter erfordert Wärmezufuhr; der umgekehrte Vorgang macht Wärme frei. Nur am absoluten Nullpunkt,* an welchem außer T auch noch der Faktor $\frac{d\,H_k}{d\,T}$ in (17. 10) verschwindet, *und am Sprungpunkt* T_s, an welchem H_k Null ist, *ist* $Q = 0$. Dazwischen hat Q mindestens ein Maximum. Sofern die H_k-Kurve wie in Abb. 4 exakt parabolisch ist, liegt das einzige Maximum bei $T = \sqrt{\tfrac{1}{2}}\, T_s = 0{,}707\, T_s$.

Aus dem endlichen Wert von $\frac{d\,H_k}{d\,T}$ bei T_s schließen wir nach (17. 12) daß dort $c_N < c_S$ ist. Nahe dem absoluten Nullpunkt hingegen muß $c_N > c_S$ sein. Die Entropiedifferenz $s_N - s_S$, welche bei $T = 0$ und $T = T_s$ verschwindet, muß nämlich zwischen diesen Temperaturen ein Maximum haben, und nach (17. 12) und (17. 9) wechselt dort $c_N - c_S$ sein Vorzeichen. Wäre die H_k-Kurve genau parabolisch, so läge der Schnitt der Kurven für c_N und c_S bei $T = \sqrt{\frac{1}{3}}\, T_s = 0{,}575\, T_s$. Bei $T = 0$ sind nach dem NERNSTschen Wärmetheorem c_N und c_S beide Null.

In diesen Rechnungen waren die Stromdichte $\mathfrak{J}^l$ und die Feldstärke $\mathfrak{H}$ im LORENTZschen Maßsystem gemessen. Beim Übergang zum elektrostatischen erhält H_k^2 nach (3.10) den Faktor $\frac{1}{\sqrt{4\pi}}$. Folglich lauten die Formeln (17. 5), (17. 10) und (17. 12) *im elektrostatischen Maßsystem*:

$$\frac{V}{8\pi} H_k^2 = f_N - f_S, \tag{17.13}$$

$$Q = \frac{V\,T}{8\pi} \frac{d\,(H^2)}{d\,T}, \tag{17.14}$$

$$c_N - c_S = -\frac{V\,T}{8\pi} \frac{d^2\,(H^2)}{d\,T^2}. \tag{17.15}$$

Hingegen bewahren die allgemeinen Bedingungen (17. 3) und (17. 4) nach (3. 10) und (3. 11) auch im elektrostatischen System ihre Form.

Bei Blei steigt H_k, sofern Abb. 4 richtig ist, bis auf fast 1000 Oerstedt. V, der Quotient aus der Masse eines Mols, 207 g, und der Dichte, etwa 11,3 g · cm^{-3}, ist ungefähr 18,5 cm^3; daher wird nach (17. 14)[1])

$$f_N - f_S = 7{,}5 \cdot 10^5 \text{ erg} = 1{,}8 \cdot 10^{-2} \text{ cal}.$$

Die Differenz der freien Energien pro Mol von Wasser und Eis beträgt, wie wir zum Vergleich anführen, bei 0° Celsius und rund 10^6 dyn/cm^2 Druck $1{,}6 \cdot 10^6$ erg, bei —20° Celsius und etwa $1{,}9 \cdot 10^9$ dyn/cm^2 Druck $4{,}6 \cdot 10^9$ erg[2]. In der Nähe des Sprungpunktes, wo H_k um ein bis zwei Zehnerpotenzen kleiner ist, ist aber $f_N - f_S$ um zwei bis vier Zehnerpotenzen kleiner, also schon recht gering neben den für Wasser und Eis berechneten Werten.

Berechnet man aus der bei Abb. 4 zugrunde gelegten Gleichung der Übergangskurve

$$H_k = a \cdot (T_s^2 - T^2), \quad a = 17{,}3 \text{ Oerstedt/grad}^2, \quad T_s = 7{,}3^\circ$$

nach (17. 14) und (17. 15) das bei 5,2° liegende Maximum der Übergangswärme und die Differenz der Atomwärmen am Sprungpunkt, so findet man:

$$Q_{\max} = 6{,}2 \cdot 10^5 \text{ erg} = 1{,}5 \cdot 10^{-2} \text{ cal (für Blei)}$$

und

$$(c_N - c_S)_{T_s} = 6{,}9 \cdot 10^5 \text{ erg/grad} = 1{,}6 \cdot 10^{-2} \text{ cal/grad (für Blei)}$$

Diese Zahlen geben wenigstens einen gewissen Anhalt für die in Betracht kommenden Werte.

f) Jetzt können wir auch aus (17. 12) eine manchmal zur Prüfung der Theorie an Messungen benutzte Gleichung herleiten. Man findet durch partielle Integration

$$-\int_T^{T_s} (c_N - c_S)\, d\,T = \tfrac{1}{2} V \int_T^{T_s} T \frac{d^2\,(H_k^2)}{d\,T^2}\, d\,T$$

$$= \tfrac{1}{2} V \left\{ \left| T \frac{d\,(H_k^2)}{d\,T} \right|_T^{T_s} - \int_T^{T_s} \frac{d\,(H_k^2)}{d\,T}\, d\,T \right\}.$$

Für T_s ist $H_k = 0$ und $\frac{d\,(H_k^2)}{d\,T} = 0$. Benutzt man dies und Gl. (17. 10) zur

---

[1] 1 erg = $2{,}38 \cdot 10^{-8}$ cal.

[2] Berechnet als Produkt aus Druck und Volumenänderung pro Mol.

Umformung der rechten Seite, so erhält man:

$$-Q = \frac{V}{2} H_k^2 + \int_T^{Ts} (c_N - c_S)\, d\,T. \tag{17.16}$$

Darin spricht sich der Energiesatz für den folgenden Kreisprozeß[1] aus; bei dem wir ein Mol der Substanz betrachten:

1. Man kühle die supraleitende Phase vom Sprungpunkt T_s auf T ab; dazu hat man ihr die (negative) Wärme $(-\int_T^{Ts} c_S\, d\,T)$ zuzuführen.

2. Man führe durch Anwendung des Magnetfeldes H_k die supraleitende Phase isotherm in die normalleitende über; dabei hat man dem Körper die Wärme Q und die Arbeit $\frac{1}{2}\, V\, H_k^2$ zuzuführen (s. §§ 13 u. 14).

3. Man erwärme die normalleitende Phase im Magnetfeld H_k bis zu T_s; dabei hat man ihr die Wärme $\int_T^{Ts} c_N\, d\,T$ zuzuführen.

4. Man schalte das Magnetfeld ab und überführe die Substanz bei T_s in den supraleitenden Zustand. Dazu bedarf es keiner Wärme- oder Arbeitszufuhr.

Nullsetzen der Summe aller zugeführten Wärme- und Arbeitsbeträge ergibt Gl. (17. 16).

g) Die Gleichungen (17. 5), (17. 9), (17. 10) und (17. 12) haben sich an einer ganzen Reihe von Metallen bestätigen lassen. Wir führen die Messungen von KEESOM und VAN LAER am Zinn an[2]. Abb. 26 gibt mit dem Zeichen ○ Meßpunkte der Molwärme, welche ohne Anwendung eines Magnetfeldes gemacht wurden. Sie liegen, wenn wir bei Temperaturen über dem Sprungpunkt beginnen, zunächst auf der Kurve für c_N als Funktion von T, schnellen aber am Sprungpunkt, 3,7° abs, plötzlich in die Höhe, um nunmehr die Kurve für c_S festzulegen. Mit dem Zeichen △ sind ferner Meßpunkte eingetragen, welche bei einem Magnetfeld von 299 Oerstedt, und mit • solche, welche bei einem Magnetfeld von 139 Oerstedt gewonnen wurden. Da diese Felder den Eintritt der Supraleitung verhinderten, liegen sie alle auf der Kurve für c_N, die sichtlich nicht von der Feldstärke abhängt. Dieser Beweis für unsere Voraussetzung, daß die thermodynamischen Funktionen des Normalleiters nicht vom Magnetfeld beeinflußt werden, ist von Bedeutung. Während c_S beim Sprungpunkt wesentlich höher als c_N liegt, schneiden sich beide Kurven bei etwa 1,9°, wie es Abschnitt e) verlangt.

Die c_S-Kurve können die Autoren recht gut durch das DEBYEsche Gesetz der Molwärmen

$$c_S = 464{,}5 \left(\frac{T}{\Theta_S}\right)^3 \text{cal} \cdot \text{grad}^{-1},\ \Theta_S = 140° \tag{17.17}$$

darstellen. Hingegen müssen sie, um zu einer guten Darstellung für c_N zu kommen, zu einem T^3-Gliede noch einen Summanden mit T als Faktor hinzufügen:

$$c_N = 464{,}5 \left(\frac{T}{\Theta_N}\right)^3 + 4 \cdot 10^{-4}\, T\ \text{cal} \cdot \text{grad}^{-1},\ \Theta_N = 185°. \tag{17.18}$$

Oberhalb 3,5° finden sich freilich selbst dann noch gewisse Unstimmigkeiten. Der zweite Summand bedeutet nach SOMMERFELDs Theorie der metallischen Leitung die spezifische Wärme der Leitungselektronen. Die Differenz $c_N - c_S$ ist folglich von der Form $\alpha\, T^3 + \gamma\, T$, was nach (17. 12) und den Bedingungen

[1] In der Anwendung der beiden ersten Hauptsätze auf diesen Kreisprozeß bestand die ältere Herleitung der Thermodynamik der Supraleitung.

[2] KEESOM, W. H. u. P. H. VAN LAER: Physica 5, 193 (1938); den Wert $\Theta_S = 140°$ entnehmen wir der dortigen Abb. 2.

$\frac{d H_k}{d T} = 0$ für $T = 0$ und $H_k = 0$ für $T = T_0$ zu einer Parabel für H_k als Funktion von T führt. Auch betonen die Verfasser die gute Erfüllung von (17. 12), wenn man ihre Messungen mit denen von DE HAAS und ENGELKES über H_k zusammennimmt[1].

Nach Abb. 26 beträgt der Sprung der Atomwärme bei T_s $1{,}26 \cdot 10^5$ erg/grad $= 3{,}0 \cdot 10^{-3}$ cal/grad für Zinn, ist also wesentlich kleiner als für Blei (Abschnitt e).

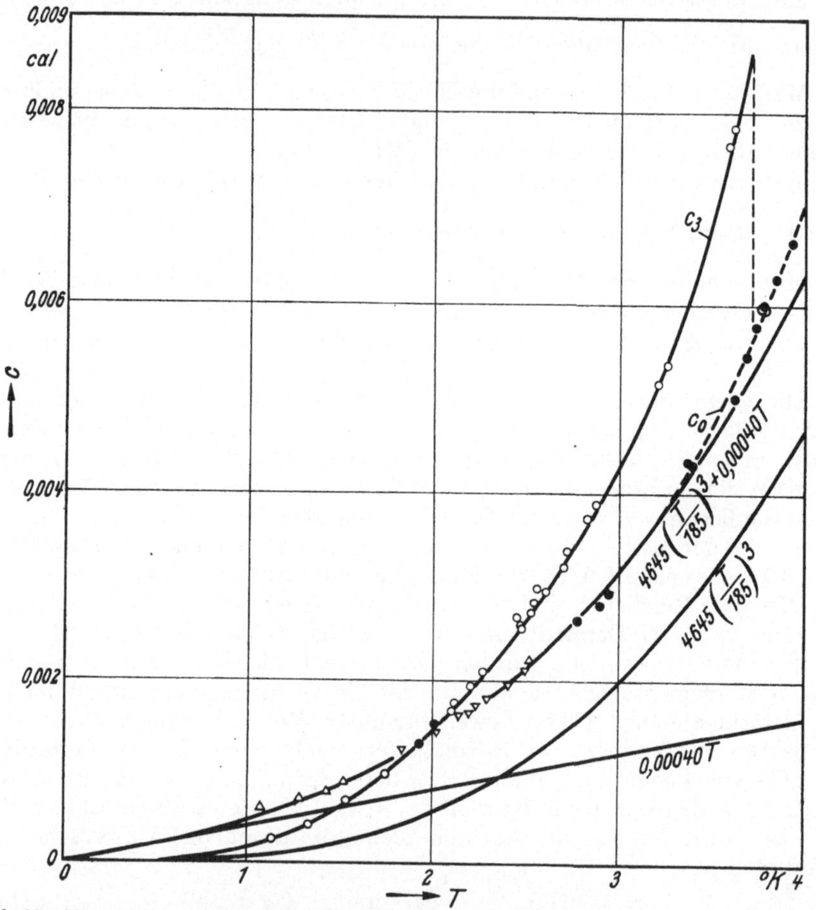

Abb. 26. Atomwärmen von normal- und supraleitendem Zinn in Abhängigkeit von der Temperatur.

In Abb. 25 eingetragen sind mit Hilfe der aus (17. 17) und (17. 18) entnommenen Zahlenwerte außer f_N und f_S noch die Entropiedifferenz

$$-(s_N - s_S) = \int_T^{T_s} \frac{c_N - c_S}{T}\, d\,T \tag{17. 19}$$

und die Wärmeströmung $Q = T\,(s_N - s_S)$. Daß T_s als obere Grenze auftritt, beruht auf dem schon oben erwähnten Verschwinden von $(s_N - s_S)$ für den Sprungpunkt.

Die Prüfung der Gleichung (17. 16) führen mit den Messungen der Wärmetönung Q und der Atomwärmen für Zinn KEESOM und VAN LAER[2] durch: sie

---

[1] DE HAAS, W. J., u. Miss A. D. ENGELKES: Physica 4, 325 (1937).
[2] KEESOM, W. H., u. P. H. VAN LAER: Physica 3, 371 (1936), Tab. VI.

finden Übereinstimmung des so berechneten mit dem gemessenen Q bis auf etwa 5% im ungünstigsten Fall. Die Bestätigung der Gleichung (17. 10) in derselben Veröffentlichung zeigt, daß die Grundannahme einer umkehrbaren Phasenänderung zu Recht besteht.

h) Ein homogenes Magnetfeld bedarf im allgemeinen nicht der vollen Stärke H_k um die Supraleitung eines in ihm liegenden Körpers aufzuheben. Denn wie §§ 8—11 an vielen Beispielen zeigte und Abb. 5 veranschaulichte, führt die Feldverzerrung durch den Supraleiter zu einer Feldverstärkung an dessen Oberfläche. Es genügt zur Zerstörung der Supraleitung, wenn die Feldverstärkung in *einem* Punkte über H_k hinausführt. Bezeichnet daher $\alpha > 1$ den Faktor, um welchen sich die größte Feldstärke an der Oberfläche von der Feldstärke weit ab vom Körper unterscheidet, so beträgt der Grenzwert der letzteren H_k/α. Wir unterscheiden im folgenden scharf zwischen diesem von der Form des Körpers und anderen Umständen abhängigen Grenzwert und dem nur von der Substanz und der Temperatur abhängigen Schwellenwert H_k.

Beim „dicken“ elliptischen Zylinder von den Achsen a und b im transversalen Feld, dessen a-Achse mit der Feldrichtung den Winkel Θ einschließt, ist nach (10. 23)

$$\alpha = \left(\frac{1}{a} + \frac{1}{b}\right)\sqrt{a^2 \sin^2 \Theta + b^2 \cos^2 \Theta}. \tag{17. 20}$$

Der Verstärkungsfaktor schwankt also mit dem Winkel Θ von $1 + \frac{b}{a}$ bis $1 + \frac{a}{b}$. Dies haben wenigstens qualitativ de Haas und Casimir-Jonker (§ 1e) nachgewiesen. Für den „dicken“ Kreiszylinder ist $\alpha = 2$, für die „dicke“ Kugel $\alpha = {}^3/_2$ (§ 11).

§ 18. Der Grenzwert der magnetischen Feldstärke für „dünne“ Supraleiter.

a) Die in (17. 5) definierte Feldstärke H_k hat nur für „dicke“ Supraleiter unmittelbar die Bedeutung des Schwellenwertes, dessen Überschreitung an irgendeinem Punkt einer freien Oberfläche die Supraleitung aufhebt; denn nur bei vollständiger Ausbildung der Schutzschicht gilt die Beziehung (7. 37) für die Stromdichte und die magnetische Feldstärke an der Oberfläche. Für „dünne“ Supraleiter ohne voll ausgebildete Schutzschichten muß man auf die allgemeineren Formeln (17. 3) und (17. 4) zurückgreifen. Im Hinblick auf (17. 5) lassen sie sich schreiben:

$$\left.\begin{aligned} (\mathfrak{J}^l\,\mathfrak{G}) &= H_k^2, && \text{Gleichgewichtsbedingung für die Grenze Supra-Normalleiter} \\ (\mathfrak{J}^l\,\mathfrak{G}) &\leqq H_k^2, && \text{Bedingung für Erhaltung der Supraleitung bei einer freien Oberfläche.} \end{aligned}\right\} \tag{18. 1}$$

Wir sprechen im folgenden von kubisch kristallisierten Supraleitern, so daß $(\mathfrak{J}^l\,\mathfrak{G}) = \lambda\,\mathfrak{J}^{l2}$ wird. Aber qualitativ gelten diese Überlegungen auch für andere.

Bei zwei „dünnen“, geometrisch ähnlichen Supraleitern aus demselben Material und von gleicher Temperatur mögen nun die linearen Abmessungen des kleineren aus denen des größeren durch Multiplikation mit der Zahl $\alpha < 1$ hervorgehen. Bringt man beide in dasselbe homogene Magnetfeld H^0, so verhält sich nach § 7g die Stromdichte $\mathfrak{J}^l$ in entsprechenden Punkten beim kleineren zu der im größeren Körper wie α. Da aber $\mathfrak{J}^l$ zu H^0 proportional ist, muß man, um denselben Zug $\frac{1}{2}\,\lambda\,\mathfrak{J}^{l2} = \frac{1}{2}\,H_k^2$ an entsprechenden Stellen der Oberfläche auszuüben, H^0 beim kleineren um den Faktor α^{-1} vergrößern. *Der Grenzwert von* H^0, *welcher die Supraleitung zerstört, wächst bei einer Verkleinerung der Abmessungen um den Faktor* α *wie* α^{-1}. Je weniger der Supraleiter infolge seiner Kleinheit das äußere Feld stört, um so geringere Einwirkung erfährt er von ihm.

b) Dies belegen wir an einigen Beispielen. An der Oberfläche der planparallelen Platte der Dicke $2\,d$ ist nach (7. 12), wenn zu ihren beiden Seiten die Feldstärke H^0 herrscht,

$$\lambda\, \mathfrak{J}^{l2} = H^{0^2}\, \mathfrak{Tg}^2\,(\beta\, d)\,.$$

Nach (18. 1) hört also die Supraleitung bei dem Grenzwert

$$H^0 = H_k\, \mathfrak{Cotg}\,(\beta\, d) > H_k \tag{18. 2}$$

auf; bei einer „dicken" Platte folglich angenähert bei

$$H^0 = H_k\,(1 + 2\, e^{-2\beta d}), \tag{18. 3}$$

bei einer „dünnen" bei

$$H^0 = H_k\, \frac{1 + \frac{1}{3}\,(\beta\, d)^2}{\beta\, d}\,. \tag{18. 4}$$

Der Nenner $\beta\, d$ entspricht dem Satz von Abschnitt a).

Beim Zylinder vom Radius R im longitudinalen Feld H^0 gilt nach (10. 2) für die Stromdichte an der Oberfläche

$$\lambda\, (I_z^l)_R^2 = H^{0^2} \left(\frac{-\, i\, \boldsymbol{I}_1\,(i\, \beta\, R)}{\boldsymbol{I}_0\,(i\, \beta\, R)} \right)^2.$$

Folglich ist der Grenzwert

$$H^0 = H_k\, \frac{\boldsymbol{I}_0\,(i\, \beta\, R)}{-\, i\, \boldsymbol{I}_1\,(i\, \beta\, R)} > H_k\,. \tag{18. 5}$$

Berechnet man für große Werte $\beta\, R$ das Verhältnis der Besselfunktionen nach (16. 15a), so erhält man

$$H^0 = H_k \left(1 + \frac{1}{2\, \beta\, R} \right). \tag{18. 6}$$

Für kleine Werte $\beta\, R$ hingegen folgt aus den Reihenentwicklungen (8. 6):

$$H^0 = H_k\, \frac{2\,(1 + \frac{1}{8}\,(\beta\, R)^2)}{\beta\, R}\,. \tag{18. 7}$$

Beim Zylinder im transversalen Feld ist die Stromdichte an der Oberfläche nach (10. 15) ein Maximum bei $\vartheta = \frac{1}{2}\, \pi$; dort gilt

$$(\mathfrak{J}_z^l)_{R,\, {}^1\!/_2 \pi}^2 = 4\, H^{0^2} \left(\frac{-\, i\, \boldsymbol{I}_1\,(i\, \beta\, R)}{\boldsymbol{I}_0\,(i\, \beta\, R)} \right)^2.$$

Dieser Wert ist das Vierfache des für das longitudinale Feld gültigen. Infolgedessen haben wir die rechten Seiten von (18. 5), (18. 6) und (18. 7) einfach zu halbieren, um zu den entsprechenden Aussagen für das transversale Feld zu kommen.

Bei der Kugel vom Radius R ist die Stromdichte an der Oberfläche ein Maximum für den „Äquator" $\vartheta = \frac{1}{2}\, \pi$. Nach (11. 9), (11. 11) und (11. 5) gilt

$$\lambda\, (\mathfrak{J}_\varphi^l)_{R\, {}^1\!/_2 \pi}^2 = H^{0^2}\, [\tfrac{3}{2}\, (\mathfrak{Cotg}\,(\beta R) - (\beta R)^{-1})]^2.$$

Folglich kann man ohne Aufhebung der Supraleitung das homogene Feld nur steigern bis zu dem Grenzwert

$$H^0 = \tfrac{2}{3}\, H_k \cdot (\mathfrak{Cotg}\,(\beta R) - (\beta R)^{-1})^{-1} > \tfrac{2}{3}\, H_k, \tag{18. 8}$$

d. h. falls $\beta\, R \gg 1$ ist, bis zu

$$H^0 = \tfrac{2}{3}\, H_k\; 1 + \frac{1}{\beta R}\;, \tag{18. 9}$$

falls aber $\beta R \ll 1$ ist, bis zu

$$H^0 = H_k \frac{2\,(1 + \frac{1}{15}\,(\beta R)^2)}{\beta R}. \qquad (18.10)$$

In (18.7) und (18.10) entspricht der Nenner βR dem Satz von Abschnitt a).

c) Wir lassen drei Gegenbeispiele folgen. Für die vom Strom der Flächendichte J_f durchflossene planparallele Platte der Dicke $2d$ ist nach (7.21) die Stromdichte und die magnetische Feldstärke an beiden Grenzflächen $z = \pm d$

$$|\mathfrak{J}_x^l| = \tfrac{1}{2}\,\beta\,J_f\,\mathfrak{Cotg}\,(\beta d), \qquad |\mathfrak{H}_y| = \frac{1}{2c}\,J_f$$

Für den kritischen, die Supraleitung aufhebenden Wert von J_f, für welchen $\lambda\,\mathfrak{J}_x^{l2} = H_k^2$ ist, und die zugehörige Feldstärke gilt folglich:

$$J_f = 2\,c\,H_k\,\mathfrak{Tg}\,(\beta\,d), \qquad |\mathfrak{H}_y| = H_k\,\mathfrak{Tg}\,(\beta d). \qquad (18.11)$$

Die kritische Flächendichte nimmt also mit abnehmendem βd ab, schließlich bis zu 0, ebenso die zugehörige Feldstärke. Die mittlere Stromdichte

$$\frac{J_f}{2d} = \frac{H_k}{\sqrt{\lambda}} \cdot \frac{\mathfrak{Tg}\,(\beta d)}{\beta\,d} \qquad (18.12)$$

jedoch nimmt dabei zu, bis zu dem Grenzwert $H_k/\sqrt{\lambda}$.

Bei dem vom Strom J durchflossenen Draht vom Radius R ist nach (8.9) die Stromdichte an der Oberfläche

$$(\mathfrak{J}_z^l)_R = \frac{\beta\,J}{2\,\pi\,R}\,\frac{\boldsymbol{I}_0\,(i\,\beta\,R)}{(-\,i\,\boldsymbol{I}_1\,(i\,\beta\,R))}.$$

Um den größtmöglichen Suprastrom in ihm auszurechnen, haben wir $\lambda\,\mathfrak{J}_z^{l2} = H^2$ zu setzen. Dies ergibt für die größtmögliche mittlere Stromdichte:

$$\frac{J}{\pi\,R^2} = \frac{H_k}{\sqrt{\lambda}}\,\frac{(-\,i\,\boldsymbol{I}_1\,(i\,\beta\,R))}{\beta\,R\,\boldsymbol{I}_0\,(i\,\beta\,R)}. \qquad (18.13)$$

Mit abnehmendem βR nimmt der Quotient der Besselfunktionen langsamer ab wie βR, die mittlere Dichte daher zu, aber nicht so schnell wie $(\beta R)^{-1}$. Für große βR insbesondere gilt:

$$\frac{J}{\pi\,R^2} = \frac{H_k}{\sqrt{\lambda}}\,\frac{\left(2\ 1 - \frac{1}{2\beta R}\right)}{\beta R} \qquad (18.14)$$

und für kleine βR:

$$\frac{J}{\pi\,R^2} = \frac{H_k}{\sqrt{\lambda}}\left(1 - \frac{1}{8}\,(\beta\,R)^2\right). \qquad (18.15)$$

Wiederum ist $H_k/\sqrt{\lambda}$ der obere Grenzwert der größtmöglichen mittleren Stromdichte. Die magnetische Feldstärke, welche der Maximalstrom an der Draht-Oberfläche hervorruft, ist

$$\frac{J}{2\,\pi\,c\,R} = H_k\,\frac{(-\,i\,\boldsymbol{I}_1\,(i\,\beta\,R))}{\boldsymbol{I}_0\,(i\,\beta\,R)}, \qquad (18.16)$$

also kleiner als H_k, um so mehr, je kleiner $\beta\,R$ ist; ja sie verschwindet gleichzeitig mit $\beta\,R$. Diese beiden Beispiele widersprechen dem Satz aus Abschnitt a) deswegen nicht, weil man hier den Supraleiter nicht in ein an sich bestehendes Feld gebracht hat, das Feld im Außenraum vielmehr ohne den Strom J gar nicht da wäre.

Diese Ergebnisse lassen sich leicht veranschaulichen und verallgemeinern. Die größtmögliche Strombelastung ist dadurch gekennzeichnet, daß bei ihr an einem oder mehreren Punkten der Oberfläche (in den beiden Beispielen längs der ganzen Oberfläche) die Stromdichte den Wert $H_k/\sqrt{\lambda}$ erreicht, bei dem der

Zug $\frac{1}{2}\lambda \mathfrak{J}^{l2} = \frac{1}{2} H_k^2$ ist. Bei einem „dicken" Supraleiter, bei welchem hinter den Schutzschichten ein ausgedehnter, geschützter Bereich liegt, ist die mittlere Stromdichte in diesem Fall sehr klein gegen $H_k/\sqrt{\lambda}$. Aber bei einem sehr „dünnen", bei dem der Strom sich gleichmäßig über den Querschnitt verteilt, ist die mittlere Dichte ebenfalls gleich $H_k/\sqrt{\lambda}$. Darüber hinaus aber kann sie unter keinen Umständen wachsen; denn nach § 7f liegt der Höchstwert der Stromdichte stets an der Oberfläche. Und da der Querschnitt mit abnehmender Dicke bis zu Null abnimmt, nimmt auch die größtmögliche Stromstärke und die von ihr hervorgerufene Feldstärke an der Oberfläche ab. Dies führen die Gleichungen (18. 11) und (18. 12) für die Platte, (18. 14) bis (18. 16) für den Draht näher aus.

d) Das dritte der angekündigten Gegenbeispiele ist von anderer Art. Enthält eine zylindrische Bohrung in einem „dicken" Supraleiter ein Magnetfeld der Stärke H^0, so gilt nach (10. 2) für die Strömung in ihrer Wandung

$$\lambda \mathfrak{J}_\vartheta^{l2} = H^{02} \left(\frac{\boldsymbol{H}_1 (i \beta R)}{i \boldsymbol{H}_0 (i \beta R)} \right)^2.$$

Damit dies gleich H_k^2 werde, muß

$$H^0 = H_k \frac{i \boldsymbol{H}_0 (i \beta R)}{(- \boldsymbol{H}_1 (i \beta R))} \tag{18. 17}$$

sein[1]. Der Faktor von H_k ist kleiner als 1, um so kleiner, je kleiner βR. Während für große βR

$$H^0 = H_k \left(1 - \frac{1}{2 \beta R}\right). \tag{18. 18}$$

gilt, geht für immer weiter abnehmendes βR der größte zulässige H^0-Wert gemäß der Gleichung

$$H^0 = - H_k \, \beta R \log (\beta R)$$

zu Null. Diese Abnahme mit abnehmendem βR steht natürlich auch hier nicht in Widerspruch zu Abschnitt a), da ja von einem dünnen Supraleiter hier nicht die Rede ist[2].

Wie in § 12g erwähnt, kann es bei Abkühlung des zunächst normalleitenden Metalls im Magnetfeld vorkommen, daß zuerst ein ringförmiger Teil des Körpers supraleitend wird, und daß sich in der Bohrung dieses Rings, in der die normale Leitung bestehen bleibt, eine Anzahl von Kraftlinien, oder besser gesagt, ein gewisser Induktionsfluß $\int \mathfrak{B}_n \, d\sigma$ fängt. Beim weiteren Fortschreiten der Abkühlung bleibt dieser unverändert (§ 12); wird diese Bohrung enger, so wächst die Feldstärke in ihr. Hier sieht man nun, daß diese Verengung nicht beliebig weit gehen kann; weil der Grenzwert der Feldstärke mit der Verengung abnimmt, wird auf jeden Fall einmal ein Zustand erreicht, bei welchem weitere Verengung eine Überschreitung dieses Grenzwertes herbeiführte.

e) Wir kommen zu den Messungen des Grenzwertes an „dünnen" Supraleitern.

An Drähten aus Blei bei 4,2°, also 3 · 1° unterhalb des Sprungpunktes, maß Pontius (§ 1c) den Grenzwert des longitudinalen Feldes; die Radien R lagen in der Größenordnung 10^{-4} bis 10^{-3} cm. Abb. 27 stellt seine Beobachtungspunkte mit einer theoretischen Kurve zusammen, welche zwar nicht nach der an sich zuständigen

[1] $-i \boldsymbol{H}_0 (i \beta R)$ und $- \boldsymbol{H}_1 (i \beta R)$ sind, wie schon im § 10 erwähnt, positiv.

[2] Die Formeln der Abschnitte b), c) und d) gab zuerst M. v. Laue, in der schon zitierten Veröffentlichung Annalen der Physik **32**, 71 u. 253 (1938); dabei verursachte ein Vorzeichenfehler ein falsches Ergebnis beim Zylinder im transversalen Feld. Auch die Zahlenangabe von Abschnitt e) stammt aus dieser Arbeit.

Gleichung (18. 6) berechnet ist, sondern nach der etwas genaueren Formel[1]:

$$\left(\frac{H_k}{H^0}\right)^2 = 1 - (\beta R)^{-1} + \text{Gliedern mit } (\beta R)^{-3}. \tag{18. 19}$$

Und zwar ist dabei $H_k = 537$ Oerstedt angenommen, und dann $\beta = 4{,}78 \cdot 10^4\ \mathrm{cm}^{-1}$ (d. h. $\beta^{-1} = 2{,}09 \cdot 10^{-5}$ cm) gewählt, was nach (6. 7) dem Wert

$$\lambda = 4{,}8 \cdot 10^{-31}\ \mathrm{sec}^2 \text{ (im Lorentzschen Maßsystem)},$$

nach (6. 8) dem $4\,\pi$-mal größeren Wert

$$\lambda = 6{,}0 \cdot 10^{-30}\ \mathrm{sec}^2 \text{ (im elektrostatischen Maßsystem)}$$

entspricht. Die gute Übereinstimmung zwischen Berechnung und Beobachtung spricht nicht nur die Theorie im allgemeinen, sondern auch für die von F. LONDON nach quantentheoretischen Erwägungen vermuteten Größenordnungen von β und λ. Diese aus dem Jahre 1938 stammende Berechnung war die erste auf Beobachtungen gestützte.

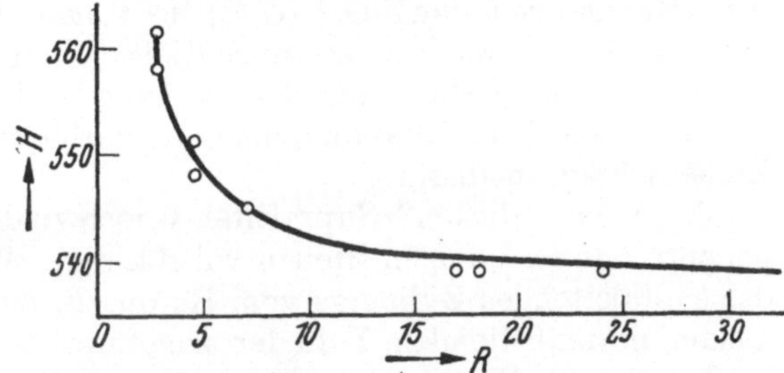

Abb. 27. Abhängigkeit der Grenzfeldstärke H_0 (in Oerstedt) vom Drahtradius R (in 10^{-4} cm) an Blei bei 4,2°. Theoretische Kurve nach (18. 19) und von PONTIUS beobachtete Punkte.

Auch für dünne Schichten liegen einschlägige Beobachtungen vor. SHALNIKOV (§ 1c) maß an einer Bleischicht von der Dicke $1{,}4 \cdot 10^{-6}$ cm und einer Zinnschicht von der Dicke $1{,}1 \cdot 10^{-5}$cm, daß der magnetische, die Supraleitung vernichtende Grenzwert weit über den Schwellenwert H_k liegt, wie man ihn an dicken Schichten findet, die kritische Strombelastung jedoch erheblich tiefer, als man nach der „SILSBEEschen Hypothese" aus H_k errechnet; und zwar fand er dies in einem Temperaturbereich von mehreren Graden. Beides entspricht qualitativ den Ergebnissen der Abschnitte b) und c). Qualitativ stimmen dazu die Beobachtungen von APPLEYARD und MISENER (§ 1c) an Quecksilberschichten von $4 \cdot 10^{-6}$ cm bis $1 \cdot 10^{-4}$ cm Dicke über den magnetischen Grenzwert. Zu einer quantitativen Prüfung der Gleichung (17. 2) und einer Bestimmung von β scheinen sie nicht geeignet, weil sie mit den Messungen von APPLEYARD, BRISTOW und H. LONDON (§ 1c) an Quecksilber bei ähnlichen Dicken nicht quantitativ übereinstimmen. Die letztgenannten Autoren kommen jedoch zu einer relativen Aussage über das β bei irgend einer Temperatur T im Verhältnis zu dem bei 2,5° auf die folgende Art: Da der Grenzwert nur von dem Produkt $\beta\,d$ abhängen kann, wählen sie aus ihren Beobachtungen bei verschiedenen Temperaturen und verschiedenen Dicken solche aus, die denselben Grenzwert ergeben. Dann muß $\beta\,d$ in allen

[1] Da nach (8. 7) $\frac{-i\,I_1(i\,x)}{I_0(i\,x)} = \frac{d}{d\,x}(\log I_0(i\,x))$

und nach (16.10) $I_0(i\,x) = \frac{e^x}{\sqrt{2\,\pi\,x}}(1 + (8\,x)^{-1})$

ist, wird $\left(\frac{-i\,I_1(i\,x)}{I_0(i\,x)}\right) = 1 - x^{-1} + \text{Glieder mit } x^{-3}$.

Gleichung (18. 6) lautete also genauer:

$$H^0 = H_k\left(1 + \frac{1}{2\,\beta\,R} + \frac{3}{8\,(\beta\,R)^2}\right).$$

diesen Fällen denselben Wert haben. Also

$$\frac{\beta_T}{\beta_{2,5}} = \frac{d_{2,5}}{d_T}.$$

Die β verhalten sich nach (6. 8) aber umgekehrt wie die Wurzeln aus λ. So erhalten die Autoren die in Abb. 15 dargelegte Abhängigkeit zwischen $\sqrt{\lambda}$ und T, welche die ganz andersartigen Bestimmungen SHOENBERGs so auffallend gut mit darstellt (§ 11d).

Der Größenordnung nach führt übrigens jede dieser Messungen des magnetischen Grenzwertes, wenn man sie nach (17. 2) auswertet, in genügendem Abstand vom Sprungpunkt T_s zu dem erwarteten Ergebnis, daß β die Größenordnung 10^5 cm^{-1} hat.

f) Alle Ausführungen dieser §§ 17 und 18 hängen an der in § 17a betonten Voraussetzung, daß an den betrachteten Stellen der Oberfläche des Supraleiters kein Strom ein- oder austritt; nur unter dieser Annahme ergeben die LONDONschen Spannungen den Zug $\frac{1}{2}$ ($\mathfrak{I}^l$ $\mathfrak{G}$) ins Innere des Supraleiters. Wo Strom zugeführt wird, wo etwa $\mathfrak{I}^l$ keine tangentielle Komponente besitzt, tritt an die Stelle des Zuges ein gleichstarker Druck nach außen; im allgemeinen, wo zugleich Normal- und Tangentialkomponenten vorliegen, liegt die Kraft auf der Oberfläche schräg zu dieser.

Bei einem „dicken" Supraleiter verschwindet freilich die tangentielle Komponente nur an wenigen Stellen vollständig. Wir sahen in § 8c an dem Beispiel des supraleitenden Zylinders vom Radius R, dem der Strom durch einen gleichdicken normalleitenden Zylinder zugeführt wird, daß, so lange $\beta R \gg 1$ ist, die tangentielle Komponente $\mathfrak{I}^l_r$ fast überall die Normalkomponente $\mathfrak{I}^l_z$ überwiegt; nur in der Achse $r = 0$ und an der Peripherie $r = R$ ist $\mathfrak{I}^l_r = 0$; in Bereichen um diese Stellen von der Ausdehnung β^{-1} ist wenigstens $\mathfrak{I}^l_z \gg \mathfrak{I}^l_r$. Aber bei einem „dünnen" Zylinder oder allgemeiner einem „dünnen" Supraleiter von beliebigem Querschnitt, bei welchem der Suprastrom gleich dem Ohmschen Strom in der Zuführung den Querschnitt gleichmäßig erfüllt (§ 7h), verschwindet die tangentielle Komponente. An solchen Stellen und, sofern die normalleitende Zuführung aus demselben Metall wie der Supraleiter besteht, wäre ein thermodynamisches Gleichgewicht beider Phasen an die Bedingung geknüpft [vgl. (16. 3)];

$$-\frac{1}{2}(\mathfrak{I}^l \mathfrak{G}) = \frac{f_N - f_S}{V}$$

Sie ist aber unerfüllbar. Denn für jede Temperatur, für die der Supraleiter überhaupt existenzfähig ist, d. h. für jede Temperatur unter T_s, ist nach § 17e und Abb. 25 $f_N - f_S > 0$, und ebenso ist ($\mathfrak{I}^l \mathfrak{G}$) nach § 3 positiv. Der Strom kann hier also nur die ohnehin vorliegende Tendenz des Supraleiters, auf Kosten des Normalleiters zu wachsen, verstärken. Vielleicht hängen hiermit gewisse, noch nicht verstandene Vorkommnisse in dem Gebiet der Relaxationen zusammen, die so häufig den klaren Phasenübergang verschleiern.

g) An manchen Literaturstellen findet sich die Behauptung, zwischen den beiden Phasen, Normal- und Supraleiter, bestände eine erhebliche freie Oberflächenenergie (auch Oberflächenspannung genannt). Es wäre leicht, sie in die allgemeinen Gleichgewichtsbedingungen (17. 3) und (17. 4) einzufügen. Ist nämlich f_σ ihr Betrag pro Flächeneinheit, bedeuten ferner R_1 und R_2 die Hauptkrümmungsradien des Flächenstücks $d\sigma$, so erfährt die freie Energie der Oberfläche bei der genannten Verrückung ∂u den Zuwachs

$$-f_\sigma \int \left(\frac{1}{R_1} + \frac{1}{R_2}\right) d\sigma \cdot \partial n,$$

sofern wir einen Krümmungsradius dann als positiv rechnen, wenn sein Krümmungsmittelpunkt auf der Seite des Supraleiters liegt. Dies entnehmen wir aus der Theorie der Kapillarität. Auf der rechten Seite der genannten Bedingungen wäre dann der Term

$$-f_\sigma\left(\frac{1}{R_1}+\frac{1}{R_2}\right)$$

hinzuzufügen. An den für ebene Begrenzung oder schwach gekrümmte Oberflächen dicker Körper geltenden Gleichungen (17. 6) und (17. 7) änderte dies überhaupt nichts, wohl aber an den in diesem Paragraphen angegebenen magnetischen Grenzwerten für dünne Körper.

Gegen die Existenz einer solchen Oberflächenenergie scheint jedoch die Existenz des Zwischenzustandes (§ 19) ein entscheidendes Argument abzugeben. In ihm soll der im allgemeinen schon normalleitende Körper eine Unzahl kleiner und kleinster supraleitender Bezirke enthalten. Dann ist die gesamte Oberfläche der Supraleiter aber um Zehnerpotenzen größer als die sichtbare Oberfläche des Körpers. Mit dem Übergang vom supraleitenden zum Zwischenzustand wäre also, falls eine Oberflächenenergie da ist, eine sehr wesentliche Zunahme an freier Energie verbunden, deren Herkunft schwer anzugeben ist.

§ 19. Der Zwischenzustand.

a) Hebt ein anwachsendes äußeres Magnetfeld isotherm die Supraleitung auf, so geht der Körper niemals sogleich und vollständig in den normalleitenden Zustand über. Am besten scheint sich ein plötzlicher Übergang noch beim geraden Draht im longitudinalen Felde anzunähern; doch selbst dann wächst der Widerstand nicht in einem Sprunge von Null auf den Endwert. Der Vorgang verläuft überhaupt nicht stetig, sondern in einzelnen Sprüngen. Denn legt man mit JUSTI[1] eine Induktionsspule um den Probekörper, so weist ein angeschlossener Oscillograph oder ein Telephon bei stetigem Anwachsen der Feldstärke ruckweise Induktionsstöße nach, herrührend von plötzlichen größeren Änderungen des Induktionsflusses.

In anderen Fällen, in welchen sich der Übergang noch langsamer vollzieht, kann man seine Stadien verfolgen, indem man, wie es DE HAAS und seine Mitarbeiter getan haben, in Höhlungen des Metallkörpers minutiöse Wismut-Drähtchen mit Stromzuführungen und Potentialmeßdrähten versenkt und ihre Widerstände in Abhängigkeit von der äußeren Feldstärke beobachtet. Denn der Widerstand des Wismut nimmt in bekannter Weise mit der am gleichen Ort herrschenden Magnet-Feldstärke zu. Dieses Verfahren, welches natürlich auf „dicke" Supraleiter beschränkt ist, weist das allmähliche Eindringen des äußeren Feldes nach.

Es ist in keinem Falle so, daß zunächst ein „dicker" supraleitender Kern übrig bliebe, den ganz oder zum Teil eine normalleitende Hülle umgäbe. An der Grenzfläche zwischen diesem Kern und seiner normalleitenden Umgebung müßte nach § 17 nämlich gemäß der Thermodynamik eine ganz bestimmte Feldstärke bestehen, der der jeweiligen Temperatur zugeordnete Schwellenwert H_k. Außerdem aber müßten nach der Elektrodynamik die Kraftlinien des Magnetfeldes parallel dieser Grenzfläche verlaufen. Diese beiden Forderungen sind mathematisch unvereinbar.

b) Zunächst ist es nämlich ausgeschlossen, daß die normalleitende Hülle den supraleitenden Kern ganz einschließt. An dessen Grenzfläche gibt es notwendig Stellen (Kurven oder mindestens Punkte), an denen sich ankommende Kraftlinien

[1] JUSTI, E.: Phys. Z. 43, 130 (1942); Ann. Phys. 42, 84 (1942).

teilen, um aus der alten Richtung in eine zur Grenzfläche parallele umzuspringen. (Bei einem kugelförmigen Kern wären dies die Pole; s. Abb. 5.) An ihnen ist nach der Potentialtheorie die Feldstärke, die hier keine bestimmte Richtung haben kann, gleich Null, also nicht gleich H_k.

Nun beschränken wir uns für den Augenblick auf zweidimensionale Fälle. Die Oberfläche S des Kerns besteht danach aus zwei Teilen S_1, und S_2, deren jeder auch aus mehreren getrennten Stücken bestehen kann, so, daß S_1 leerem Raum (oder einem vom Supraleiter chemisch verschiedenen Normalleiter) anliegt, S_2 aber jener normalleitenden Hülle. Jedes Stück setzen wir als analytische Kurve voraus; d. h. in der Parameterdarstellung $x = f(s)$, $y = g(s)$ sollen f und g analytische Funktionen sein.

Auch an den Punkten, in welchen je ein Stück von S_1 und eins von S_2 zusammenstoßen, darf aber kein Knick von S liegen. Denn an einem solchen wäre nach der Potentialtheorie (s. auch § 8g) die Feldstärke Null — falls es eine einspringende Ecke ist — oder sehr groß (mathematisch gesprochen unendlich) — falls die Ecke vorspringt; jedenfalls also nicht gleich H_k. Gilt aber die obige Parameterdarstellung einheitlich für die ganze Grenzkurve S, so ist auch H an ihr eine analytische Funktion des Parameters s, und da sie längs der Teile S_2 konstant gleich H_k ist, auch längs S_1 gleich H_k, obwohl sie doch dort an gewissen Stellen Null sein muß.

Derselbe Widerspruch ergibt sich im dreidimensionalen Fall. Wir geben jedem Stück der Grenzfläche, mag es zu S_1 oder S_2 gehören, eine analytische Darstellung durch zwei Parameter $x = f(s, t)$, $y = g(s, t)$, $z = h(s, t)$. Da an den Kurven, da Stücke von S_1 und S_2 zusammenstoßen, keine Singularität bestehen können, weil solche für H den Wert Null oder Unendlich zur Folge hätte, gilt jene Darstellung einheitlich für die ganze Grenzfläche S. Dann ist aber H eine analytische Funktion von s und t, also, da längs S_2 konstant gleich H_k, auch längs S_1 konstant, obwohl dort andererseits Stellen mit $H = 0$ existieren müssen[1].

Gehört also ein Metallstück als Ganzes weder dem supra- noch dem normalleitenden Zustand an, so befindet es sich im „Zwischenzustand" und stellt ein Gemenge abwechselnd supra- und normalleitender Bereiche dar. Für „kleine" supraleitende Einsprengsel fällt die für dicke Supraleiter bestehende Schwierigkeit fort, da sie ja nach § 7 u. f. das Magnetfeld wenig stören und nach § 18 von ihm kaum gestört werden.

Diese Schlußfolgerung bestätigt ein Versuch von Shubnikov und Nachutin[2]. Sie zerstörten die Supraleitung einer Kugel durch ein Magnetfeld und maßen, bevor es vollständig normalleitend geworden war, ihren Widerstand für Ströme parallel und senkrecht zum äußeren Felde. Noch lange, nachdem für die senkrechte Richtung ein Widerstand aufgetaucht war, fand sich für die parallele Richtung kein solcher. Dies ist schwer anders zu erklären als aus dem Nebeneinander von normal- und supraleitenden Bereichen. Es legt ferner den Schluß nahe, daß die supraleitenden Bereiche in Richtung des Feldes viel weiter ausgedehnt sind, als quer dazu. Und das paßt zu den Ausführungen von § 18b, denen zufolge ein Zylinder (oder ein anderer länglicher Körper) im transversalen Felde leichter seine Supraleitung einbüßt, als im longitudinalen.

c) Das älteste Verfahren zur Erkennung des supraleitenden Zustandes ist die Beobachtung des Gleichstromwiderstandes und seines Verschwindens. Es eignet sich aber schlecht zur Unterscheidung des supraleitenden vom Zwischen-

[1] Laue, M. v.: Phys. Z. **43**, 274 (1942).

[2] Shubnikov, L., u. J. Nachutin: Shurn. exper. i. teor. fisika **7**, 566 (1937).

zustand, weil sich dessen normalleitende Bereiche an der Stromleitung gar nicht beteiligen, solange der Strom noch einen Weg durch die supraleitenden Gebiete findet. Ein weit besseres Kennzeichen der zusammengebrochenen Supraleitung ist das Aufhören des Meißnereffekts, d. h. das Auftreten des Magnetfeldes im Inneren. So erklärt es sich z. B., daß man beim Draht im transversalen Felde den ersten meßbaren Widerstand bei $H^0 = 0{,}58\, H_k$ findet[1], während nach der Theorie (§ 18b) und den sogleich zu nennenden Messungen die Supraleitung schon bei $H^0 = 0{,}50\, H_k$ zerstört wird.

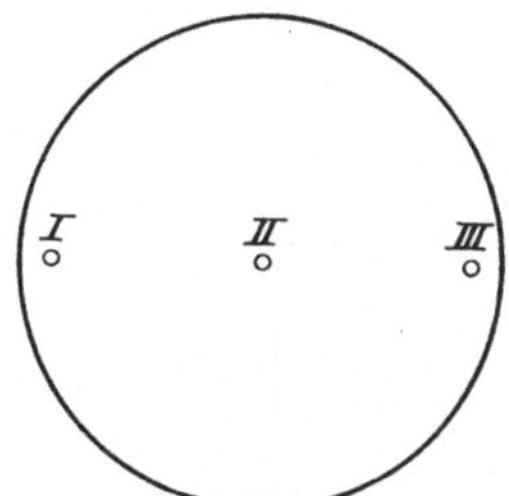

Abb. 28. Querschnitt durch den Zinnzylinder mit eingebetteten Wismutdrähtchen. (W. H. DE HAAS und F. H. CASIMIR-JONKER).

Um das Eindringen des Magnetfeldes zu beobachten, brachten DE HAAS und CASIMIR-JONKER[2] innerhalb eine Zinndrahts von 0,7 cm Durchmesser die Wismutdrähtchen in die in Abb. 28 eingezeichneten Bohrungen. Sie steigerten allmählich ein äußeres, transversales Magnetfeld H^0 und beobachteten die Widerstands-Zunahme an diesen Wismutdrähtchen. Abb. 29 gibt das Resultat für den Fall, daß die Ebene der Drähtchen zum Feld H_0 senkrecht, Abb. 30 für den Fall, daß sie dazu parallel ist.

Den Schwellenwert H_k erkennt man in beiden Abbildungen an dem Einbiegen aller Widerstandskurven in die (in Abb. 29 gestrichelte) Widerstands-

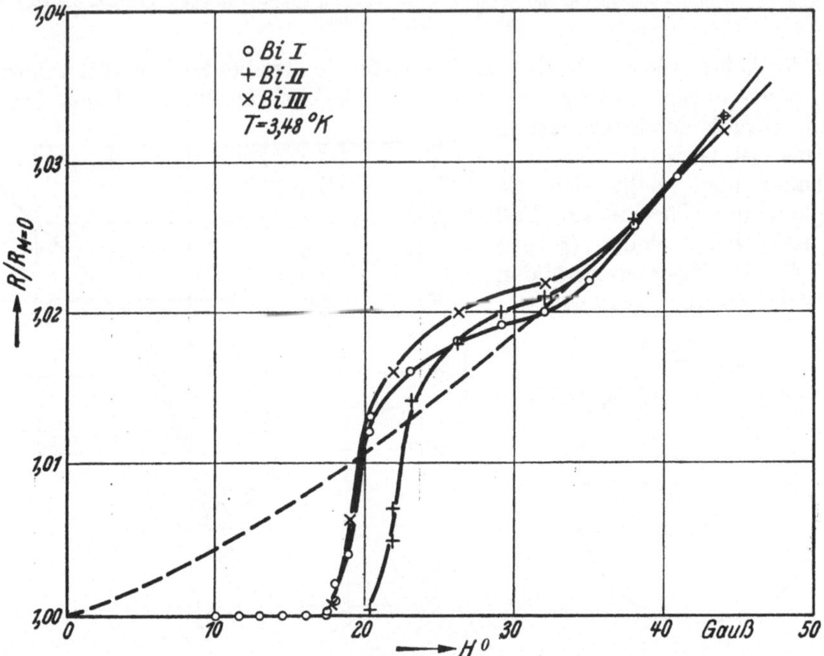

Abb. 29. Widerstandszunahme der Wismutdrähtchen beim Eindringen eines zu ihrer Fläche senkrechten Magnetfeldes.

kurve eines Drähtchens, welches dem Feld H^0 ungeschützt ausgesetzt wäre. Denn dieses Einbiegen bedeutet ja, daß nunmehr der Zinnkörper das Magnetfeld völlig eindringen läßt. H_k liegt in Abb. 29 bei etwa 36 Oerstedt, in Abb. 30 der etwas höheren Temperatur wegen bei etwa 30 Oerstedt. Man sieht, die

---

[1] DE HAAS, W. J., J. VOOGD u. J. M. CASIMIR: Physica 1, 281 (1934).
[2] DE HAAS, W. J. u. J. M. CASIMIR-JONKER: Physica 1, 291 (1934).

erste Spur des eindringenden Magnetfeldes zeigt sich in beiden Abbildungen bei $H = \frac{1}{2} H_k$ (d. h. bei 18, bzw. 15 Oerstedt), wie es die Theorie verlangt. Daß

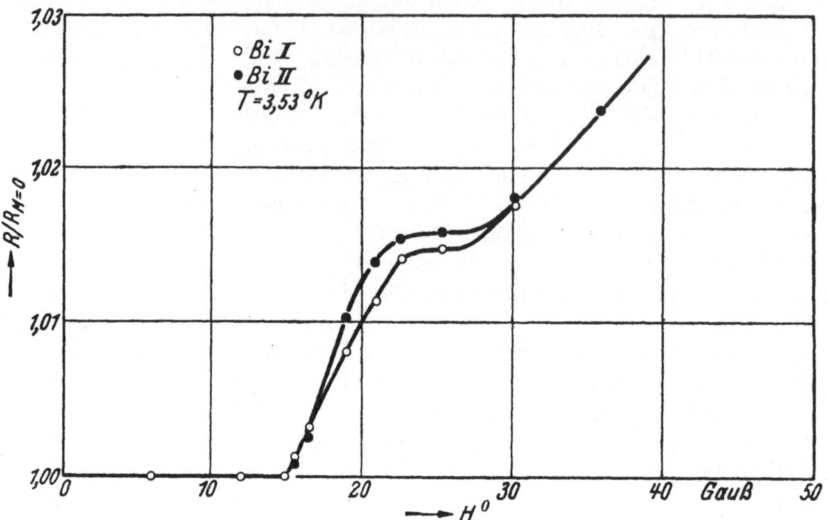

Abb. 30. Widerstandszunahme der Wismutdrähtchen beim Eindringen eines zu ihrer Fläche parallelen Magnetfeldes.

das auf der Achse gelegene Drähtchen II in Abb. 29 erst bei 20 Oerstedt anspricht, ändert nichts daran, daß die weiter außen gelegenen Drähtchen I und III den Zusammenbruch der Supraleitung schon bei 18 Oerstedt anzeigen.

Genauer noch zeigt sich die Richtigkeit der Theorie im Fall der Kugel, bei welcher (§ 18b) $H^0 = \frac{2}{3} H_k$ den Grenzwert bilden soll. DE HAAS und GUINAU[1] zer-

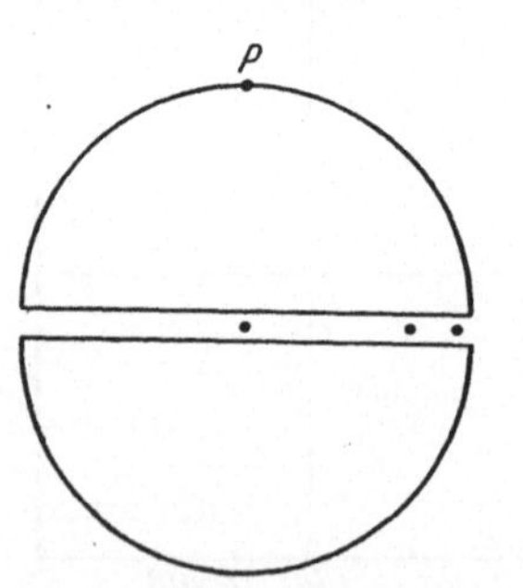

Abb. 31.
Querschnitt durch die in der Äquatorebene aufgespaltene Zinnkugel mit den Wismutdrähtchen. (W. J. DE HAAS und O. A. GUINAU.)

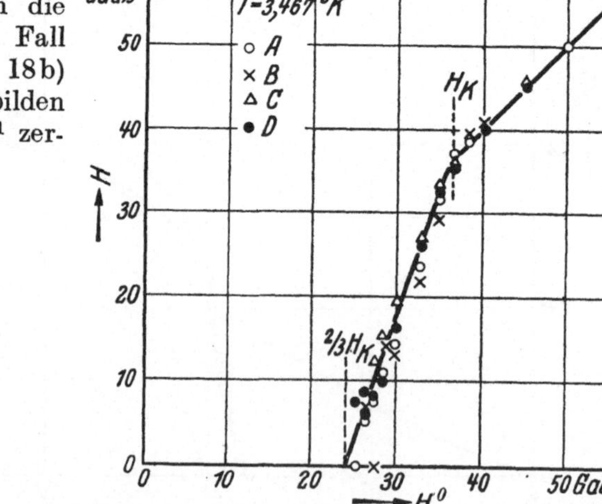

Abb. 32. Isothermer, magnetisch erzwungener Übergang von der Supra- zur Normalleitung bei einer einkristallinen Zinnkugel. A, B, C gibt die von den Wismutdrähtchen der Abb. 31 angezeigten magnetischen Feldstärken, D die Feldstärke am Pol P der Kugel an.

schnitten eine Zinnkugel von 1,65 cm Durchmesser längs eines Großkreises und brachten die beiden Hälften (Abb. 31) in 0,03 m Abstand voneinander. In den Zwischenraum legten sie drei Wismutdrähtchen, das eine in den Mittelpunkt,

[1] DE HAAS, W. J., u. O. A. GUINAU: Physica 3, 182 (1936).

ein anderes in 0,55 cm, das dritte in 0,75 cm Abstand von ihm. Die aus ihren Widerstandszunahmen gefolgerten Feldstärken gibt Abb. 32 als Funktionen von H^0, das hierbei zur Ebene des Schnitts senkrecht war. Auch die magnetische Feldstärke am Pol P der Kugel ist so eingetragen. Diese 4 Kurven fallen völlig zusammen; sie beginnen bei $H^0 = 24$ Oerstedt und biegen bei $H^0 = 36$ Oerstedt in die Gerade $H = H^0$ ein, welche anzeigt, daß die Schutzwirkung der Zinn-Kugel völlig aufgehört hat. Danach ist der Schwellenwert $H_k = 36$ Oerstedt, der Grenzwert der Supraleitung aber gleich $\frac{2}{3} H_k$.

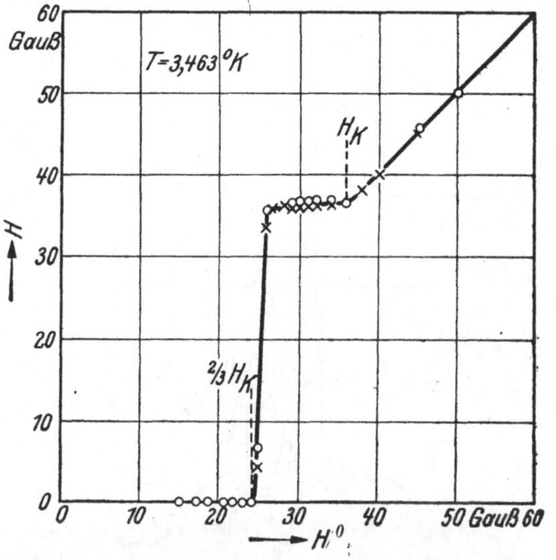

Dies bestätigt ferner Abb. 33, bei welcher Wismutdrähtchen in einem zur Feldrichtung parallelen, durch den Kugelmittelpunkt führenden Kanal die eingedrungene Feldstärke messen. Bei der äußeren Feldstärke $H^0 = 24$ Oerstedt springt diese fast auf einmal bis zu 36 Oerstedt, bleibt dann praktisch unverändert, bis auch H^0 auf 36 Oerstedt angewachsen ist. Dann stört die Kugel das Magnetfeld überhaupt nicht mehr; des weiteren folgt H der Geraden $H = H^0$.

Abb. 33. Isothermer, magnetisch erzwungener Übergang von der Supra- zur Normalleitung bei einer einkristallinen Zinnkugel; Feldstärken gemessen in einem Kanal durch den Kugelmittelpunkt, der zum äußeren Felde parallel liegt.

Warum jener Sprung sogleich auf 36 Oerstedt hinaufführt, obwohl H^0 noch kleiner ist, erläutert schließlich Abb. 34. Bei ihr lagen zwei Wismutdrähtchen in der Äquatorebene; das eine exakt auf dem Äquator der (hier wie bei Abb. 33 unzerschnittenen) Kugel, das andere ein wenig weiter außerhalb. Hier folgt das gemessene H zunächst der Geraden $H = \frac{3}{2} H^0$, entsprechend der Feldverstärkung am Äquator der supraleitenden Kugel (§ 11b). Bei $H^0 = 24$, $H = 36$ Oerstedt aber bricht die Supraleitung zusammen und H bleibt zunächst konstant auf der Höhe, die in diesem Intervall auch Abb. 33 anzeigte. Ist $H^0 = 36$ Oerstedt geworden, so herrscht auch nach dieser Abbildung überall das ungestörte Feld H^0.

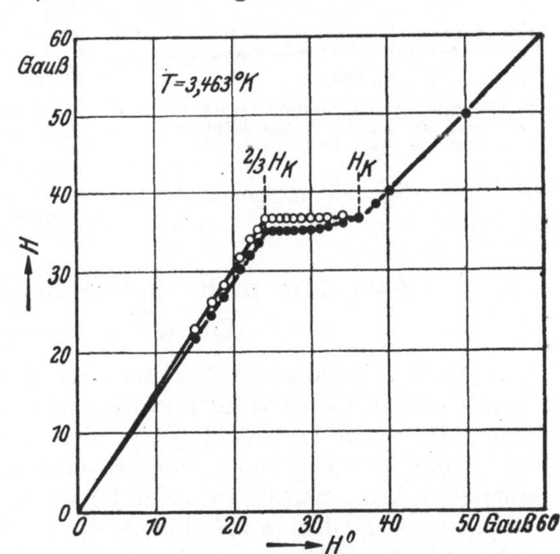

Abb. 34. Isothermer, magnetisch erzwungener Übergang von der Supra- zur Normalleitung bei einer einkristallinen Zinnkugel. ∘ Feldstärke genau am Äquator, • Feldstärke in einem etwas weiter außerhalb gelegenen Punkt der Äquatorebene.

Den in den Abb. 31 und 32 dargestellten Versuch, haben MESHKOWSKY und SHALNIKOV[1] mit einem wesentlich engeren Schlitz wiederholt und zudem statt

[1] MESHKOWSKY, A., u. A. SHALNIKOV: J. Physics 11, 1 (1947).

der drei festen Wismuthdrähte einen beweglichen benutzt, den sie längs eines Durchmessers stetig verschoben; für jede Stellung registrierten sie die dort herrschende Feldstärke. Während sie für größere Schlitzbreite mit einem relativ großen Wismutdraht das Ergebnis von Abb. 32 bestätigten, fanden sie mit einem besonders kleinen, namentlich für die Schlitzbreite von $1{,}2 \cdot 10^{-2}$ cm in einer Zinn-Einkristall-Kugel von 3,9 cm Durchmesser große, unregelmäßige Schwankungen der Feldstärke, ein Abbild der unregelmäßigen Verteilung von normal- und supraleitenden Bezirken. Abb. 35 stellt das Ergebnis für 3° abs. dar, was einem Schwellenwert $H_1 = 97$ Oerstedt entspricht. Kurve A gibt den Feldverlauf längs des Durchmessers, wenn die äußere Feldstärke H^0 unterhalb von $^2/_3\,K_k$, d. h. von 65 Oerstedt liegt; die Kugel als Ganzes supraleitend, schirmt das Feld völlig ab. Aber schon, wenn H^0 um 2 Oerstedt über $^2/_3\,H_k$ liegt, findet sich eine Spur des Feldes (Kurve B). Und die dieses anzeigenden Maxima nehmen an Zahl um so mehr zu, je mehr H^0 anwächst. Bei $H^0 = 94$ Oerstedt (Kurve G) ist das Feld fast schon ganz eingedrungen, und bei $H^0 = 110$ Oerstedt, hat es völlig den Wert, wie außerhalb.

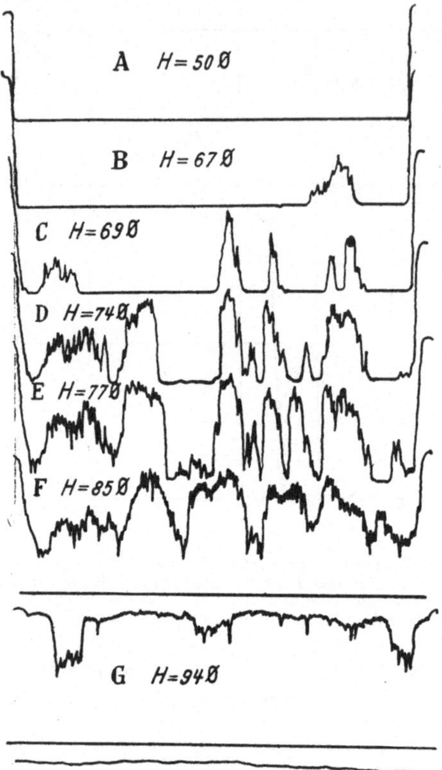

Abb. 35. Versuch von MESHKOWSKY u. SHALNIKOV. Abscisse: Stellung des Wismutdrähtchens; Ordinate: Magnetische Feldstärke.

Die Verfasser betonen, daß sich bei Wiederholung des Versuches niemals dieselben Kurven reproduzieren lassen, obwohl ihr allgemeiner Charakter gewahrt bleibt. Die Unregelmäßigkeit des Zwischenzustandes äußert sich in den Zufälligkeiten dieser Feldverteilungen.

§ 20. Eine nicht-lineare Erweiterung der Theorie.

(Zusatz bei der Korrektur.)[1]

a) Nach § 17 erfolgt der Zusammenbruch der Supraleitung aus thermodynamischen Gründen; sobald nämlich an irgendeinem Punkte der Oberfläche die Energiedichte, dort vom Betrage $\frac{1}{2}(\mathfrak{I}^l \mathfrak{G})$, den kritischen Wert $(f_N - f_S)/V$ erreicht, beginnt daselbst die Umwandlung in den Normalleiter (Gl. 17.4). Für „dicke" Supraleiter kann man dabei unter Berufung auf (7.37) $\frac{1}{2}(\mathfrak{I}^l \mathfrak{G}) = \frac{1}{2} H^{0\,2}$ setzen und kommt so zu dem in (17.5) definierten Schwellenwert der magnetischen Feldstärke. Die Atom-Theorie der Supraleitung, wie sie HEISENBERG[2] seit 1946 entwickelt hat, führt nun aber auf die Idee einer maximalen Dichte für den Suprastrom, die aus quantentheoretischen Gründen nicht überschritten werden kann. Es erhebt sich die Frage: Ist dadurch für die supraleitende Phase eine neue

[1] LAUE, M. v.: Ann. Phys. **1949** (im Erscheinen begriffen).

[2] HEISENBERG, W.: Z. Naturforsch. **2a**, 185 (1947); **3a**, 65 (1948); Göttinger Nachr. Math.-phys. Kl. **1947**, 23; Ann. Phys. **3**, 289 (1948). Siehe auch H. KOPPE: Z. Naturforsch. **4a**, 79 (1949) und Erg. exakt. Naturwiss. **22** (1949), (im Erscheinen begriffen).

Existenzbedingung gegeben? Gibt es einen Zusammenbruch der Supraleitung von innen heraus? Und wie verhält sich dies zur Thermodynamik?

Gleich dem Schwellenwerte H_k soll die maximale Stromdichte I_m Funktion der Temperatur sein, und zwar gleich Null beim Sprungpunkt T_s und beim absoluten Nullpunkt; dazwischen, nach den bisherigen Schätzungen etwa bei der Temperatur $\frac{1}{2}\,T_s$, soll ein Maximum liegen. Der Schwellenwert H_k hingegen wächst nach § 1 (Abb. 4) dauernd mit abnehmender Temperatur. Dies verschärft die Bedeutung der Frage. Denn wenn die maximale Stromdichte, mit ihr für jeden Draht bestimmter Dicke die maximale Stromstärke, mit sinkender Temperatur bis zu Null abnimmt, wie soll der Suprastrom dann die Feldstärke an der Oberfläche aufbringen, die die Thermodynamik zum Zusammenbruch erfordert?

Die in diesem Buche vorgetragene Theorie kennt keine Maximalstromdichte. Wir wollen ihr die Möglichkeit geben, durch eine nichtlineare Erweiterung diese Idee mit zu umfassen, ohne viel von ihren Ergebnissen zu opfern. Dies um so mehr, als schon seit einiger Zeit manche Experimentatoren daran zweifeln, daß die Eindringtiefe eines transversalen Feldes in einen Draht von der Stärke des Feldes unabhängig ist, wie es nach § 9 sein sollte.

b) An den in § 3 festgelegten Grundgleichungen ändern wir dabei nichts als den Zusammenhang zwischen dem Supraimpuls $\mathfrak{G}$ und der Suprastromdichte $\mathfrak{J}^l$, d. h. wir geben zwar die Gleichungen VIII und VIIIa auf, behalten aber alle anderen mit römischen Ziffern numerierten Gleichungen bei. Wir lassen sogar jenen Zusammenhang in weitem Maße unbestimmt. Nur soll er umkehrbar eindeutig sein, für schwache Ströme in die lineare Beziehung VIII (bzw. VIIIa) übergehen, es soll eine Zeichenumkehr am $\mathfrak{J}^l$ auch einen Zeichenwechsel am $\mathfrak{G}$ bedingen, und es soll zwischen $\mathfrak{J}^l$ und $\mathfrak{G}$ stets ein *spitzer* Winkel liegen, so daß

$$(\mathfrak{J}^l\,\mathfrak{G}) > 0 \tag{20.1}$$

ist. Bei gegebener Richtung von $\mathfrak{J}^l$ sollen die absoluten Beträge $|\mathfrak{J}^l|$ und $|\mathfrak{G}|$ gleichzeitig zunehmen.

Die wesentlichste Beschränkung aber ergibt sich aus dem Energie-Satz. Wir können Gl. (5.4) ohne weiteres übernehmen und in ihr gemäß IX

$$(\mathfrak{E}\,\mathfrak{J}^l) = \left(\mathfrak{J}^l\,\frac{\partial\mathfrak{G}}{\partial t}\right) \tag{20.2}$$

setzen. *Wir fordern, daß das Integral*

$$W^l = \int^t \left(\mathfrak{J}^l\,\frac{\partial\mathfrak{G}}{\partial t}\right) d\,t, \tag{20.3}$$

wenn der Anfangszustand der Strömung Null entspricht, nur von der am Ende erreichten Stromdichte abhängt, gleichgültig, welche Zwischenzustände durchlaufen wurden. Wegen der vorausgesetzten umkehrbaren Eindeutigkeit des Zusammenhangs zwischen $\mathfrak{J}^l$ und $\mathfrak{G}$ können wir dafür auch sagen, W^l soll nur, von dem zur Zeit herrschenden Supraimpuls $\mathfrak{G}$ abhängen, oder anders ausgedrückt

$$W^l = \int_0^{\mathfrak{G}} (\mathfrak{i}\,d\mathfrak{g}) \tag{20.4}$$[1]

soll unabhängig sein von dem Wege, den die Integration im Raum mit den Koordinaten $\mathfrak{G}_\alpha$ nimmt. Anderenfalls nämlich käme die Theorie auf Energieumsetzungen im Supraleiter, von denen des Experiment nichts erkennen läßt. Unter dieser

[1] Wir unterscheiden zwischen den Integrationsvariablen $\mathfrak{i}$ und $\mathfrak{g}$ (kleine Buchstaben) und den Endwerten $\mathfrak{J}^l$ und $\mathfrak{G}$. Zwischen $\mathfrak{g}$ und $\mathfrak{i}$ besteht natürlich derselbe Zusammenhang wie zwischen $\mathfrak{G}$ und $\mathfrak{J}^l$.

Bedingung enthält (20.4) die Definition der mit der Suprasträmung verbundenen Dichte der freien Energie W^l. Die mathematischen Bedingungen für unsere Forderung lauten bekanntlich:

$$\frac{\partial \mathfrak{J}_\alpha^l}{\partial \mathfrak{G}_\beta} - \frac{\partial \mathfrak{J}_\beta^l}{\partial \mathfrak{G}_\alpha} = 0 \qquad (\alpha, \beta = 1, 2, 3). \tag{20.5}$$

Dann aber muß auch das in der Gleichung

$$W^l = (\mathfrak{J}^l \mathfrak{G}) - \int_0^{\mathfrak{J}^l} (\mathfrak{g}\, d\mathfrak{i}) \tag{20.6}$$

auftretende Integral unabhängig vom Integrationsweg im Raume der $\mathfrak{J}_\alpha^l$ sein. Dies führt auf die den Forderungen (20.5) gleichwertigen Bedingungen:

$$\frac{\partial \mathfrak{G}_\alpha}{\partial \mathfrak{J}_\beta^l} - \frac{\partial \mathfrak{G}_\beta}{\partial \mathfrak{J}_\alpha^l} = 0 \qquad (\alpha, \beta = 1, 2, 3). \tag{20.7}$$

Dann aber folgt aus (20.1):

$$W^l > 0. \tag{20.8}$$

Denn wir dürfen die Integration von (20.4) nunmehr im Raume der $\mathfrak{G}_\alpha$ längs der Geraden vollziehen, welche den Nullpunkt mit dem Endpunkt des Vektors $\mathfrak{G}$ verbindet. Auf ihr sind die $d\,\mathfrak{g}_\alpha$ mit einem positiven Proportionalitätsfaktor zu den $\mathfrak{G}_\alpha$ proportional; folglich ist auf dem ganzen Wege $(\mathfrak{i}\, d\mathfrak{g}) > 0$. Die entsprechende Überlegung, für den Raum der $\mathfrak{J}_\alpha^l$ angestellt, beweist, daß das in (20.6) stehende Integral positiv ist; daher gilt

$$W^l < (\mathfrak{J}^l \mathfrak{G}). \tag{20.9}$$

Im Raum der $\mathfrak{J}_\alpha^l$ wie in dem der $\mathfrak{G}_\alpha$ sollen die Niveauflächen $W^l = \text{const}$ *geschlossene* Schalen sein; sie haben nach dem Obigen den Nullpunkt zum Mittelpunkt und gehorchen selbstverständlich der Symmetrie der Kristallklasse. Soweit die lineare Näherung VIII gilt, geht (20.7) in die Symmetrieforderung $\lambda_{\alpha\beta} = \lambda_{\beta\alpha}$ über und die Niveauflächen sind Ellipsoide, also im kubischen System Kugeln. Aber im allgemeinen haben sie weniger einfache Formen, und daraus folgt z. B., daß auch im kubischen System $\mathfrak{J}^l$ und $\mathfrak{G}$ im allgemeinen verschiedene Richtungen haben. Fällt freilich $\mathfrak{J}^l$ in die Richtung einer Drehachse, so gilt dies wegen der Eindeutigkeit der Zuordnung auch für $\mathfrak{G}$.

Ebenso ist $\mathfrak{G}$ zu $\mathfrak{J}^l$ gleichgerichtet, wenn $\mathfrak{J}^l$ senkrecht zu einer Spiegelungsebene steht; hätte nämlich $\mathfrak{G}$ eine zu dieser Ebene parallele Komponente, so dürfte sich diese bei einer Richtungsumkehr, d. h. Spiegelung, von $\mathfrak{J}^l$ wegen der Spiegelsymmetrie nicht ändern, müßte aber andererseits ihre Richtung umkehren, weil nach Voraussetzung Richtungsumkehr von $\mathfrak{J}^l$ eine solche Umkehr von $\mathfrak{G}$ bedingt. Man kann in diesen Schlüssen auch die Rollen von $\mathfrak{J}^l$ und $\mathfrak{G}$ vertauschen; sie gelten für jede Kristallklasse.

Wir schließen nicht aus, daß im Raum der $\mathfrak{J}_a^l$ eine der Niveauflächen, obwohl im Endlichen gelegen, dem Wert $W^l = \infty$ entspricht. Dann kann der Vektor $\mathfrak{J}_a^l$ niemals über sie hinauswachsen, es gibt eine von der Richtung abhängige Maximalstromdichte I_m. An einer solchen Fläche wird auch $\mathfrak{G}$ unendlich groß, weil sonst nach (20.9) W^l endlich bliebe.

Der Energiesatz [vgl. (5.5)] nimmt unter diesen Umständen die Form an:

$$\frac{\partial}{\partial t}\{\tfrac{1}{2}\,\mathfrak{E}^2 + \tfrac{1}{2}\,\mathfrak{H}^2 + W^l\} + (\mathfrak{J}^0\,\mathfrak{E}) + c\,\operatorname{div}[\mathfrak{E}\,\mathfrak{H}] = 0. \tag{20.10}$$

Wie in § 5 schließen wir aus ihm, daß Raumladungen im Supraleiter sich in kurzer Zeit ausgleichen oder an die Oberfläche gehen, bis die Gesamtdichte $\varrho = \varrho^0 + \varrho^l$ Null geworden ist. Über ϱ^l selbst erfahren wir auch aus dieser Theorie nichts.

Führt man die Integration in (20.6) längs der schon erwähnten Geraden im Raum der $\mathfrak{J}^l_\alpha$ durch, so kann man

$$(\mathfrak{g}\,d\mathfrak{i}) = \frac{(\mathfrak{g}\,\mathfrak{i})}{|\mathfrak{i}|}\,d\,|\mathfrak{i}|$$

setzen, und die Komponente $\frac{(\mathfrak{g}\,\mathfrak{i})}{|\mathfrak{i}|}$ des Vektors $\mathfrak{g}$ in Richtung von $\mathfrak{i}$ wird für die lineare Theorie $|\mathfrak{i}|$ proportional zu $|\mathfrak{i}|$, wie es die gerade Linie in Abb. 36 angibt. Dann ergibt sich [in Übereinstimmung mit (5.6)]

$$\int\limits_0^{\mathfrak{J}^l} (\mathfrak{g}\,d\mathfrak{i}) = \tfrac{1}{2}(\mathfrak{G}\,\mathfrak{J}^l)\,, \quad W^l = \tfrac{1}{2}(\mathfrak{G}\,\mathfrak{J}^l).$$

In der nichtlinearen Theorie kann der Zusammenhang zwischen $\frac{(\mathfrak{g}\,\mathfrak{i})}{|\mathfrak{i}|}$ und $|\mathfrak{i}|$ z.B. durch eine Kurve vom Typ a in Abb. 36 gegeben sein. Dann ist ersichtlich

$$\int\limits_0^{\mathfrak{J}^l} (\mathfrak{g}\,d\mathfrak{i}) < \tfrac{1}{2}(\mathfrak{G}\,\mathfrak{J}^l)\,, \quad W^l > \tfrac{1}{2}(\mathfrak{G}\,\mathfrak{J}^l)\,, \tag{20.11}$$

siehe (20. 9.), während für den Typ b

$$\int\limits_0^{\mathfrak{J}^l} (\mathfrak{g}\,d\mathfrak{i}) > \tfrac{1}{2}(\mathfrak{G}\,\mathfrak{J}^l)\,, \quad W^l < \tfrac{1}{2}(\mathfrak{G}\,\mathfrak{J}^l) \tag{20.12}$$

wäre. Der Idee einer maximalen Stromdichte entspricht der Kurventypus a, weil bei ihm $|\mathfrak{G}|$ schneller wächst, als zu $|\mathfrak{J}^l|$ proportional.

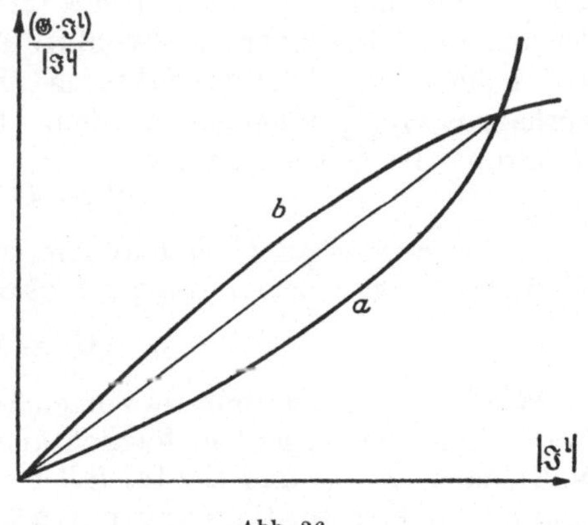

Abb. 36

c) Wir haben nun zu untersuchen, wieweit sich die Ergebnisse der linearen Theorie übertragen lassen und beginnen dazu mit stationären Feldern. Der früher aus IX und VII gezogene Schluß auf $\mathfrak{E} = 0$ und $\mathfrak{J}^0 = 0$ bleibt erhalten[1].

Wie in § 7 betrachten wir zunächst ein Feld; bei welchem alle Feldgrößen nur von der Koordinate x_3 abhängen. Wegen div $\mathfrak{J}^l = 0$ und div $\mathfrak{H} = 0$ muß dann wie früher $\mathfrak{J}^l_3 = 0$, $\mathfrak{H}_3 = 0$ sein, während $\mathfrak{G}_3$ im allgemeinen von Null verschieden ist

Gleichung X gibt unter dieser Annahme

$$-c\,\frac{d\mathfrak{G}_1}{d\,x_3} = \mathfrak{H}_2\,, \quad c\,\frac{d\mathfrak{G}_2}{d\,x_3} = \mathfrak{H}_1\,; \tag{20.13}$$

Gleichung II s hingegen

$$-\mathfrak{J}^l_1 = c\,\frac{d\,\mathfrak{H}_2}{d\,x_3}\,, \quad \mathfrak{J}^l_2 = c\,\frac{d\,\mathfrak{H}_1}{d\,x_3}\,. \tag{20.14}$$

Elimination von $\mathfrak{H}$ führt auf die partiellen Differentialgleichungen

$$c^2\,\frac{d^2\mathfrak{G}_1}{d\,x_3^2} = \mathfrak{J}^l_1\,, \quad c^2\,\frac{d^2\mathfrak{G}_2}{d\,x_3^2} = \mathfrak{J}^l_2\,, \tag{20.15}$$

in denen man $\mathfrak{G}_1$ und $\mathfrak{G}_2$ als Funktionen von $\mathfrak{J}^l_1$ und $\mathfrak{J}^l_2$ zu betrachten hat. Sie bilden den Ersatz für die frühere Differentialgleichung $\Delta u - \beta^2 u = 0$.

---

[1] Gl. (7.4) bleibt zwar in Kraft, weil bei ihrem Beweis die Beziehung zwischen $\mathfrak{G}$ und $\mathfrak{J}^l$ gar nicht benutzt wurde. Aber wir können den Beweis des Eindeutigkeitssatzes, den wir an sie anschlossen, nicht übernehmen; denn das Differenzfeld zweier möglichen Felder ist nicht wieder ein mögliches, d. h. den Grundgleichungen genügendes Feld.

Erweitert man die erste der Gleichungen (20.15) mit $\mathfrak{G}_1$, die zweite mit $\mathfrak{G}$, so ergibt Addition:

$$\mathfrak{G}_1 \frac{d^2 \mathfrak{G}_1}{d x_2^3} + \mathfrak{G}_2 \frac{d^2 \mathfrak{G}_2}{d x_2^3} = \frac{1}{c^2} (\mathfrak{J}^l \mathfrak{G})$$

und nach (20.13):

$$\frac{d^2}{d x_2^1} (\mathfrak{G}_1^2 + \mathfrak{G}_2^2) = \frac{2}{c^2} (\mathfrak{J}^l \mathfrak{G}) + \left(\frac{d \mathfrak{G}_1}{d x_3}\right)^2 + \left(\frac{d \mathfrak{G}_2}{d x_3}\right)^2 = \frac{2}{c^2} (\mathfrak{J}^l \mathfrak{G}) + \frac{1}{c^2} H^2. \quad (20.16)$$

Multipliziert man andererseits die untereinander stehenden Gleichungen von (20.13) und (20.14) miteinander, so ergibt Addition wegen (20.4):

$$\frac{d W l}{d x_3} = \frac{1}{2} \frac{d (H^2)}{d x_3} \quad (20.17)$$

oder bei Einführung der Integrationskonstanten C:

$$W^l = \tfrac{1}{2} H^2 - C. \quad (20.18)$$

Benutzt man dies in (20.15), so erhält man

$$\frac{d^2}{d x_3^2} (\mathfrak{G}_1^2 + \mathfrak{G}_2^2) = \frac{2}{c^2} \{(\mathfrak{J}^l \mathfrak{G}) + W^l + C\}. \quad (20.19)$$

Gleich $\mathfrak{G}_1$ und $\mathfrak{G}_2$ sind für die Integration dieser Gleichung $(\mathfrak{J}^l \mathfrak{G})$ und W^l als bekannte Funktionen von $\mathfrak{J}_1^l$ und $\mathfrak{J}_2^l$ anzusehen.

Zur Diskussion setzen wir vorübergehend $x_3 = z$, $\mathfrak{G}_1^2 + \mathfrak{G}_2^2 = u\,(z)$. Nach (20.16) ist dann $u'' > 0$, die Kurve $u\,(z)$ also überall nach oben konkav. Innerhalb der linearen Näherung sind sowohl $(\mathfrak{J}^l \mathfrak{G})$ als auch W^l proportional zu $(\mathfrak{G}_1^2 + \mathfrak{G}_2^2)$, wobei die Proportionalitätsfaktoren noch von dem bei einem X_g herrschenden Verhältnis $\mathfrak{G}_1/\mathfrak{G}_2$ abhängen werden. Jedenfalls nimmt (20.19) innerhalb dieser Näherung die Gestalt an

$$u'' = A^2 (u + C')\,;$$

A ist eine Konstante, C' eine andere, zu C proportionale. Die Lösung lautet bei Einführung einer neuen Integrationskonstanten B:

$$u + C' = B \cdot e^{\pm A (z - z_0)}.$$

Wir benutzen das untere Vorzeichen und wählen $C = 0$, also auch $C' = 0$. Bei wachsendem z geht u, folglich auch $\mathfrak{G}_1$ und $\mathfrak{G}_2$ einzeln, mehr und mehr zu Null; nach (20.13) und (20.14) fallen daher auch $\mathfrak{J}^l$ und $\mathfrak{H}$ ab, und zwar exponentiell, in Übereinstimmung mit § 7. In der negativen z-Richtung hingegen wächst wegen des positiven u'' $u = (\mathfrak{G}_1^2 + \mathfrak{G}_2^2)$ immer mehr, schließlich über alle Grenzen; es kommt auf den Zusammenhang von $\mathfrak{J}^l$ und $\mathfrak{G}$ an, ob u schon bei endlichem oder erst bei unendlichem z über alle Grenzen wächst. Auf jeden Fall kann man durch Wahl von z_0 erreichen, daß bei $z = x_3 = 0$

$$H^2 = c^2 \left(\left(\frac{d \mathfrak{G}_1}{d x_3}\right)^2 + \left(\frac{d \mathfrak{G}_2}{d x_3}\right)^2\right)$$

einen vorgeschriebenen Wert H^{02} annimmt. Um dort auch eine vorgeschriebene Richtung von $\mathfrak{H}$ zu erzielen, haben wir noch die Freiheit, an einer Stelle x_3 das Verhältnis $\mathfrak{G}_1/\mathfrak{G}_2$ geeignet zu wählen.

Nun erfülle, wie in § 7, der Supraleiter den Halbraum $x_3 > 0$, während bei $x_3 < 0$ ein homogenes Magnetfeld H^0 herrsche. Dann gibt der geschilderte Lösungstyp den Meißnereffekt, nämlich die Beschränkung des Magnetfeldes im Supraleiter auf eine Schutzschicht unter der Oberfläche.

Für eine planparallele Platte endlicher Dicke ist C von Null verschieden. Und zwar ist $C < 0$, wenn man einen Strom durch die Platte leitet, ohne anderweitig ein Magnetfeld zu erregen; denn alsdann ist in ihrer Mitte aus Symmetriegründen zwar exakt $\mathfrak{H} = 0$, aber $\mathfrak{J}^l$ und damit W^l von Null verschieden. Schreiben wir umgekehrt an beiden Oberflächen der Platte dasselbe Magnetfeld H^0 vor, ohne einen Strom hindurchzuschicken, so ist in der Mitte $\mathfrak{J}^l = 0$, aber $\mathfrak{H}$ von Null verschieden, folglich $C > 0$[1]).

d) Für den stromdurchflossenen Zylinder (siehe § 8) werden die Verhältnisse recht verwickelt, wenn nicht seine Richtung mit einer kristallographischen Drehachse zusammenfällt, also gemäß Abschnitt b die Vektoren $\mathfrak{G}$ und $\mathfrak{J}^l$ ebenfalls in diese Richtung fallen. Wir können in diesem Falle mit ihren absoluten Werten G und I^l rechnen.

Bei Einführung der Zylinderkoordinaten wie in § 8 werden G und I^l Funktionen des Radiusvektors r allein. Dasselbe gilt vom Betrage H der in der ϑ-Richtung liegenden magnetischen Feldstärke. Gleichung X ergibt unter diesen Umständen:

$$c\,\frac{dG}{dr} = H \tag{20.20}$$

und Gleichung IIs fügt hinzu [siehe (8.1)]:

$$I^l = \frac{c}{r}\,\frac{d(rH)}{dr}. \tag{20.21}$$

[1])

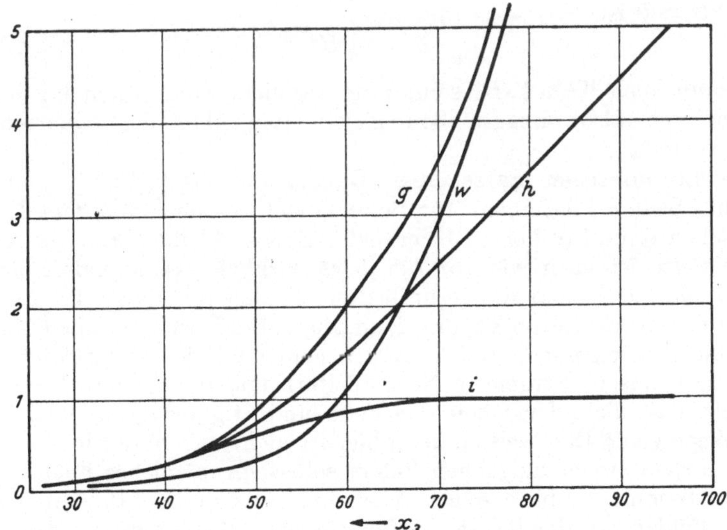

Abb. 37. Feldverteilung in dem supraleitenden Halbraum $x_3 > 0$ nach KOPPE.

$$i = \frac{|\mathfrak{J}^l|}{I_m} \qquad h = \frac{H}{\sqrt{\lambda}\, I_m} \qquad g = \frac{G}{c\sqrt{\lambda}\, I_m} \qquad w = \frac{W}{\lambda I_m^2}$$

Die Grenze des Supraleiters ist so wählen, daß an ihr der vorgeschriebene Wert von H liegt. Ist dieses relativ klein, so liegt sie ziemlich weit links in der Figur und die Feldgrößen fallen mit wachsendem x_3 exponentiell ab. Ist H relativ groß, so liegt die Grenze weit rechts und man hat in der Schutzschicht auf weite Bereiche eine Stromdichte kaum geringer als I_m.

Einheit für x_3 ist $c\sqrt{\lambda}$.

Unter der willkürlichen Annahme

$$\mathfrak{G} = \frac{\lambda\,\mathfrak{J}^l}{\sqrt{1 - \frac{\mathfrak{J}^{l^2}}{I_m^2}}}$$

integriert H. KOPPE (vgl. Anm. 2, auf Seite 104) die Differentialgleichungen durch und erläutert das Ergebnis an der Abb. 37.

Wir verfahren nun wie im Abschnitt c. Wir eliminieren einmal H, multiplizieren das andere Mal die beiden letzten Gleichungen und erhalten einerseits

$$\frac{d}{dr}\left(r\frac{dG^2}{dr}\right)=\frac{2r}{c^2}(GI^l+H^2),\ \text{d. h.}\ r\frac{dG^2}{dr}=\frac{2}{c}\int_0^r r\,(GI^l+H^2)\,dr, \tag{20.22}$$

andererseits nach Integration

$$W^l=\tfrac{1}{2}H^2+\int_0^r\frac{H^2}{r}\,dr+W_0^l. \tag{20.23}$$

Die Integrationskonstante W_0^l bedeutet die Energiedichte auf der Achse $r=0$. Nach (20.22) ist $\frac{dG}{dr}>0$, was den Meißnereffekt formuliert.

Gl. (20.23) wenden wir nun auf die Oberfläche des Drahtes ($r=R$) an; dort herrsche die Feldstärke H^0.

Ist R groß gegen eine passend zu definierende Eindringtiefe E, so ist das Integral höchstens von der Größenordnung ${H^0}^2\frac{E}{R}$, also klein gegen $\frac{1}{2}{H^0}^2$. Dasselbe gilt dann für W_0^l. Folglich ist entsprechend Gl. (20.18), wo für dicke Körper ja $C=0$ ist:

$$W^l=\tfrac{1}{2}{H^0}^2. \tag{20.24}$$

Aber es kann auch $W^l\gg\frac{1}{2}H^{02}$ sein, dann nämlich, wenn schon $W_0^l\gg\frac{1}{2}{H^0}^2$ ist, der Strom sich also einigermaßen gleichmäßig über den Querschnitt des Zylinders verteilt.

e) Die LONDONschen Sätze über Dauerströme [Gl. (12.11) und (12.13)] bleiben ohne weiteres bestehen. Ihr Beweis macht nämlich von dem Zusammenhang zwischen $\mathfrak{G}$ und $\mathfrak{I}^l$ keinen Gebrauch. Ebenso bleibt (12.21) in Kraft, und ihre linke Seite ist nach wie vor für jedes wirklich existierende Feld positiv, wenngleich sie nicht mehr die gesamte freie Feldenergie darstellt. Es gibt also auch nach der nichtlinearen Theorie kein Magnetfeld, welches nicht durch mindestens eine der folgenden drei Ursachen erregt würde: Ringströme in einem Supraleiter, Ohmsche Ströme in Normalleitern und permanente Magnete. Aber der Beweis, daß diese Ursachen das Feld eindeutig festlegen, läßt sich nicht auf dem Wege von § 12 erweisen, denn hier ist nicht, wie in der linearen Theorie, das Differenzfeld zweier möglichen Felder selbst ein mögliches Feld.

f) Die Abschnitte c bis e zeigen, wie wenig sich die nichtlineare Theorie für stationäre Felder von der linearen unterscheidet. Man kann aus der bisherigen Erfahrung schwerlich eine Entscheidung über sie herleiten. Entscheidend aber ist die Frage, ob es in ihr wie in § 13 einen von der Suprastromdichte abhängigen Spannungstensor Θ gibt, welcher zusammen mit dem Tensor der MAXWELLschen Spannungen im stationären Fall die Volumenkraft Null als auf einen homogenen Supraleiter ausgeübt ergibt. Die Tatsache des verschwindenden Widerstandes erfordert dies gebieterisch.

Wir erweitern aber unsere Aufgabe noch, indem wir den Nachweis unternehmen, daß der auch auf nichtstationäre Felder bezügliche *Impulssatz* (13.10) unverändert bestehen bleibt. Und wir behaupten, daß der Ansatz

$$\Theta_{\alpha\beta}=\mathfrak{I}_\beta^l\mathfrak{G}_\alpha-\partial_{\alpha\beta}W^l \tag{20.25}$$

dies leistet, der sich von dem Ansatz (13.1) mit $\mathfrak{P}=\mathfrak{I}^l$, $\mathfrak{Q}=\mathfrak{G}$ eigentlich nicht unterscheidet, denn dort war $W^l=\frac{1}{2}\sum_\alpha\mathfrak{I}_\alpha^l\mathfrak{G}_\alpha$. Auch der Beweis geht hier den alten Weg, den der Berechnung von Div Θ. Die x_1-Komponente dieses Vektors ist in (13.3) definiert und es ist dabei

$$\Theta_{11} = \mathfrak{J}_1^l \mathfrak{G}_1 - W^l\,,\quad \Theta_{12} = \mathfrak{J}_2^l \mathfrak{G}_1,\quad \Theta_{13} = \mathfrak{J}_3^l \mathfrak{G}_1 \tag{20.26}$$

zu setzen. Dabei tritt der Differentialquotient $\partial W^l/\partial x_1$ auf.

Nun ist W^l abgesehen von den $\mathfrak{J}_\alpha^l$ noch von gewissen Parametern p_n abhängig, die auch in dem Zusammenhang zwischen $\mathfrak{G}$ und $\mathfrak{J}^l$ auftreten. Die p_n ihrerseits sind Funktionen der Temperatur und variieren von Substanz zu Substanz. Wo also der Supraleiter inhomogen ist, sei es infolge von Temperaturunterschieden oder weil sich (bei Legierungen) die chemische Zusammensetzung ändert, insbesondere also an Lötflächen, sind die p_n Funktionen der Koordinaten x. Infolgedessen folgt aus (20.4)[1]:

$$\frac{\partial W^l}{\partial x_1} = \sum_\alpha \mathfrak{J}_\alpha^l \frac{\partial \mathfrak{G}_\alpha}{\delta x_1} + \sum_n \frac{\partial p_n}{\delta x_1} \int_0^{\mathfrak{G}} \left(\frac{\delta \mathfrak{i}_\gamma}{\delta p_n}\right)_{\mathfrak{g}} d\mathfrak{g}_\gamma .$$

Unter diesen Umständen ergibt die Durchrechnung unter Benutzung von (20.26):

$$\operatorname{Div}_1 \Theta = \sum_1^{10} B_n$$

wobei

$$B_1 = \mathfrak{J}_1^l \frac{\partial \mathfrak{G}_1}{\partial x_1}\quad B_2 = \mathfrak{G}_1 \frac{\partial \mathfrak{J}_1^l}{\partial x_1}\quad B_3 = -\mathfrak{J}_1^l \frac{\partial \mathfrak{G}_1}{\partial x_1}\qquad B_4 = -\mathfrak{J}_2^l \frac{\partial \mathfrak{G}_2}{\partial x_1}$$

$$B_5 = -\mathfrak{J}_3^l \frac{\partial \mathfrak{G}_3}{\partial x_1}\quad B_6 = -\sum_n \frac{\partial p_n}{\partial x_1} \int_0^{\mathfrak{G}} \sum_\gamma \left(\frac{\partial \mathfrak{i}_\gamma}{\partial p_n}\right)_{\mathfrak{g}} d\mathfrak{g}_\gamma\quad B_7 = \mathfrak{J}_2^l \frac{\partial \mathfrak{G}_1}{\partial x_2}$$

$$B_8 = \mathfrak{G}_1 \frac{\partial \mathfrak{J}_2^l}{\partial x_2}\quad B_9 = \mathfrak{J}_3^l \frac{\partial \mathfrak{G}_1}{\partial x_3}\qquad B_{10} = \mathfrak{G}_1 \frac{\partial \mathfrak{J}_3^l}{\partial x_3}$$

ist. Nun sieht man aber sogleich:

$$B_1 + B_3 = 0,\qquad B_2 + B_8 + B_{10} = \mathfrak{G}_1 \operatorname{div} \mathfrak{J}^l,$$
$$B_4 + B_7 = -\mathfrak{J}_2^l \operatorname{rot}_3 \mathfrak{G},\quad B_5 + B_8 = +\mathfrak{J}_3^l \operatorname{rot}_2 \mathfrak{G}.$$

Folglich:

$$\operatorname{Div} \Theta = \mathfrak{G} \operatorname{div} \mathfrak{J}^l - [\mathfrak{J}^l \operatorname{rot} \mathfrak{G}] - \sum_n \operatorname{grad} p_n \int_0^{\mathfrak{G}} \sum \left(\frac{\partial \mathfrak{i}_\gamma}{\partial p_n}\right)_{\mathfrak{g}} d\mathfrak{g}_\gamma \tag{20.27}$$

Und dies stimmt, abgesehen von der Schreibweise des auf inhomogene Körper bezüglichen Summanden, mit (13.5) überein. Die darauf folgende Rechnung in § 13 macht von dem Zusammenhang zwischen $\mathfrak{G}$ und $\mathfrak{J}^l$ keinen Gebrauch, führt also auch hier zu dem Impulssatz [siehe (13.10)]:

$$-\operatorname{Div}\{T(\mathfrak{E}) + T(\mathfrak{H}) + \Theta\} = \varrho^0 \mathfrak{E} + \frac{1}{c}[\mathfrak{J}^0 \mathfrak{H}] + \sum_n \operatorname{grad} p_n \int_0^{\mathfrak{G}} \sum_\gamma \left(\frac{\partial \mathfrak{i}_\gamma}{\partial p_n}\right)_{\mathfrak{g}} d\mathfrak{g}_\gamma$$
$$+ \frac{\partial}{\partial t}\left\{\frac{1}{c}[\mathfrak{E}\mathfrak{H}] + \varrho^l \mathfrak{G}\right\}. \tag{20.28}$$
[1]

---

[1] Der Index $\mathfrak{g}$ an $\left(\frac{\partial \mathfrak{i}_\gamma}{\partial p_n}\right)$ bedeutet Differentiation bei konstanten $\mathfrak{g}_\alpha$.

[1] Aus (20.6) folgt durch Differentiation nach p_n bei konstantem $\mathfrak{J}^l$ und $\mathfrak{G}$:

$$\int_0^{\mathfrak{G}} \sum_\gamma \left(\frac{\partial \mathfrak{i}_\gamma}{\partial p_n}\right)_{\mathfrak{g}} d\mathfrak{g}_\gamma = -\int_0^{\mathfrak{J}^l} \sum_\gamma \left(\frac{\partial \mathfrak{g}_\gamma}{\partial p_n}\right)_{\mathfrak{i}} d\mathfrak{i}_\gamma .$$

Den dritten Summanden rechts in (20.28) kann man daher auch in die von M. v. LAUE, Ann. Phys. (1949) (siehe Anm. 1, auf S. 104) angegebenen Form schreiben:

$$-\sum_n \operatorname{grad} p_n \int_0^{\mathfrak{J}^l} \sum_\gamma \left(\frac{\partial \mathfrak{g}_\gamma}{\partial p_n}\right)_{\mathfrak{i}} d\mathfrak{i}_\gamma .$$

Die gesamte an ihn anschließende Diskussion über die Volumenkräfte und die aus der Unsymmetrie des Tensors Θ herrührenden Drehmomente

$$\Theta_{23} - \Theta_{32} = [\mathfrak{G}\mathfrak{J}^l]_1 \text{ usw.}$$

bleibt erhalten. Neu kommt nur hinzu, daß diese Unsymmetrie jetzt auch bei kubisch kristallisierenden Supraleitern auftritt, nämlich außerhalb des Bereichs der linearen Näherung.

g) Unterschiede gegen früher treten aber bei der Diskussion der Spannungskomponenten selbst auf. Wählen wir die x_1-Achse so, daß in einem bestimmten Raumpunkte $\mathfrak{J}^l$ zu ihr parallel liegt, so verschwinden vier von den neun Komponenten von Θ und die übrigen haben die Werte:

$$\Theta_{11} = (\mathfrak{J}^l\mathfrak{G}) - W^l, \quad \Theta_{22} = \Theta_{33} = - W^l, \quad \Theta_{21} = \mathfrak{J}_1^l \mathfrak{G}_2, \quad \Theta_{31} = \mathfrak{J}_1^l \mathfrak{G}_3. \tag{20.29}$$

Die Komponenten Θ_{21}, Θ_{31} verschwinden ebenfalls, falls $\mathfrak{J}^l$ und $\mathfrak{G}$ dieselbe Richtung haben; dann ist, wie früher, die Stromlinie eine der Hauptachsen des rotationssymmetrischen Tensors Θ. Und zwar herrscht senkrecht zu ihr ein Zug vom Betrage W^l, längs ihr ein Druck, weil nach (20.8) und (20.9) $\Theta_{22} = \Theta_{33} < 0$, $\Theta_{11} > 0$ ist. Aber dieser Druck ist nicht mehr gleich jenem Zuge, sondern nach (20.11) für einen der Kurve a von Abb. 36 entsprechenden Zusammenhang zwischen $\mathfrak{G}$ und $\mathfrak{J}^l$ kleiner, im Fall von Kurve b nach (20.12) größer.

Auf jeden Fall jedoch hat nach (20.29) die Kraft, welche ein zur Begrenzung des Supraleiters parallel fließender Suprastrom auf deren Flächeneinheit ausübt, außer einer ihr parallelen auch eine senkrecht ins Innere gerichtete Komponente vom Betrage W^l. Die Arbeit des Feldes bei einer Verschiebung des Oberflächenelements $d\sigma$ um die Strecke ∂n ins Innere des Supraleiters beträgt daher $W^l \, d\sigma \, \partial n$. Daher lautet (vgl. § 17) die thermodynamische Gleichgewichtsbedingung für die Grenze zwischen einer normal- und einer supraleitenden Phase desselben Stoffs

$$W^l = \frac{f_N - f_S}{V}, \tag{20.30}$$

für eine freie Oberfläche des Supraleiters

$$W^l \leqq \frac{f_N - f_S}{V}. \tag{20.31}$$

Dies stimmt insofern zu (17.3) und (17.4), als dort $W^l = \frac{1}{2}(\mathfrak{J}^l\mathfrak{G})$ war.

Für dicke Körper kann man nach (20.24) $\frac{1}{2} H^{0^2}$ für W^l setzen und kommt damit genau auf die Form (17.6) und (17.7) der Gleichgewichtsbedingung. *Da die gesamte Thermodynamik dieser Phasenumwandlung sich nach § 17 aus diesen Bedingungen herleiten läßt, bleibt sie von der hier vorgenommenen Änderung der Elektrodynamik unberührt.*

Für eine Platte endlicher Dicke freilich ist nach Abschnitt c in (20.18) $C > 0$. Herrscht dann zu ihren beiden Seiten der magnetische Schwellenwert H_k, so liegt W^l an der Grenzfläche unter dem nach (20.31) kritischen Wert. Man hat also das äußere Feld zu verstärken, um mit W^l an diesen heranzukommen, d. h. der Grenzwert des Feldes liegt bei einem dünnen Körper über dem Schwellenwert. Dies stimmt qualitativ zu den Ergebnissen von § 18, welche aber in der nichtlinearen Theorie keine quantitative Gültigkeit mehr haben; vielmehr kommt es dabei durchaus auf den Zusammenhang von $\mathfrak{G}$ und $\mathfrak{J}^l$ an, so daß man im Grundsatz aus experimentellen Ergebnissen über die Abhängigkeit des magnetischen Grenzwertes von der Dicke einer Platte oder eines Zylinders einen Schluß auf jenen Zusammenhang ziehen kann.

h) Wir wenden uns nun dem Falle zu, daß es eine (richtungsabhängige) Maximalstromdichte I_m gibt, daß also (Abschnitt b) im Raume der $\mathfrak{J}_\alpha^l$ die Schar der Niveauflächen mit einer im endlichen liegenden Fläche endet, an der W^l unendlich groß wird.

Wir fassen zunächst wieder den den Halbraum erfüllenden Supraleiter von Abschnitt c ins Auge. Ist an der Oberfläche $\mathfrak{J}_1^l$ wenig unter I_m, während, was sich durch Koordinatenwahl immer erreichen läßt, $\mathfrak{J}_2^l = 0$ ist, so fällt $\mathfrak{G}_1$ nach (20.15) mit wachsendem x_3 nicht, wie in § 7, nach einer oder zwei Exponentialfunktionen ab, sondern langsamer, nämlich annähernd nach einer Parabel, so daß nach (20.13) $\mathfrak{H}_2$ lineare Funktion von x_3 wird (vgl. Abb. 37). Dies bedingt eine größere Dicke der Schutzschicht als nach der linearen Theorie. Und in der Tat verlangt ja die MAXWELLsche Theorie zur Abschirmung des Feldes H^0 unter allen Umständen einen Flächenstrom der Stärke $c \cdot H^0$, der sich bei Beschränkung der Stromdichte auf eine dickere Schutzschicht verteilen muß. Die Eindringtiefe ist danach von H^0 abhängig und größer als nach der linearen Theorie.

Beim stromdurchflossenen Zylinder vom Radius R (Abschnitt d) liegt die Feldstärke H^0 an der Oberfläche sicher unter dem Wert $RI_m/2\,c$, welcher aufträte, wenn die Stromdichte im ganzen Querschnitt gleich I_m wäre. Aber W^l kann nach (20.23) trotz dieser Beschränkung für H^0 an der Oberfläche jeden Wert, also auch den nach (20.31) kritischen Wert erreichen, sofern nur schon W_0^l ungefähr ebenso groß ist, also der Strom sich einigermaßen gleichförmig über den Querschnitt verbreitet[1]. Aber nirgends ist W^l ebenso groß wie an der Oberfläche. Dort liegt also die größte Gefährdung der Supraleitung, und dort setzt ihr Zusammenbruch ein, sobald das dortige W^l den kritischen Wert erreicht. Dies ist ganz unabhängig davon, wie groß der Schwellenwert und wie klein die maximale Stromdichte ist. *Aus der oberen Grenze für die Stromdichte ergibt sich somit keine neue Bedingung für die Stabilität des Suprastromes, die thermodynamischen Bedingungen (20.30) oder (20.31) sind die einzigen dafür maßgebenden.*

i) Während also die nichtlineare Theorie für alle stationären Felder mindestens qualitativ, in den wichtigsten Aussagen aber auch quantitativ mit der linearen übereinstimmt, müssen wir in ihr alle Ausführungen über Schwingungsvorgänge (§§ 15 und 16) als Näherungen für hinreichend schwache Schwingungen betrachten.

Mathematischer Anhang.

Beweis der Gleichung (14. 8).

Erleidet die Materie die beliebige, aber stetige Verrückung $\partial \mathfrak{u}$, so ist die Änderung eines beliebigen Vektors $\mathfrak{P}$ in einem materiellen also mitbewegten Punkte, $d\mathfrak{P}$, im Gegensatz zur der Änderung $\partial \mathfrak{P}$ in einem festen Raumpunkte, gegeben durch die Gleichung

$$d\,\mathfrak{P}_\alpha = \partial\,\mathfrak{P}_\alpha + \sum_\gamma \partial\,\mathfrak{u}_\gamma \frac{\partial\,\mathfrak{P}_\alpha}{\partial\,x_\gamma} + \frac{1}{2}\,[\mathfrak{P}, \operatorname{rot} \partial\mathfrak{u}]_\alpha .$$

Folglich ist

$$d\,(\mathfrak{P}_\alpha \mathfrak{P}_\beta) = \partial\,(\mathfrak{P}_\alpha \mathfrak{P}_\beta) + \mathfrak{P}_\alpha \left\{ \sum_\gamma \partial\mathfrak{u}_\gamma \frac{\partial\,\mathfrak{P}_\beta}{\partial\,x_\gamma} + \frac{1}{2}\,[\mathfrak{P}, \operatorname{rot} \partial\mathfrak{u}]_\alpha \right\} \qquad \text{a)}$$

$$+ \mathfrak{P}_\beta \left\{ \sum_\gamma \partial\mathfrak{u}_\gamma \frac{\partial\,\mathfrak{P}_\alpha}{\partial\,x_\gamma} + \frac{1}{2}\,[\mathfrak{P}, \operatorname{rot} \partial\mathfrak{u}]_\alpha \right\}$$

Aber $\mathfrak{P}_\alpha \mathfrak{P}_\beta$ ist die Komponente eines symmetrischen Tensors $t_{\alpha\beta}$, und wenn auch zur Bildung des allgemeinsten symmetrischen Tensors drei nicht komplanare Vektoren $\mathfrak{P}, \mathfrak{Q}, \mathfrak{R}$ in der Verbindung

$$\mathfrak{P}_\alpha \mathfrak{P}_\beta + \mathfrak{Q}_\alpha \mathfrak{Q}_\beta + \mathfrak{R}_\alpha \mathfrak{R}_\beta$$

[1] Dasselbe läßt sich aus (20.18) mit $C < 0$ schließen.

zu benutzen sind, so haben doch die beiden Zusätze hier für die Transformation der $d\, t_{\alpha\beta}$ auf die $\partial\, t_{\alpha\beta}$ keinen Einfluß. Wir beschränken uns also auf die Definition

$$t_{\alpha\beta} = \mathfrak{P}_\alpha \mathfrak{P}_\beta$$

Dann folgt durch leichte Umformung aus a):

$$d\, t_{11} = \partial\, t_{11} + \sum_\gamma \partial \mathfrak{u}_\gamma \frac{\partial t_{11}}{\partial x_\gamma} + \frac{1}{2}(t_{12} \operatorname{rot}_3 \partial \mathfrak{u} - t_{13} \operatorname{rot}_2 \partial \mathfrak{u})$$

$$d\, t_{23} = \partial\, t_{23} + \sum_\gamma \partial \mathfrak{u}_\gamma \frac{\partial t_{23}}{\partial x_\gamma} + \frac{1}{2}((t_{33} - t_{22}) \operatorname{rot}_1 \partial \mathfrak{u} + t_{12} \operatorname{rot}_2 \partial \mathfrak{u} - t_{13} \operatorname{rot}_3 \partial \mathfrak{u}) \text{ usw.}$$

Nun setzen wir, ähnlich wie in § 14 voraus, daß alle $d\, t_{\alpha\beta} = 0$ sind, also

$$\left.\begin{aligned} \partial\, t_{11} &= -\sum_\gamma \partial \mathfrak{u}_\gamma \frac{\partial t_{11}}{\partial x_\gamma} - \frac{1}{2}(t_{13} \operatorname{rot}_2 \partial \mathfrak{u} - t_{12} \operatorname{rot}_3 \partial \mathfrak{u}) \\ \partial\, t_{23} &= -\sum_\gamma \partial \mathfrak{u}_\gamma \frac{\partial t_{23}}{\partial x_\gamma} + \frac{1}{2}((t_{22} - t_{33}) \operatorname{rot}_1 \partial \mathfrak{u} - t_{12} \operatorname{rot}_2 \partial \mathfrak{u} + t_{13} \operatorname{rot}_3 \partial \mathfrak{u}). \end{aligned}\right\} \quad \text{b)}$$

Ferner sei $\mathfrak{T}$ ein beliebiger Vektor. Nach b) ist, wenn wir alle Summanden mit $\operatorname{rot}_1 \partial \mathfrak{u}$, ebenso die mit $\operatorname{rot}_2 \partial \mathfrak{u}$ und $\operatorname{rot}_3 \partial \mathfrak{u}$ sammeln,

$$\frac{1}{2}\sum_{\alpha\beta} \mathfrak{T}_\alpha \mathfrak{T}_\beta \partial t_{\alpha\beta} = \frac{1}{2}\mathfrak{T}_1^2 \partial t_{11} + \cdots + \mathfrak{T}_2 \mathfrak{T}_3 \partial t_{23} + \cdots + = -\frac{1}{2}\sum_{\alpha\beta\gamma} \mathfrak{T}_\alpha \mathfrak{T}_\beta \frac{\partial t_{\alpha\beta}}{\partial x_\gamma} \partial \mathfrak{u}\, \gamma$$

$$+ \frac{1}{2}\Big\{\operatorname{rot}_1 \partial \mathfrak{u} \,[(\mathfrak{T}_3^2 - \mathfrak{T}_2^2)\, t_{23} + \mathfrak{T}_2 \mathfrak{T}_3 (t_{22} - t_{23}) + \mathfrak{T}_1 \mathfrak{T}_3 t_{12} - \mathfrak{T}_1 \mathfrak{T}_2 t_{13}]$$

$$+ \operatorname{rot}_2 \partial \mathfrak{u}\, [\;] + \operatorname{rot}_3 \partial \mathfrak{u}\, [\;]\Big\}.$$

Diese Formel läßt sich wesentlich vereinfachen, wenn wir den Vektor

$$\mathfrak{V}_\alpha = \sum_\beta t_{\alpha\beta} \mathfrak{T}_\beta$$

hinzunehmen. Denn dann wird

$$\frac{1}{2}\sum_{\alpha\beta} \mathfrak{T}_\alpha \mathfrak{T}_\beta \,\partial t_{\alpha\beta} = -\frac{1}{2}\sum_{\alpha\beta} \mathfrak{T}_\alpha \mathfrak{T}_\beta (\partial \mathfrak{u}\, \Delta\, t_{\alpha\beta}) + \frac{1}{2}(\operatorname{rot} \partial \mathfrak{u}, [\mathfrak{V}\mathfrak{T}]) \quad \text{c)}$$

Schreiben wir schließlich $\mathfrak{J}^l$ für $\mathfrak{V}$, $\mathfrak{G}$ für $\mathfrak{T}$ und $\lambda_{\alpha\beta}$ für $t_{\alpha\beta}$, so haben wir Gleichung (14. 8) vor uns.

Namen- und Sach-Verzeichnis.